한국수산지 IV - 2

부경대학교 인문한국플러스사업단 해역인문학 아카이브자료총서 08

한국수산지 IV - 2

농상공부 수산국 편찬

이근우 · 서경순 옮김

■ 목차

예언(例言)·자료(資料)·번역범례는 4-1권과 같음

제8장 평안도

제8장 평안도

개관

연혁

본도는 삼국시대에는 고구려 땅이었다. 보장왕 27년에 신라의 문무왕과 당나라 장수 이적(李勣)이 함께 공격하여 고구려를 멸하고, 마침내 이 땅을 아울렀다. 효공왕 9년 궁예가 철원에 근거하여 후고구려왕이라 칭하고 패서(浿西) 13진(鎭)을 두었다. 고려 성종 14년(995년) 영토 안을 나누어 10도로 삼았는데, 본도는 서경(西京)의 소관이었기 때문에 패서도(浿西道)라고 하였고, 후에 북계(北界)라고 하였다. 조선 태종 13년에 이르러 비로소 평안도로 고쳤다.

위치 및 크기

북쪽은 압록강을 사이에 두고 만주와 접하고, 동쪽은 함경남도, 남쪽은 황해와 이웃한다. 그 중앙을 흐르는 청천강에 의하여 남도와 북도로 나뉜다. 즉 북위 38도 39분 10초부터 41도 49분 10초, 동경 124도 15분 32초부터 127도 48분 20초 사이에 있다. 동서로 좁고 남북으로 긴데, 동서로 가장 넓은 곳은 압록강부터 영변군 검산령(劍山嶺)에 이르는 사이로 그 길이는 610리 남짓이지만, 북도의 동북부에 있어서는 겨우 120리 남짓에 불과하다. 남북은 다소 비스듬하게 뻗어 있어서 길이 950리에 달한다.

산맥

산맥은 주로 동서로 뻗어 있는데, 그 주요한 것은 강남산맥(江南山脈) 적유령산맥(狄踰嶺山脈) 묘향산맥(妙香山脈)이다. 강남산맥은 압록강의 남쪽을 따라 달리는 산맥으로 삭주부터 강계의 남쪽을 지나 함경도로 들어간다. 적유령산맥은 강남산맥과 그 남쪽에서 나란히 달리는데, 의주 남쪽에서 일어나 마천산(摩天山)을 지나 어자령(於自嶺)이 되고, 점점 높아져서 물이산(勿移山) 숭적산(崇積山)이 되어 압록강과 청천강의 분수령을 이룬 다음, 다시 이 산맥의 중심인 적유령이 되고 마침내 함경도로 들어간다. 묘향산맥은 선천군 검산(劍山)에서 일어나 월림참(月林站)에서 청천강으로 끊겼다가 다시 융기하여 묘향산이 되고, 다시 광성현(廣城峴) 낭림산(狼林山)이 되어 대동강과 청천강의 분수령을 이룬 다음, 적유령산맥과 마찬가지로 동쪽으로 달려 함경도로 들어간다.

하천 대동강

하천이 아주 많으며, 그중 가장 큰 것은 대동강 청천강 압록강이다. 대동강은 낭림산 남쪽 기슭에서 발원하여, 처음에는 묘향산맥의 남쪽을 남서로 흐르는데, 삼월강(三月江)이라고 한다. 강동군으로 들어가서 양덕(陽德) 맹산(孟山) 두 군의 지류를 아우른 다음, 남하하여 평양의 평야 지대로 나와 흐름이 늦어진다. 이곳에서 대동강 또는 패수(浿水)라고 한다. 이곳부터 굴곡이 대단히 많아져서, 혹은 남쪽으로 혹은 서쪽으로 꺾여 황해도와 경계를 이루며, 황해도에서 오는 재령강과 합류하면서 강폭이 현저하게 넓어진다. 서쪽으로 흘러 진남포를 지나 어음동에 이르러 황해로 들어간다. 전장 약 700리로 조선의 5대 강 중 하나이다. 하구에 있어서 폭은 10리 남짓 수심 20심이고, 조금 상류인 진남포 부근에서는 폭 약 20정 수심 12심으로 1,000톤 이상의 기선을 정박시킬 수 있다. 다시 거슬러 올라가서 약 12해리 상류인 재령강과의 합류점에 위치한 삼각주 철도(鐵島) 부근에서도 여전히 수심 60피트여서, 큰 배를 많이 정박할 수 있다. 이보다 상류인 만경대(萬景坮) 부근에 이르기까지는 수심이 대개 4~6심으로 수백 톤의 배가 통행할 수 있다. 만경대로부터 약 50리 거슬러 올라가 평양에 이르는 사이는 곳곳에 얕은 여울이 있어서 이곳에서는 물품과 사람을 작은 배로 옮겨서 평양으로 보낸다. 하류에서 조석간만의 차는 28피트이고 평양 부근에서는 약 10피트이지만, 흐르는 조류의 속도는 항상 4.5노트이기 때문에, 범선의 경우 바람의 방향과 상관없이 조류를 이용하여 오르내릴 수 있다. 그러나 철도 부근보다 상류는 겨울철에 약 60일간 결빙되고, 하류는 유빙 때문에 배의 운항이 두절되기에 이른다. 이 강은 잉어 붕어 메기 뱀장어 뱅어 숭어 준치 민어 조기 자라 기타 수산물이 풍부하다. 잉어가 가장 많아서 이르는 곳마다 생산되며, 뱅어는 평양부 옛 순화면 부근과 강서군 연안에 많고, 민어 준치 등은 하류에서 난다. 이를 어획하는 데는 예망, 국망(掬網), 외줄낚시, 창[䈯] 등을 사용한다. 창은 겨울철 결빙 중에 얼음을 뚫고 물 속에서 헤엄쳐 다니는 잉어 붕어 등을 찔러서 어획하는 것이다. 기타 어구는 대개 다른 하천에서 사용하는 것과 큰 차이가 없다. 어획물은 대개 바로 시장에 내지만, 또한 종종 살려둔 채로 기르기도 하는데, 그 방법을 보면 잉어나 붕어 등, 큰 것은 아가미에 삼베실을 꿰어 물 속에 넣어두고 실을 배에 묶어둔다. 작은 것은 버드나무 가지로 만든 가두리 안에서 키운다.

청천강

청천강(清川江)은 묘향산맥 중의 낭림산에서 발원하여, 묘향산맥과 적유령산맥 사이를 서쪽으로 흘러 월림참에 이르러 묘향산맥을 가로지른 다음 그 남쪽으로 나온다. 인수의 북쪽을 지나 평안북도에서 오는 대령강(大寧江)과 합류하여 바다로 들어간다. 유역은 약 80해리이고, 상류는 산맥 사이를 흐르기 때문에 강이 크지 않다. 하류 약 10해리 사이는 충적층 평야를 천천히 흐르기 때문에 수량이 적고 또한 곳곳에 얕은 여울이 산재하며, 하구도 역시 물이 얕고 사니퇴(沙泥堆)가 많기 때문에 항운에 큰 이익을 주지 못한다. 그러나 하구 부근은 새우 준치 및 그밖의 수산물이 많이 생산되어, 본도의 주요한 어장이라고 한다.

압록강

압록강(鴨綠江)은 조선에서 가장 큰 강으로 백두산에서 발원하는데, 두만강과 반대로 서쪽으로 흐른다. 처음에는 남하하여 함경도 혜산진 부근에서 허천강(虛川江)을 아우른 다음 서쪽으로 향하여, 함경북도에서 오는 장진강(長津江)과 많은 작은 하천을 받아들인다. 초산에 이르러 만주에서 오는 혼하(渾河)와 만나서 수량이 크게 증가한다. 옥강진(玉江鎭) 이하는 강 가운데 종종 모래섬이 있어서 평시에는 강물이 몇 갈래로 갈라진다. 의주의 상류에서 다시 만주 봉황성 부근을 흘러오는 애하(靉河)를 받아들이며, 강물은 구리도(九里島) 어역도(於亦島) 중강대(中江臺) 검정도(黔定島) 등의 모래섬 때문에 세 갈래로 나뉜다. 그중 조선 쪽에 있는 것을 통천하(通天河)라고 하는데, 평시에는 폭 100미터이다. 중간에 있는 것을 중강(中江)이라고 하는데, 폭 400미터이고 만주 쪽에 있는 것을 삼강(三江) 또는 상강(上江)이라고 하는데, 폭이 100미터이다. 이 세 줄기는 하류인 사하진(沙河鎭)에 이르러 다시 합쳐져 하나의 큰 강이 되며 광대한 삼각주를 형성하고 바다로 들어간다. 총길이 약 1,400리에 달하며 유역이 광대하여 달리 비교할 강이 없다. 그러나 하상(河床)의 경사가 급하고 수심이 얕으며, 격류가 소용돌이치는 장소가 적지 않기 때문에 배를 운항할 수 있는 편리함이 없다. 하류에서도 여전히 깊이가 얕아서, 출력이 좋은 작은 기선이 아니면 통항하기 어렵다. 의주 위화도 사하진에서는 흘수 4피트 이상의 선박은 통행하기 어렵고, 또한 사하진에서 의주 사이에는 1척 6촌 이상의 흘수가 허용되지 않는 곳이 있다. 그러나 하구에서 400리 상류인 창성(昌城) 부근까지는 중국배가 거슬러 올라가는 모습을 볼 수 있다. 하구에 작은 만이 있는데 용암포(龍岩浦)라고 한다. 닻을 내릴 수 있는 수역이 좁고 또한 수심이 얕으며, 부근에 모래톱이 있어서 밀물 때를 이용하지 않으면 작은 배도 출입하기 곤란하지만, 만조 때는 대형 기선이 자유롭게 출입할 수 있어서, 본강에서 유일한 항만이다. 요컨대 본강은 항운하(航運河)로서는 가치가 크지 않지만, 연안에는 목재 산누에 콩 모시 인삼 사금 아편 잡곡 등을 생산하여, 그 유역에서 해마다 수출되는 화물의 금액은 2,500만 원 내외에 이른다고 한다. 특히 상류지방에 있는 삼림은 그 자원이 거의 무진장이라고 하며, 벌채 사업이 활발하기 때문에 그 하류에 안동현(安東縣) 대동구(大東溝)와 같은 번성한 도회가 형성되기에 이르렀다. 수산물도 또한 대단히 풍부하여, 잉어 붕어 메기 뱀장어 농어 숭어 뱅어 은어 복어 문절망둑[沙魚][1] 작은 새우 자라

가막조개[蜆] 등이 생산된다. 어구 어업은 대개 다른 하천에 쓰는 것과 큰 차이가 없다. 겨울철 결빙 중에도 여전히 숭어 유망, 뱅어 농어 숭어 등의 낭망 및 잉어 낚시 등이 활발하게 이루어진다.

지세

지세를 개관하면, 동부 및 북동부는 높고, 서남으로 가면서 낮아진다. 곧 서남부에는 경지가 많은데, 민유(民有)에 속하는 것의 면적은 다음과 같다.

단위 : 정단(町反)

지역별[區別]	논	밭	합계
남도(南道)	27,720.9	193,808.1(9,182.1)	230,711.1
북도(北道)	36,868.6	231,284.5(77,164.2)	345,317.3
합계	64,589.5	511,438.9	576,028.4

비고: 표 안, 밭의 괄호( )에 부기한 것은 휴경지 및 화전[燒畑] 수치이다.

미경지

국유 미경지도 또한 대단히 많다. 명치 43년 10월 1일 현재까지 신청[出願]에 의하여 이미 대부(貸附)된 것은 다음과 같다.

남도(南道)

면적(町)	986.7221	13건
- 지목별[2]		
초원[草生地]	60.0606	4건
갯벌[干潟地]	916.6615	9건
- 목적별		

---

1) 沙魚는 상어 모래무지 문절망둑을 말하는 한자이다. 문절망둑으로 번역해 둔다.
2) 원문에는 평안남도 면적이 986.7221로 기록되어 있는데, 지목별 합계는 976.7221이고, 목적별 합계는 986.7221이다. 원문대로 기록하였다.

논	961.5906	10건
밭	25.1315	3건

북도

면적(町)	356.8241[3]	11건
- 지목별		
초원[草生地]	16.6401	3건
황무지	24.0326	1건
갯벌[干潟地]	316.1514	7건
- 목적별		
논	316.5307	8 건
밭	35.5824	2 건
나무숲[植樹]	4.7110	1건

연안

연안선은 약 300해리에 이르며, 남도와 북도가 서로 마주보며 큰 만을 형성하는데, 이를 서조선만(西朝鮮灣)이라고 한다. 그리고 연안에는 또한 많은 크고 작은 만이 있다. 그중에서 큰 것은 대동강구 청천강구 선천만 압록강구 등이다. 그러나 하구를 제외하면 나머지는 모두 넓디넓은 갯벌로 덮여 있어서 좋은 항구는 없다. 바다 가운데도 이르는 곳마다 모래톱이 있어서, 항행 시에 대단히 주의를 요한다. 그래서 연안 도처에 어살을 볼 수 있다. 하구는 무릇 좋은 어장인 동시에 양호한 정박지가 많다. 대동강구는 그 양안이 사니퇴(沙泥堆)로 덮여 있고 또한 그 중앙에도 모래톱이 많지만 썰물 때도 여전히 폭이 넓고 수심이 깊은 물길이 통하여, 큰 배의 왕래가 자유로우며, 범선도 역시 바람의 방향에 구애받지 않고 오르내릴 수 있다. 또한 바람을 피하기에 안전한 항만이

---

3) 원문에는 합이 356.8311로 기록되어 있다.

도처에 흩어져 있다. 그 남안인 은율군 어음동은 군함의 묘박지이다. 이 강은 떼를 지어 다니지는 않지만, 어류가 대단히 풍부하다. 청천강구는 남북 양도에 걸친 큰 만을 이루는데, 안주 숙천 영유 증산 4군이 그 연안에 있다. 만내는 거의 전부 사니퇴로 덮여 있으며 썰물 때에는 겨우 몇 줄기 가는 물줄기가 있을 뿐이고 망망한 평원이 드러난다. 그래서 밀물 때라고 하더라도 수심이 일반적으로 얕고, 앞바다에 나가도 여전히 10심 내외에 불과하다. 또한 깊고 얕은 것이 일정하지 않아서 항행이 대단히 곤란하다. 각종 수산물이 떼 지어 다니는 곳으로, 본도에서 가장 중요한 어장이다. 백하 및 젓새우[糠鰕]를 주로 하고, 그 밖에 준치 갈치 조기 바지락[淺蜊] 새조개[鹽吹貝] 뱅어 등이 생산된다. 어기는 봄철 3월 경부터 가을철에 이르며, 겨울철에는 휴지한다. 여름철 5~6월 경이 가장 활발하다. 압록강구는 사니퇴가 많으며 몇 줄기 좁은 물길이 통하지만 물이 얕으며 겨우 한 줄기만 다소 깊은 것이 있어서, 큰 배가 출입할 수 있다. 그 남쪽 기슭의 용암포는 유일한 묘박지(錨泊地)이다. 이 부근은 청천강구와 더불어 새우의 주요 어장이며 농어도 또한 많다.

도서

연안에 흩어져 있는 도서가 대단히 많아서 그 수가 80개가 넘는다. 주요한 것을 들어 보면, 청천강 바깥에 외순도(外鶉島)가 있다. 그 남서쪽 5해리에 있는 운무도(雲霧島)를 최남난으로 하여 15~16개 정도의 부인도가 무리를 이루어 북쪽으로 늘어서 있는데, 이를 반성열도(磐城列島)라고 한다. 형상도 마치 포대같기도 하고 또한 함대가 떠 있는 것 같기도 하다. 이 열도의 북동쪽에 내장도(內獐島) 외장도(外獐島) 애도(艾島) 및 다른 많은 섬이 줄지어 서 있다. 그 남서쪽 바다 가운데 묵이도(黙異島) 닙도(蠟島) 및 소납도(小蠟島)라는 세 섬이 있다. 이 부근은 도미 어장으로 유명하다. 그 북쪽에 구름 속에 솟아 있는 산이 항상 항해자의 목표물이 되는 신미도(身彌島)이고, 울리도(鬱里島) 참차도(崟嵯島)가 남서쪽에 늘어서 있다. 서쪽으로는 물길 하나를 사이에 두고 대화도(大和島)가 있다. 이 섬의 서쪽 기슭 산 위에 등대가 있다. 소화도(小和島) 및 회도(灰島)가 북쪽으로 가까이 있고, 북동쪽에는 탄도(炭島) 및 가도(椵島)가 가로놓여 있다. 이 두 섬과 철산반도(鐵山半島) 신미도에 의하여 둘러싸인 큰 만을 선천만(宣川灣)이라고 한다. 대가차도(大加次島) 소가차도(小加次島) 접도(蝶島) 등이 이 만 안에 있다. 철산반도의 서쪽에 사람이 살지 않는 외딴섬이 있는데 이를 어영도(魚泳島)라고 한다. 이 근해는 각지에서 어선이 모여드는 곳으로 유명한 어장이 있으며, 그 북서쪽에 일렬로 늘어선 군도(群島)가 있는데 반성열도라고 한다. 이 열도의 북동쪽인 철산반도에 접근하여 대계도(大鷄島)가 있다. 이 섬은 도미낚시의 미끼로 쓰이는 낙지가 많이 생산되는 것으로 유명하다. 압록강구 바깥에 가로놓인 군도가 있는데, 신도열도(薪島列島)라고 한다. 근해는 유명한 농어 어장이다.

　본도 연해는 수산물이 대단히 풍부하며, 본도 주민 이외에 충청 경기 황해 각도에서 고기 잡으러 오는 사람이 있지만, 대체로 어업자는 드물다. 근년 일본인의 통어가 점차 활발해 지고 있으며 전도가 제법 유망한 단계로 나아가고 있다. 과거에 청국인이 밀어를 위해서 거주한 곳이 있었으나 지금은 전혀 그 자취를 감추기에 이르렀다. 특히 명치 43년 4월 이후 동양척식회사는 북도 연해에 어업권을 얻어서 일본어민의 이주 경영을 기획하고, 오로지 그 계발 장려에 힘쓰는 동시에 이를 모범으로 하여, 조선인의 어업도 진흥을 꾀할 수 있을 것으로 기대하고 있다. 이 연해에서 어업 중에서 가장 중요한 것은 봄·여름철의 조기 달강어 갈치 준치 도미 등의 어업이라고 한다. 어선이 가장 많이 모이는 곳은 압록강 바깥 어영도 남서쪽에 있는 어주[魚の洲] 부근이다. 조선인은 대부분 어살 및 궁선 소금배 등에 의지하고, 일본인은 안강망 수조망(手繰網) 주낙 외줄낚시 등을 사용한다. 그 다음으로 활발한 것은 새우 어업이며, 청천강 압록강 하구 부근을 주어장으로 한다. 그 밖에 어살 및 건간망(建干網)은 연안 도처에서 사용하고 있다. 어살은 봄부터 가을 사이를 어기로 하며, 봄철에는 조기를 주로 하고, 준치 달강어 방어 등을 잡고, 여름 가을 두 철에는 갈치 가오리 상어 농어 민어 및 기타 잡어를 어획한다. 건간망은 기후가 온난한 기간에는 항상 설치하고 밴댕이 웅어[えつ] 전어[鰶] 모쟁이[仔鯔] 등을 어획한다. 또한 여름철 압록강 하구 부근에서 농어 및 민어 주낙 및 외줄낚시도 또한 대단히 활발하다.

해류

해류는 아직 자세한 조사를 거치지 않았으나, 한류와 난류의 영향을 다소 받는 것 같다. 즉 북쪽에서 오는 리만해류는 전라도 연안을 돌아서 본도에 도달하고, 남쪽에서 오는 난류는 제주도 근해에서 분기하여 본토 서안을 따라서 북상하는 것이 있다.

조석

조석간만의 차는 격심하여 22~24피트 남짓에 달한다. 썰물 때에는 모래톱이 아득하게 펼쳐져 수십 리 사이는 물을 볼 수 없다. 청천강 및 압록강의 하구는 탁류가 항상 빠르게 흘러서 마치 홍수 같은 모습이다. 연안 일대 및 섬 사이에서도 또한 밀물 때는 탁류가 급격하게 흘러서, 순조로운 조류에 의지하지 않으면 선박의 항행이 대단히 곤란하다. 또한 여름철에는 오전의 밀물이 오후의 밀물보다 항상 높으며, 오전 밀물 때 쉽게 어떤 섬에 도달한 선박이 그날 오후 밀물 때는 만조 때에 이르러도 끝내 뜨지 못하는 경우가 있다. 이것이 본도 연안의 특이한 현상이라고 한다. 『수로지』에 기록된 바에 의하면 다음과 같다.

이 연안은 양반분시(兩半分時)[4]를 제외하고 태음 태양 두 적위(赤緯)가 커짐에 따라서, 조승(潮昇)이 대단히 물규칙하다. 어름질 3~9월까지는 오전조(午前潮)가 오후조(午後潮)보다 항상 높다. 5월에는 전후 두 차례 밀물이 5.75피트 차이가 있다. 또한 오후조만 비교하면 그 차이는 8피트에 가깝다. 예를 들어 가도(椵島)에 있어서는 대조승(大潮昇)이 5월에는 15피트에 불과하지만 9월에는 22.5피트에 달한다.

각지 조석간만의 상태는 다음과 같다.

---

4) 黃道와 白道가 교차하는 때를 말하는 것으로 생각된다.

지명(地名)	삭망고조(朔望高潮)	대조승(大潮昇)	소조승(小潮昇)	소조차(小潮差)
가도(椵島) 정박지	9시10분	$22\frac{3}{4}$피트	16피트	$9\frac{1}{4}$
원도(圓島, 반성열도)	9시10분	23	$15\frac{3}{4}$	$8\frac{3}{4}$
다사도(多獅島) 정박지	9시23분	23	$16\frac{1}{4}$	$9\frac{1}{4}$
운무도(雲霧島)	9시10분	$24\frac{3}{4}$	17	$9\frac{1}{2}$
용암포(龍岩浦)	10시41분	18	$12\frac{3}{4}$	$7\frac{1}{2}$
안동현(安東縣)	11시55분	$8\frac{3}{4}$	$5\frac{3}{4}$	$2\frac{3}{4}$

기후

기후는 산맥의 영향을 적지 않게 받는다. 본도의 산맥은 대개 동서로 달리기 때문에 그 남쪽은 해풍을 막고, 북쪽은 대륙의 기후를 그대로 받는다. 봄가을은 짧고 여름과 겨울은 길며, 겨울철에는 북서풍이 혹독하다. 항만의 대부분이 결빙되어 폐쇄되며, 청천강 압록강의 경우는 11월 하순부터 다음해 3월 중순까지 약 4개월간 결빙되어 인마가 왕래할 수 있다. 여름철에는 더위가 심하다. 그리고 이른바 삼한사온이라는 순환은 본도에 있어서는 정확하게 이루어진다. 평양 및 용암포에 있는 측후소의 관측에 의하여 본도의 각종 기상을 살펴보면 다음과 같다.

기온

기온은 8월이 최고이고 2월이 최저이다. 때로는 12월인 경우도 있다. 8월 중 평양에서 최고 온도는 29도, 평균 24.2도, 용암포에서는 최고 온도 27.5도, 평균 23.5도이다. 2월 중 평양에서는 최저 온도 영하 12.1도 평균 영하 7도, 용암포에서는 최저 온도 영하 12.7도, 평균 영하 7.7도이다. 추위와 더위 모두 함경도 지방과 거의 비슷한 점이 있다.

습도

습도는 용암포에 있어서는 대단히 높지만, 평양에서는 다소 낮다. 누년 평균 백분비는 용암포에서 74, 평양에서 70이다. 1년 중 가장 낮은 때는 용암포가 2월과 12월에 65, 평양이 2월에 59이다. 습도에 있어서도 또한 본도는 함경도와 큰 차이가 없으며, 용암포는 성진과 평양은 원산과 비교하면 거의 비슷하다.

우기

우기는 매년 6월 하순부터 7월 하순에 이르는 것이 상례이지만, 때로는 8월까지 이어지는 경우도 있다. 강설은 11월 하순부터 다음해 3월 중순에 이르며, 때로는 11월 상순부터 시작되는 경우도 있다. 눈이 쌓일 때는 4~5척에 달한다. 서리는 10월 상순에 시작하여 4월 하순에 끝난다.

해무

해무는 4~6월, 3개월에 가장 많은데, 이 시기에는 며칠간 희뿌옇게 지척을 가릴 수 없을 때도 있다.

바람

바람은 1~2월이 가장 많고, 북동 또는 북서풍도 또한 많다. 3월부터 8~9월 경까지는 남풍 및 남동풍이 주이고, 북서풍도 또한 제법 많다. 6월 경에는 특히 폭풍이 많다. 2~5월까지 및 10~11월 누 딜은 때때로 폭풍이 분다. 그러나 태풍은 거의 볼 수 있는 일이 없다. 다음에 평양 및 용암포 측후소의 관측에 따른 기상 상황을 제시해 둔다.

종별 및 측후지		1월	2월	3월	4월	5월	6월	7월	8월	9월	10월	11월	12월	전년
평균 기압 (mm)	평양	769.4	769.2	766.2	762.7	756.3	755.3	754.4	755.3	760.3	764.2	767.0	768.8	762.4
	용암포	769.4	769.4	767.0	762.6	757.4	755.4	754.0	755.8	760.9	764.7	769.0	768.7	762.8
평균 최고 기온(度)	평양	-1.9	-1.8	6.3	16.2	20.5	26.3	28.9	29.0	25.0	19.1	6.9	0.0	14.5
	용암포	-1.8	-2.0	5.0	13.2	18.8	23.5	26.5	27.5	23.4	17.6	6.0	-0.1	13.1
평균 최저 기온(度)	평양	-10.5	-12.1	-3.5	3.1	9.8	15.4	19.5	20.6	14.6	8.0	-2.4	-10.2	4.4
	용암포	-11.2	-12.7	-4.2	3.3	9.8	15.6	19.8	20.0	14.0	7.6	-3.0	-9.2	4.2
평균 기온 (度)	평양	-6.2	7.0	1.0	9.1	14.5	20.0	23.4	24.2	19.2	13.1	2.1	-4.9	9.0
	용암포	-7.0	-7.7	.0.1	7.9	13.9	19.2	22.7	23.5	18.3	12.2	0.9	-5.1	8.2

평균 습도[5) (%)	평양	76	65	62	61	70	73	75	78	73	73	70	70	71
	용암포	73	66	66	68	73	82	85	83	77	77	65	72	74
평균 우설량(mm)	평양	10.5	2.2	20.2	40.2	79.7	75.5	155.2	177.6	92.1	50.8	46.1	12.2	762.1
	용암포	4.9	6.4	11.0	26.5	115.4	86.4	186.5	163.0	134.8	87.3	19.5	19.4	861.7
우설 일수	평양	8.0	1.5	5.0	6.5	10.5	9.5	12.0	11.5	11.0	8.0	12.5	6.0	102.0
	용암포	5.0	3.5	4.5	6.0	8.5	12.2	14.5	10.2	9.0	7.5	5.5	5.7	92.1
안개 일수	평양	0.5	0.5	2.0	0.0	0.5	0.5	0.5	3.0	1.3	3.5	1.0	1.0	14.5
	용암포	1.0	0.2	1.0	0.7	0.5	1.2	2.5	1.5	0.0	0.7	0.0	0.5	9.8
폭풍 일수	평양	0.0	2.0	1.5	0.5	2.0	0.5	1.0	0.0	0.5	0.0	3.0	2.5	13.5
	용암포	7.7	7.0	10.7	12.5	19.0	13.7	9.5	5.0	6.5	9.0	12.2	8.5	121.3

풍속·강수량·증발량(蒸發量)·습도의 최대치

종별 \ 지명	최대풍력도			최대우설량 (24시간)		최대증발량 (24시간)		최소습도	
	속도 (分秒)	방향	발생년월일	우설량 (mm)	발생년월일	증발량 (mm)	발생년월일	최소 습도(%)	발생년월일
평양	19.3	북서	1908.11.26	167.4	1907.08.19	11.6	1907.07.18	17	1907.03.13
진남포	27.1	북	1905.01.24	164.6	1905.09.01	10.4	1908.06.23	13	1907.03.24

도로

본도의 북동부에는 산악이 많아서 교통이 불편하지만, 서부 및 남서부는 평야가 많고 이를 관통하는 탄탄대로가 있다. 이를 경의가도라고 한다. 예로부터 청국과 주요 교통 도로로서, 사절 왕래 및 화물 출입은 모두 이 길에 의지하였다. 러일전쟁 때 다시 이 도로를 수축하여 포차가 통행할 수 있도록 하였다. 그 밖에 많은 도로가 있지만, 그중에서 다소 양호한 것은 평양에서 강동(江東) 성천(成川) 양덕(陽德)을 거쳐 원산에 이른 도로 및 안주에서 희천(熙川) 강계(江界)를 거쳐 장진(長津)에 이르는 도로라고 한다. 그러나 모두 차가 통행하기 어렵다. 또한 경의가도와 거의 나란히 철로가 개통되었는데, 부산에서 시작하여 의주에서 끝나며 만주철도와 연결된다. 또한 평양에서 분기하여 진남포에 이른 평남철도가 있어서, 육로 교통은 대단히 편리하다.

---

5) 원문에는 溫度로 기록되어 있으나, 습도의 오기로 보인다.

수운

수운에 있어서는 내륙에는 압록강 청천강 및 대동강이라는 세 개의 큰 강이 있고, 연안에는 용암포 진남포를 비롯하여 많은 작은 항만이 있다. 압록강은 신의주 부근까지는 작은 기선이 통항할 수 있으며, 그보다 상류는 창성 부근까지 중국배가 통항할 수 있다. 청천강은 물이 얕아서 기선이 다닐 수 없지만 작은 배는 본류에서는 희천까지, 지류인 구룡강(九龍江)에서는 화옹정(化翁亭) 부근까지 항행할 수 있다. 대동강은 세 강 중에서 선운의 편리함이 가장 커서 겸이포 부근까지는 큰 배가 다닐 수 있다. 평양 부근까지는 보통 기선이 항행할 수 있고, 작은 배는 본류에 있어서는 무진대(無盡臺), 지류에 있어서는 성천 삼등(三登) 부근까지 도달할 수 있다. 그리고 진남포는 내외 선박의 출입이 빈번한데, 그 상황에 관해서는 진남포 조에서 다룰 것이다.

통신

통신기관은 날로 완비되는 중이며, 주요한 지방에는 대개 갖추어지지 않은 것이 없다. 이제 최근의 보고에 의거하여 그 소재를 표시하면 다음과 같다.

도별	우편국	우편소	전신취급소	우체소
남도	평양(郵,電,交話)·평양대화정(郵,無集配,電,話)·진남포(郵,電,交話)·안주(郵,電,話)·성천(郵,電,話)·양덕(郵,電,話)·덕천(郵,電,話)·개천(郵,電,話)·순천(郵,電)·중화, 순안, 강소	평양정거장 앞(郵,無集配,話)·평양남문통(郵,無集配話)신안주(郵,話)·숙주,광량(郵,電,交話)	평양·순안·숙주·신안주·중화·어파	상원·강동·영원·맹산·영유·증산·용강
북도	신의수(郵,電,交詁)·의수(郵,電,話)·용암포(郵,電,話)·정주(郵,電,話)·영변(郵,電,話)·강계(郵,電,話)·초산(郵,電)·창성(郵,電)·선천(郵,電)·벽동(郵,電)·자성(郵,電,話)·중강진(郵,電)·운산금광(郵,電,話)·희천(郵,電,話)·후창(郵,電,話)·박천(郵,電)·구성(郵,電,話)	백마,온정(郵,電,話)·영미 거련관車輦館,고산진,북하해(郵,電)·곽산,삭주(郵,電)	영미·정주·선천·거련관·백마·신의주·비현·곽산·남시	위원·철원·태천·운산·가산

호구

인구는 남도 188,236호 884,363명, 북도는 181,931호 966,742명이고 총계 370,167호 1,851,105명이다. 일본인으로 재주하는 사람은 5,497호 18,367명이고, 재주지 및 남녀 구별은 다음과 같다.

현 거주 일본인 호구표(평안남도)

지명	호수	인구		
		남	여	합계
진남포(鎭南浦)	930	1,836	1,615	3,451
진남포부(鎭南浦府)	149	378	180	558
용강군(龍岡郡)	23	40	16	56
증산군(甑山郡)	9	10	6	16
평양군(平壤郡) 평양	2,065	4,478	2,994	7,472
동 원포(院浦)	-	-	-	-
동 송라리(松羅里)	78	108	71	179
중화군(中和郡)	19	26	14	40
상원군(祥原郡)	7	10	1	11
순안군(順安郡)	58	80	50	130
덕천군(德川郡)	21	25	25	50
영변군(寧邊郡)	5	5	-	5
맹산군(孟山郡)	2	2	2	4
안주군(安州郡) 안주	94	172	126	298
동 신안주(新安州)	56	101	96	197
개천군(价川郡)	7	13	5	18
숙주군(肅州郡)	18	31	22	53
영유군(永柔郡)	4	4	1	5
성천군(成川郡) 성천읍	27	37	30	67
동 사주면 장림(四柱面 長林)	4	5	3	8
동 운산면 내동(雲山面 內洞)	5	5	-	5
강동군(江東郡) 강동읍	8	12	7	19
동 원삼등읍(元三登邑)	9	10	4	14
양덕군(陽德郡) 양덕읍	9	12	8	20
동 온천면 오류(溫泉面 五柳)	4	4	-	4
동 대구면 화창(大邱面 化倉)	4	4	1	5
동 별창(別倉)	1	1	-	1
강서군(江西郡) 강서	10	13	11	24
동 남양리(南陽里)	1	1	-	1
순천군(順川郡)	15	16	3	19
합계	3,642	7,439	5291	12,730

현거주 일본인 호구표(평안북도)

지명	호수	인구		
		남	여	합계
신의주(新義州)	595	1229	881	2,110
석하(石下)	32	59	36	95
백마(白馬)	49	74	58	132
비현(枇峴)	7	11	2	13
거연관(車輦館)	37	71	44	115
정주(定州)	148	228	219	447
곽산(郭山)	56	71	57	128
고읍(古邑)	5	7	6	13
운전(雲田)	8	16	11	27
대명전(大明田)	9	23	11	34
영미(領美)	41	76	46	122
가산(嘉山)	1	2	1	3
납청정(納淸亭)	1	1	2	3
박천(博川)	21	28	18	46
강계(江界)	43	78	45	123
고산령(高山領)	17	39	17	56
자성(慈城)	4	11	3	14
중강진(中江鎭)	46	138	60	198
후창(厚昌)	9	12	11	23
선천(宣川)	77	134	87	221
노하(路下)	5	7	4	11
동림(東林)	9	14	6	20
신부면(新府面)	3	3	5	8
고부면(古府面)	1	2	-	2
수청면(水淸面)	4	10	4	14
구성(龜城)	5	6	3	9
남시(南市)	1	1	-	1
길상리(吉祥里)	4	5	3	8
이현면(梨峴面)	4	4	1	5
운산군(雲山郡)	124	148	146	294
용암포(龍岩浦)	135	258	234	492
동 남시(南市)	7	14	7	21
철산(鐵山)	8	11	10	21
영변군((寧邊郡)	66	100	61	161
태천군(泰川郡)	5	6	3	9
희천군(熙川郡)	13	19	12	31
의주부(義州府)	129	198	136	334
삭주군(朔州郡)	39	74	30	104
창성군(昌城郡)	22	26	13	39
초산군(楚山郡) 초산	28	35	18	53
동 서하면(西下面)	3	3	-	3
용천(龍川)	18	28	17	45
벽동군(碧潼郡)	7	11	4	15

위원군 상면(渭原郡 上面)	5	5	1	6
동 하면(下面)	1	1	-	1
선천군 산면(宣川郡 山面)	1	1	-	1
박천군 구진(博川郡 舊津)	2	6	-	6
합계	1,855	3,304	2,333	5,637

행정구획

행정구획은 남도는 2부 17군, 북도는 1부 20군으로 다음과 같다.

남도

평양부(平壤府) 중화군(中和郡) 상원군(祥原郡) 순안군(順安郡) 순천군(順川郡) 용강군(龍岡郡) 강서군(江西郡) 증산군(甑山郡) 진남포부(鎭南浦府) 성천군(成川郡) 강동군(江東郡) 양덕군(陽德郡) 안주군(安州郡) 숙천군(肅川郡) 개천군(价川郡) 영유군(永柔郡) 덕천군(德川郡) 맹산군(孟山郡) 영원군(寧遠郡)

북도

용천군(龍川郡) 철산군(鐵山郡) 삭주군(朔州郡) 창성군(昌城郡) 의주부(義州府) 구성군(龜城郡) 정주군(定州郡) 박천군(博川郡) 곽산군(郭山郡) 가산군(嘉山郡) 영변군(寧邊郡) 태천군(泰川郡) 희천군(熙川郡) 운산군(雲山郡) 초산군(楚山郡) 위원군(渭原郡) 벽동군(碧潼郡) 강계군(江界郡) 자성군(慈城郡) 후창군(厚昌郡) 선천군(宣川郡)

재판소

평양에 공소원(控訴院) 및 지방재판소, 신의주에 지방재판소 지부가 있다. 소관 구역 재판소의 소재지는 다음과 같다.

지방재판소

지방재판소	동 지소	관할구[所轄區] 재판소
평양	신의주	평양·진남포·안주·덕천·성천·의주·용천·선천·정주·영변·강계·초산

경찰

명치 43년 8월 이후 각도에 경무부(警務部)를 두고 도내의 중요 지역에는 경찰서를 배치하였고 또한 헌병분대로서 경찰서의 직무를 행하도록 하였다. 본도에 있어서 그 위치 및 관할구역을 표시하면 다음과 같다.

명칭 및 소재지		관할구역
경무부	경찰서 및 헌병분대	
평안남도 경무부 (평양)	평양경찰서(평양)	평양군내·중화군·상원군
	순천경찰서(순천)	순천군내
	신안주경찰서(신안주)	안주군·숙천군내
	진남포경찰서(진남포)	삼화부내
	광량만경찰서(광량만)	용강군내·삼화부내
	덕천경찰서(덕천)	덕천군내·영원군내·맹산군내
	강서헌병분대(강서)	평양군내·강서군·증산군·영유군·순안군·용강군내
	성천헌병분대(성천)	강동군·순천군내·성천군내
	장림리헌병분대(장림리)	양덕군·성천군내·맹산군내
	안주헌병분대(안주)	안주군내·개천군·숙천군내·맹산군내·영원군내
	영원헌병분대(영원)	영원군내
평안북도 경부부 (의주)	신의주경찰서(신의주)	신의부내
	용암포경찰서(용암포)	용천군
	선천경찰서(선천)	선천군·구성군내·철산군·곽산군
	영변경찰서(영변)	영변군내·태산군내·운산군내
	백천경찰서(가산)	가산군내·박천군·정주군내
	신장경찰서(신장)	벽농군내·창성군내·운산군내·구성군내
	소회동경찰서(소회동)	후창군내·자성군내
	북진경찰서(북진)	운산군내
	의주헌병분대(의주)	의주부내·삭주군·벽동군내·창성군내
	정주헌병분대(정주)	정주군내·구성군내·가산군내·태천군내
	희천헌병분대(희천)	희천군·영변군내·운산군내·강계군내·초산군내
	초산헌병분대(초산)	초산군내·위원군내·벽동군내·강계군내
	강계헌병분대(강계)	강계군내·자성군내
	후창헌병분대(후창)	후창군내·자성군내
	중강진헌병분대(중강진)	자성군내·후창군내

물산

물산은 농산물에 있어서는 쌀 보리 수수[蜀黍] 조 콩 팥 면화 멧누에[柞蠶] 삼베 연초 등이 있다. 축산 임산 광산 및 수산도 또한 풍부하다. 쌀은 그 산액이 아주 적다. 수수 및 조의 재배가 가장 활발하며, 콩과 팥도 또한 본도의 주산물이다. 멧누에업은 근년에 창시된 것이지만 명치 43년 중에 이미 누에고치 1,050만 곤(梱)[6]이 생산되었다. 장래 본도에서 주요 산물이 될 것이라고 한다. 명치 42년 12월 조사에 의하여 쌀 보리 콩의 추정 산액을 표시하면 다음과 같다.

품명	남도	북도	합계
쌀(石)	288,004	189,141	477,145
보리(石)	118,415	12,328	130,743
콩(石)	96,271	106,256	202,527

축산

소 사육이 대단히 활발하여 품질도 우수하다. 근년 소[生牛]를 일본 국내에 이출하거나 또는 조선 남부 방면에 씨소[種牛]로 이출되는 양도 점차 증가하고 있다. 소가죽 또한 따라서 그 산출이 많으며 1개년 수출이 약 34,000원에 이른다. 이들은 주로 안동현으로 수출하여 그곳에서 마름질[鞣製]을 한다.

임산

본도에는 산림이 많고 특히 압록강변의 대삼림지대는 유명한 것이다. 강계군에서 시작하여 자성 후창 두 군을 넘어서 함경도의 장진 삼수 두 군에 이른다. 다시 갑산 무산 두 군으로 이어지는데, 그 영역이 동서 약 800리 남북 100~200리에 걸쳐 펼쳐져 있다. 오래되고 굵은 나무들이 울창하여 수천 년 동안 벌목을 하지 않은 곳이 많다. 근년에 이를 벌채하는 경우가 있기는 하지만 수로에서 가까운 일부 좁은 지역에 불과하다. 그런데도 매년 수출은 대단히 큰 금액에 달한다. 숲의 종류는 잣나무, 낙엽송, 분비

---

6) 섬유원료 등을 운반·수송하기 편리하도록 포장한 관습적인 단위로, 37.5kg을 광목자루나 골판 지 상자에 넣어 포장한 것이다.

나무[白檜], 버드나무, 단풍나무[槭] 등이다.

광산

본도는 전국에서 광산물이 가장 풍부하다고 일컬어지며 특히 금도 가장 많다. 사금의 산지로서는 은산(殷山) 성천(成川) 순안(順安) 운산(雲山) 삭주(朔州) 영변(寧邊) 선천(宣川) 의주(義州) 안주(安州) 태천(泰川) 개천(价川) 희천(熙川) 자성(慈城) 강동(江東) 강계(江界) 후창(厚昌) 구성(龜城) 등이다. 금광석갱으로는 은산 운산 및 수안(遂安)이 가장 유명하다. 은산은 평양에서 북동쪽으로 150리 떨어져 있는데, 영국인이 조차하여 명치 33년 12월부터 창업하였다. 또한 운산은 평양에서 북쪽으로 200리 떨어져 있는데, 미국인이 경영하는 것으로 모두 영업이 활발하다. 해마다 전국에서 산출되는 금의 총액 중 $\frac{1}{3}$은 실로 운산과 은산 및 기타 광산에서 나고, 나머지 $\frac{2}{3}$는 사금에 속한다고 한다. 명치 43년에 관련 기관이 조사한 바에 따르면, 산출액이 운산은 2,868,989원, 수안은 739,353원이었다. 금 다음으로 가장 많은 것은 석탄인데, 석탄은 대동강 및 청천강 연안에서 산출되며, 품질은 무연탄이다. 평양 무연탄이 가장 유명하며, 평양 남동쪽 20~30리부터 120~130리에 이르는 큰 광구로부터 생산된다. 탄질이 분쇄하기 쉽고 연소력이 아주 강하며, 탄층의 소재지가 아주 얕은 지상에 노출된 곳이다. 명치 43년 중 산출액은 78,835톤, 가격으로는 394,175원에 이르렀다. 그 밖에 개천과 구성에 철광산이 있고, 개진이 제법 유명하다. 후창에는 동광이 있고, 강서 및 운산에서는 탄산수가 난다. 이제 각군에서 생산되는 광물의 종류를 표시하면 다음과 같다.

남도		북도	
평양군	석탄	창성군	금광·금동광·사금
강동군	석탄	의주군	금은광·사금
삼등군	석탄	선천군	금광
순안군	금광·금은광·사금	구성군	금광·사금
은산군	금광·사금	희천군	금광·사금
개천군	철광·사금	자성군	금광·사금
강서군	석탄·철광	후창군	동광·금동광·사금
성천군	은광	초산군	금광

중화군	석탄	용천군	흑연·철광
용강군	동광	벽동군	철광
함종군	금광·은광·동광	영변군	사금
덕천군	사금	태천군	금광·사금
운산군	금광·사금	강계군	금은광·사금
		정주군	석탄·석유

수산물

수산물 중에서 주요한 것은 조기 뱅어 젓새우 가오리 밴댕이 웅어 달강어 갈치 전어 준치 농어 숭어[鯔] 민어 삼치 고등어 방어 학꽁치 도미 가자미 상어 뱅어 문절 망둑 뱀장어 잉어 붕어 굴 맛 바지락 새조개 긴맛 적신(赤辛)[7] 소라 대합 낙지 오징 어 등이다.

조기

조기는 본도에서 많이 생산되는 가장 중요한 어류이며, 대단히 활발하게 어획한다. 일본인은 안강망을 쓰고 조선인은 중선을 쓰며, 또한 일종의 권망(捲網)을 쓰는 경우도 있다. 어장은 청천강 바깥 운무도 서쪽의 차아도 대화도를 거쳐 반성열도의 남쪽 반주 (磐州) 부근에 이르는 일대의 해역이라고 한다. 어기는 5~7월에 이르며, 생선인 채로 판매하는 경우도 있지만 대개 염장한다. 그 방법은 아가미는 제거하되 토막을 내지 않 고, 바로 큰 독안에 염장해서 3일 후에 다시 꺼내 발 위에 펼쳐서 바람에 1일간 말린 다음에 10마리씩 볏짚으로 엮어서 시장에 낸다. 철산군 이화포(梨花浦)에서는 아가미 를 제거하거나 또는 내장까지도 제거하고, 아가미뚜껑 속과 배에 식염을 채워 넣고 바 깥에도 소금을 뿌려서 절여둔다. 3~4일이 지나면 꺼내어 하루를 바람에 말린 다음 10 마리씩 볏짚으로 엮는 것은 마찬가지이다. 떼어낸 아가미는 따로 작은 독에 염장하여 두었다가 판매한다.

---

7) 적신(赤辛)은 어떤 수산물인지 알 수 없다. 원문대로 기록하였다.

백하

백하는 조기와 함께 본도에서 가장 중요한 수산물에 속한다. 청천강 및 압록강 하구 부근을 중심으로 하여 연안 도처에서 많이 생산된다. 청천강구에 있어서는 하구 서쪽 운무도 부근에 이르는 약 10해리 사이의 각 물길, 압록강구에 있어서는 신도 부근부터, 남쪽 반성열도 중 수운도(水運島) 북쪽 약 2해리인 곳에 이르는 각 물길을 어장으로 한다.

조선인은 봄가을 두 철에 궁선이나 소금배를 이용하여 어획하고 이를 젓갈로 만든다. 그 방법은 어장에서 조업 중에 물때를 보아 어획물 중의 오물 및 혼획된 잡어를 골라내고, 배 안에 미리 준비해 두었던 큰 독에 식염을 뿌려가면서 식염과 새우를 교대로 넣어 절인다. 식염의 분량은 상황에 따라 일정하지 않다. 백하는 농어 주낙 및 일본인의 도미 손낚시의 미끼로도 사용된다.

젓새우

젓새우도 또한 백하와 같은 어장에서 많이 생산되며, 소금배 궁선 등을 사용하여 어획하며, 오로지 이를 젓갈로 만든다.

밴댕이

밴댕이는 본도의 중요한 어류 중 하나이다. 연안 일대의 갯벌에 있는 물길 가까운 곳에 밴댕이그물[蘇網]이라고 부르는 일종의 건간망을 실치하여, 썰물 내 물고기들이 앞바다로 돌아가려고 할 때 차단하여 어획한다. 그 장소는 일정하지 않으며, 한 어기 사이에 여러 번 옮겨가면서 설치한다. 이 그물로 밴댕이 이외에 웅어 전어 모쟁이 가오리 가자미 등도 혼획한다. 밴댕이는 어획한 즉시 배 안에 준비해 둔 독에 염장하며, 소금이 살에 배는 정도를 봐서 끄집어내어 발이나 바위 위에 펼쳐서 건조한다. 때로는 염장한 채로 판매하는 경우도 있다.

달강어 · 준치 · 도미

달강어 준치 및 도미는 조기와 마찬가지로 청천강구 바깥부터 북서쪽 반성열도 부근에 이르는 사이를 어장으로 한다. 갈치 삼치 고등어 방어 넙치 등도 또한 이 어장에 많다. 또한 준치와 도미는 그보다 조금 남쪽에도 많으며, 준치는 운무도 이남의 망어도(芒魚島)에 이르는 물길, 도미는 납도(蠟島) 부근이 유명한 어장이다. 이들 어류를 어획하는 데는 어살, 권망(捲網), 유망(流網), 수조망(手操網), 안강망(鮟鱇網), 중선 주낙 등을 사용한다. 수조망 안강망 및 주낙은 일본인이 사용하는 것이다.

숭어 · 가오리 · 상어

숭어 · 가오리 · 상어는 대화도 가도 반성열도 부근을 어장으로 한다. 이들은 대부분 어살로 어획하지만, 가오리는 6월 하순부터 8월 하순에 이르는 사이에 일본인이 민낚시를 써서 이를 어획한다. 가자미 및 오징어도 또한 동일한 어장에서 어획된다. 가오리는 배부터 꼬리 쪽을 향하여 갈라서 내장을 제거하고 물로 씻고, 배와 입 속에 식염을 집어넣고, 몸의 바깥쪽 한 면에도 소금을 비벼가며 발라서 큰 독에 재운다. 식염이 모두 녹기를 기다려서 이를 꺼내 가른 배를 꼬리 쪽으로 뒤집어서 건조한다. 상어는 큰 것은 지느러미를 잘라서 말려 청국 수출품으로 쓰고, 작은 것은 등을 가르고 부엌칼[庖刀]로 군데군데 칼집을 넣은 다음, 내장과 아가미를 제거하고 한 번 씻은 다음, 안팎을 식염으로 비벼서 재운 다음, 며칠이 지난 후 건조한다.

전어 · 농어 · 민어

전어 · 농어 · 민어는 청천강구 바깥 외순도 부근, 신미도 동서 양쪽의 물길, 이화포, 이호포(耳湖浦) 사이의 물길, 압록강구 신도 근해를 어장으로 한다. 특히 농어는 압록강구 두류포(斗流浦) 전면 및 신도 동쪽의 물길에 많다. 전어는 밴댕이그물이나 어살 등으로 어획한다. 농어 및 민어는 주낙, 외줄낚시 등으로 어획하는데, 모두 배를 갈라서 내장과 아가미를 제거하고 씻어 큰 단지에 담은 다음 소량의 후추를 섞은 포화염수(飽和鹽水) 속에 던져넣고, 위에 무거운 돌을 올려 저장한다. 수요에 따라서 꺼내서 판매하는데, 한 항아리에 30마리씩 재우는 것이 일반적이다.

잉어 · 붕어 · 뱅어 · 뱀장어 · 자라

잉어 붕어 뱅어 뱀장어 및 자라는 대동강 청천강 압록강 및 기타 하천에서 생산된다. 대동강에서는 잉어 어업이 가장 활발하고 붕어 및 뱀장어가 그 뒤를 잇는다. 뱅어는 대동강 순화군 연안을 주어장으로 하며, 겨울철에 강이 결빙되었을 때 전적으로 뱅어 어획에만 종사하는 사람들이 많다. 압록강에서는 신의주 부근부터 상류인 의주에 이르는 사이, 중도[中の島][8] 부근을 각종 어류의 좋은 어장이라고 한다.

굴 · 맛 · 바지락 · 긴맛 기타 패류

굴 · 맛 · 바지락 · 긴맛 기타 패류는 연안 도처의 갯벌에서 생산되지만, 그중에서도 가장 풍부한 것을 살펴보면, 맛은 소반성열도의 서남쪽, 바지락은 이화포와 이호포 사이에 있는 연동도(煙峒島)의 남서쪽 및 애도(艾島) 한천포(漢川浦) 부근, 굴은 철산반도의 동서 양 연안 및 신도열도 봉황포, 긴맛은 원도(圓島)의 북쪽, 새조개는 애도 및 외순도 부근의 갯벌, 적신(赤辛)과 소라는 신미도 동쪽의 물길, 대합은 화도(花島) 부근이라고 한다. 굴 바지락 새조개 등은 길이 1척 5촌 정도의 자루가 있는 철제 낫으로 갯벌을 파 뒤집어 가면서 채취한다. 맛은 먼저 땅 위로 보이는 호흡공을 찾아낸 다음, 정(丁) 자형의 가래 같은 것이나 손으로 펄을 3~4촌 정도 파고 대나무 자루가 달린 놋쇠 가닥의 끝을 굽힌 것을 그 구멍에 밀어넣어 끌어올린다. 긴맛은 땅 위에 드러나는 호흡공에 길이 2척 남짓한 사무가 날린 철제 가래[銚] 같은 것을 찔러 넣어 잡아 올린다. 또한 이러한 가래를 쓰지 않고 바지락 잡을 때 쓰는 것과 같은 호미로 채취하는 경우도 있다. 어기는 모두 5월 중순에서 9월 중순 사이라고 한다. 바지락과 새조개는 살을 발라내어 다량이 식염을 써서 젓갈로 만든다. 바지락과 굴은 살만을 소금물에 삶아서 긴조한 다음 청국 수출품으로 쓰기도 한다.

세발낙지

세발낙지는 외장도 서쪽부터 반성열도에 이르는 모래와 진흙 바닥에서 생산되는데,

---

8) 앞에서는 中の洲로 나왔다. 모두 '나카노시마'라는 일본말을 표기한 것이다.

그중 특히 많은 곳은 반성열도의 남북, 철산군 대계도(大鷄島) 부근부터 월우도(月隅島) 부근에 이르는 사이, 선천만에 있는 가도의 서안, 대가차도·소가차도 부근 및 신미도의 서안이라고 한다. 낙지는 주로 도미 주낙 및 도미 손낚시의 미끼로 사용하는 것으로, 대계도 및 월우도에서는 도미 낚시 어선에 공급할 목적으로 어기 중에 끊임없이 섬주민들이 이를 채취한다. 대계도에서는 일본인으로서 미끼를 중개하는 사람이 있다. 도미 어기에 먼저 섬주민들로부터 이를 매집하여 산 채로 비축하고 있다가 어선이 오기를 기다려 판매한다. 그 밖의 산지에서는 어선의 수요에 응하여 수시로 채취한다.

어구

본도 주민으로서 연해 어업에 종사하는 자는 약 700명이고, 다른 도에서 고기 잡으러 오는 사람이 약 1,000명이다. 어구는 권망 중선 소망 어살 주두(周斗) 목골(木骨) 삼각 탱망(三角撑網) 주낙 외줄낚시 등을 사용한다.

권망은 칡나무 껍질 실로 만든 폭 8~9길, 길이 300길 내외의 장막[帳幕]처럼 생긴 그물이다. 한 척의 어선에 12~13명이 타고 어장에 이르러 한쪽 끝부터 물속에 넣어서 활 모양으로 둘러친 다음, 점차 그물의 가장자리부터 배 안으로 끌어올린다. 봄여름 교체기에 조기 준치 달강어 등을 어획하는 데 쓴다. 본도 앞바다 어업에 있어서 주요한 어구라고 한다.

밴댕이그물은 주로 밴댕이를 어획하는 어구로서 건간망의 일종이다. 어업은 어선 1척에 6~7명이 타고 어장에 이르러, 폭 3척 길이 15길의 그물을 장소에 따라서 20~80파를 연결하여 말뚝에 달아서 일직선으로 펼치거나 혹은 활모양으로 치고, 그 양쪽 끝에 고기가 들어가는 부분[魚取]을 만든다. 혹은 서로 어긋나게 병풍처럼 고정시켜 설치해 두었다가 썰물 때 그물 가장자리, 그물코 및 어취에 들어 있는 어류를 손으로 잡거나 뜰채로 퍼 올린다. 이 어구는 어살 등과 같이 계속 한 곳에 설치해 두는 것이 아니며, 한 어기 사이에도 여러 차례 장소를 옮긴다. 밴댕이 이외에 전어 웅어 모쟁이 가오리 상어 가자미 게 등을 어획한다.

주두(周斗)는 어살의 일종으로 규모가 다소 작은 것이다. 기슭 가까이에 말뚝을 5~6

척 간격으로 세우고 여기에 수수깡[黍稈] 등을 붙여서 담처럼 만든다. 뒤쪽 한 구석에 어류(魚溜)를 만들어 놓고, 만조를 타고 온 어류를 간조 때 차단하여 어획한다. 전어 밴댕이 숭어[鯔] 웅어 등 작은 잡어를 목적으로 한다.

목골(木骨)은 건간망의 일종으로 그물을 말뚝으로 지지해 놓고, 조류의 간만을 이용하여 웅어 새우 등을 어획한다. 삼각탱망은 주로 농어 및 민어 어업의 미끼로 쓰는 백하를 어획할 때 쓴다.

압록강에서는 목골망 지예망 중선 자망 장망(張網) 주낙 외줄낚시 등을 사용한다. 목골망은 유초도(柳草島)에서 용암포 전면에 이르는 사이의 사주[洲] 위에 설치하고 썰물 때를 이용하여 각종 어류를 어획한다. 지예망은 북하동(北下洞)에서 유초도 사이에서 사용하는 어구로서 뱅어 복어 숭어 등을 어획한다. 중선은 외해에서 새우업에 사용한 것인데 임시로 이를 전용하여 유초도 부근에서 뱅어를 어획한다. 자망은 결빙기 중에 구멍을 뚫어 얼음 밑에서 사용하여 숭어를 어획한다. 의주 하류에서 많이 사용한다. 장망은 봄여름 교체기에 강구에서 뱅어를 어획한다. 부망(敷網)의 일종으로 한 척의 어선에 2~3명이 타고, 뱃머리에서 물속으로 그물을 던져넣어 가라앉혀 두고, 때때로 달아놓은 그물로 끌어올린다.

주낙은 뱀장어 농어 등을 어획한다. 어장은 뱀장어는 유초도 부근, 농어는 강구 부근이다. 뱀장어에 사용한 것은 한 줄의 벼리에 낚시바늘 80여 개를 단다. 미끼는 뱀장어에는 모쟁이, 농어에는 새우를 사용한다. 외줄낚시는 뱀장어 농어 잉어 등을 어획하며, 특히 잉어의 경우는 겨울철 결빙된 때에 행한다. 또한 청국인은 조석간만을 이용하여 항립대망(杭立袋網)을 사용하거나 강 연안의 갈대숲 속에 부망을 설치하여 뱀장어를 잡는 경우가 있다.

어선은 다른 도에서 사용하는 것과 큰 차이가 없는데, 앞바다 어업에 사용하는 것은 크고 연안 어업에 사용하는 것은 대체로 작다. 특히 압록강구 및 신도 부근에서 농어 주낙에 사용하는 통나무배[獨木舟]는 길이 약 10척, 폭 약 1척 5촌 정도에 불과한데 한 사람이 타고 노로써 운용하며 돛을 쓰는 경우도 있는데, 대단히 경쾌하다. 어기는 앞바다에서는 5월 상순~7월 상순까지, 연안에서는 4월 중순~11월 상순까지라고 한다. 그중 5~7월까지 사이가 가장 활발하다.

　어획물은 생선인 채로 판매하는 경우도 있지만, 대개 어업자들이 스스로 염장 혹은 건제하여 본도 및 황해도 각지에 보내거나 또는 어장에서 출매선에 매도한다. 백하는 모두 어선 내에서 염장한다. 출매선은 대부분 본도 철도(鐵道) 연선(沿線)의 여러 지역에서 오는 것으로, 어장에 이르러 항상 어선을 쫓아 어획물을 매수하고, 편리한 곳에 육양하여 도매상에게 수송한다. 충청 경기 황해 각도에서 고기 잡으러 오는 사람들도 또한 대개 어획물은 어업자가 스스로 배 안에서 염장하여, 그 일부는 출매선에 매도하고, 나머지는 각자 가지고 돌아가서 매각한다.

　일본인으로서 용암포 신의주 및 기타 각지에 정주하면서 어업을 경영하는 자가 100여 명 있다. 4월 하순부터 10월 하순까지 주낙 및 외줄낚시를 사용하여 도미 및 농어 민어 등을 어획한다. 또한 매년 조기 달강어 넙치 가자미 도미 준치 삼치 고등어 가오리 등을 어획할 목적으로, 일본에서 내어하는 사람이 제법 많다. 5~6월 경이 최성기이며, 점차 남하하는 것이 일반적이며, 드물게 관동주(關東州)·대련(大連) 방면으로 향하는 자도 있다. 조기는 안강망, 달강어 넙치 가자미는 준치 등은 수조망, 도미는 외줄낚시 및 주낙, 삼치와 고등어는 유망, 가자미는 민낚시를 사용하여 어획한다. 어획물은 절반 이상을 생선인 채로 안동현(安東縣) 신의주 용암포 정주 이화포 등에 보내어 매각한다. 운반은 어선이 직접 담당하며, 따로 출매선 혹은 운반선은 없다. 도미는 압록강 두류포(斗流浦) 앞에서 배 안의 수조[活洲]에서 꺼내어 머리를 손갈고리로 쳐서 죽인 다음 안동현 신의주 및 용암포에 수송하며, 농어는 안동현까지 수조에 살려둔 채로 운반하며, 달강어는 때로 조선인 및 청국인을 상대로 염장하여 시장에 내는 경우도 있다.

　본도 연안은 갯벌이 광대하기 때문에 자연히 제염업이 대단히 활발하다. 특히 가장 활발한 곳은 평안남도에 있는 용강군이라고 한다. 염전 면적은 남도는 427정보 남짓, 북도는 50여 정보이고, 1개년의 제염량은 남도가 10,365,299근, 북도가 984,755근이다. 합계 432정보[9] 남짓, 11,350,054근이다.

---

9)　남도와 북도의 염전 면적을 합하면 477정보 남짓이다. 원문의 기록대로 표기하였다.

평안남도(平安南道)

제1절 강서군(江西郡)

개관

연혁

고려 인종 14년 경기(京畿)를 나눠 여섯 현으로 만들 때 이악(梨岳) 대구(大坵) 갑악(甲岳) 각묘(角墓) 독촌(禿村) 증산(甑山) 등을 합하여 한 현으로 삼고 강서(江西)라고 칭한 데서 비롯되었다. 조선 초에는 그대로 현으로 삼았으나 후에 고쳐서 군으로 삼았다.

위치

본도의 동남쪽에 있으며 대동강에 면한다. 동쪽은 강을 사이에 두고 중화군, 서쪽은 구 함종군(咸從郡), 북쪽은 평양군, 남쪽은 용강군에 접한다.

지세

지세는 많은 작은 산맥이 오르내리지만 평지가 대단히 많다. 특히 그 중앙 및 연안에는 넓디넓은 평야가 있다. 연안의 논의 경우는 본도에서 손꼽을 만한 비옥한 땅으로 일컬어진다. 명치 43년 중 관련 기관의 조사에 의하면, 경지 면적 논 약 3,579정보,

밭 약 7,477정보라고 한다. 연안 남단에는 사퇴가 많고 물이 얕지만, 그 상류는 물이 깊어서 6~7심에 이른다.

강서읍

강서읍(江西邑)은 무학산(舞鶴山)의 남쪽 기슭에 있고, 전면에는 넓은 평야가 펼쳐져 있어서 인가가 조밀하고 물화와 행인의 출입이 빈번한 주요한 지역이다. 호수는 약 800호이고, 일본인이 많이 재주하고 있다. 군아 이외에 우편국 헌병분대 및 사립학교 3개소가 있다. 이곳에서는 음력 매 2·7일에 시장이 열리며, 집산 화물은 쌀 콩 조 목면 잡화 등이며, 집산 지역은 본군의 읍내 지방이라고 한다. 그 밖에 초성면(草城面) 거암면(擧巖面) 사진면(沙津面) 한룡면(閑龍面)에도 또한 시장이 있지만, 초성면 이외에는 모두 시황이 아주 부진하다.

교통

읍내에서 평양까지 80리, 용강 및 증산까지 각 40리이며, 도로가 제법 평탄하여 교통이 불편하지 않다. 근년에 읍내와 평양 사이는 종래의 가도와 거의 나란히 새로운 가도가 건설되어 있다. 또한 이른바 평남철도가 개통되어서, 이 방면의 교통은 대단히 편리하다.

물산

농산물이 대단히 풍요로우며, 1개년 쌀 약 34,000석, 잡곡 약 28,000석을 생산한다. 수산물로는 조기 민어 뱅어 숭어 준치 새우 등이 있다.

구획

본군을 13면으로 나누었는데, 그중 강에 면한 것은 초리(草里) 보원(普院) 부암(浮巖) 세 면이고, 초리면에는 미룡도(美龍島) 봉상도(鳳翔島) 이로도(伊老島) 및 조개도(朝開島) 등이 속해 있다.

초리면은 본군의 북단에 있으며, 보원면 부암면이 차례대로 이어서 그 남서쪽으로 늘어서 있으면서 대동강에 면한다. 초리면에는 준치, 보원면에서는 뱅어 숭어 준치 새우, 부암면에는 조기 민어 준치 등이 생산되며, 부암면 이안리(耳安里)는 어업이 제법 활발하다.

제2절 용강군(龍岡郡)

개관

연혁

과거의 황룡국(黃龍國)이다. 고구려가 이를 병합하였고, 고려가 이를 황룡성(黃龍城)이라고 불렀으며, 또한 군악(軍岳)이라고도 하였다. 후에 지금의 이름으로 고치고 현으로 삼았다. 조선이 이를 그대로 이어받았으나 후에 군으로 삼았고 오늘날에 이른다.

위치

북쪽은 증산군, 북동쪽은 강서군, 남서쪽은 삼화부(三和府)에 접하고, 동쪽은 대동강에 서쪽은 바다에 면한다.

지세

산악이 중첩되어 있으나 다소 서쪽에 놀려 있으며, 남북으로 이어지는 오석산(烏石山) 서쪽은 지세가 완만하여 해안에 이르는 사이가 아주 넓은 큰 평야를 이룬다. 무릇 남쪽은 광량만(廣梁灣)부터 북쪽으로는 구 함종군의 북서쪽에 이르는 연해 일대는 본도 제일의 평지이다. 그러나 군내에는 가는 물줄기 두세 개 이외에 큰 하천이 없어서 관개가 불편하기 때문에 경지는 대개 밭이고 논은 적다. 군내의 논은 약 2,263정보, 밭은 5,842정보쯤이다.

연안

대동강 연안은 남동쪽으로 돌출하여 지세가 대체로 높고 험한 절벽을 이루는 곳이 많지만, 그 말단은 해도(海圖)에서 이른바 애암갑(崖巖岬)이다. 이 갑에서 이북은 강 폭이 좁고 사퇴가 많으며 물도 점점 얕아지지만, 이남은 강폭이 넓고 수심이 깊다. 갑의 전면은 곧 이른바 철도묘박지이다. 그 밖에 이 연안에는 사월리(沙月里) 도리진(桃李津) 매진포(楳津浦) 애암포(崖巖浦) 등 양호한 계선장이 많아서 자연히 어업 해운업 등이 활발하다. 서쪽으로 바다에 면한 연안은 전부 멀리까지 얕아서 저조 때에는 수 해리에 걸쳐 진흙이 드러난다. 육지에 접한 부분은 모두 풀밭인데, 그 면적은 약 1,000 정보에 이른다. 그래서 이 지역은 선박을 기항하기에 불편하며, 거의 중앙 부분에 큰 심입만이 있는데, 봉황포(鳳凰浦)라고 한다. 만의 크기는 동서 약 10리, 남북 약 20리에 이르지만, 만 내에는 두세 줄기의 작은 물길이 있을 뿐이고 그 이외에는 모두 갯벌이고 염전이 많다. 그 밖에 풀이 자란 사이로 여러 곳에 염전이 흩어져 있다.

용강읍

용강읍은 오석산의 동쪽 기슭에 있으며, 호수 약 270호이고 군아 이외에 우체소 및 사립보통학교 1곳이 있다. 읍내에서 약 5리에 황룡성 터가 있다. 산을 따라서 성벽을 돌렸는데 대단히 험준한 요해지를 차지하고 있으며, 그 중앙의 계곡에 약 20호의 인가 가 있다. 읍내의 서산에서 40리 떨어진 연안 평야의 남부에 온천리(溫泉里)가 있다. 이곳에서 함종까지 45리, 광량만까지 30리, 진남포까지 60리, 기양역(岐陽驛)까지 70 리이며, 인가가 겨우 20여 호 있는 작은 마을이지만, 온천이 솟아나는 곳으로 유명하다. 숙사가 많고 그중에는 일본인이 경영하는 것도 있다. 가옥은 함석을 덮은 조악한 일본 식 건물이다.

장시

군내에는 산남면(山南面) 조양면(朝陽面) 운동면(雲洞面) 오정면(吾井面) 다미상면(多美上面), 당점면(堂岾面) 월곶면(月串面) 등에 장시가 있다. ▲ 산남면은 음력 매 3·8일에 개시하며 집산화물은 쌀 조 콩 팥 설탕 기장 미역 어류 밤 계란 소 면포 비단 금속류 도기 짚신 담뱃대 등이며, 집산 지역은 평양 강서 진남포라고 한다. ▲ 조양면은 매 1·6일에 개시하며, 집산 지역은 안주 박천 진남포 용강 삼화이다. ▲ 운동 면은 매 5·10일에 개시하며 집산 지역은 삼화 용강이다. ▲ 오정면은 매 4·9일에 개시하며 집산지역은 용강이다. ▲ 다미상면은 매 2·7일에 개시하며 집산 지역은 용 강이고, 집산 화물은 모두 산남면과 같다. ▲ 당점면은 매 2·7일에 개시하며 집산 화물 은 쌀 대합 굴 건어 등이다. ▲ 월곶면은 매 3·8일에 개시하며 집산 화물은 목화 백목 등이고 집산 지역은 모두 각각 그 면 안이다. 조양면 시장에서 한 장의 집산액은 평균 1,900원 남짓이지만, 그 밖에는 모두 시황이 미미하다.

군읍은 산속에 치우쳐 있기 때문에 평양에서 진남포로 통하는 새로운 도로는 멀리 그 전방을 지나가고, 기양 온천리 사이의 도로는 오석산을 사이에 두고 그 후방에 있다. 어느 쪽도 그 편리함을 누릴 수 없다. 겨우 평양 진남포 사이의 구 도로에 의지하여 동서로 왕래하며, 기차를 이용하기 위해서는 남쪽 15리에 있는 진지동(眞池洞) 정거장 으로 가야 한다. 읍내에서 오석산의 지맥을 넘어 온천리로 통하는 도로도 또한 겨우 인마가 통행할 수 있을 뿐이다. 그러나 서해안 평야로 나가면 도로가 평탄하고 또한 군의 중앙에서 다소 동으로 치우쳐서 평양에서 진남포로 통하는 새로운 도로와 철도가 있다. 이 방면으로는 교통이 대단히 편리하다.

물산

육산물로는 쌀 조 콩 팥 보리 밀 목면 석재 능인데 1년에 쌀은 24,000식, 조와 콩 등 잡곡은 약 92,000석을 생산한다. 목면은 품질이 열등하지만 대단히 질겨서 수요가 많으며, 주로 평안북도 및 함경도 등으로 이출된다. 석재는 대단히 풍부하며 일찍이 풍경궁(豊慶宮)의 건축 재료로 바쳐진 적이 있다. 근년에는 말을 이용해서 진남포로 이출되기에 이르렀다.

수산물은 민어 가자미 갈치 가오리 준치 숭어 새우 등이 있다. 대동강 연안에 있어서 어업이 제법 활발하지만, 서해안에 있어서는 겨우 소규모의 어망과 어살뿐이다. 그러나 연안 상황이 앞에서 기술한 바와 같으므로 자연히 제염업이 대단히 활발하다. 염업자는 다른 군과 달리 전업으로 종사하는 사람이 많으며, 염전도 양호하고 따라서 소금의 질도 좋다. 1년 채염 횟수도 다른 군에 비하면 빈번하다.

구획

본군을 18면으로 나누었는데, 그중 대동강에 면한 것은 신정(新井) 다미(多美)[10] 오정(吾井)의 세 면, 서해안에 면한 것은 해안(海晏) 화촌(和村)이라고 한다.

남조압도

남조압도(南漕鴨島)는 해안면의 연안 약 3해리 앞바다에 있는 작은 섬이다. 둘레 겨우 10여 정인데, 섬 전체가 원추형을 이루고 그 정상에 나무 한 그루가 있을 뿐 그 이외에는 나무도 없고 경지도 없다. 북동쪽 사면에 마을이 있는데, 호수 31호 인구 126명이며, 어업에 종사하는 사람이 많다. 연안은 대개 험한 벼랑이고, 사방은 모두 사퇴로 둘러싸여 있지만, 그 위치가 외해에 가깝고 기항에 편리하기 때문에 선박이 출입하는 경우가 많다.

월랑포

월랑포(月浪浦)는 남조압도의 대안 북쪽에 있는데, 인가가 겨우 9호인 작은 마을이다. 어업에 종사하는 사람이 있으며, 연안 일대 풀밭 사이로 염전이 많다.

봉황포

봉황포(鳳凰浦)는 월랑포의 북쪽에 있는 큰 심입만이다. 만 안은 갯벌과 갈대밭이 이어져 있고, 갯벌에 염전이 많다. 만 입구 가까운 남쪽 기슭에 어촌(魚村)이라고 하는 인가 18호의 작은 마을이 있다. 그 남쪽 1정 정도 떨어져서 한촌(韓村)이라는 인가

---

10) 원문에는 多義라고 기록되어 있으나 正誤表의 기록을 따랐다.

약 30호의 마을이 있는데 모두 월곶면에 속한다. 부근에는 소나무숲과 경지가 멀리까지 이어져 있으며, 전안은 고조시에 배를 띄울 수 있고 또한 사방의 바람을 막아주기 때문에 군내 제일의 양항이라고 한다. 연안에는 염전이 있는데, 주민으로서 제염업 및 어업에 종사하는 사람이 많고 어장은 이곳의 북쪽 기슭에 있다. 또한 본만의 북쪽 기슭과 마주하여 입석(立石)이라는 인가 38호의 마을이 있는데, 어업 및 제염업에 종사하는 사람이 많고 염막(鹽幕) 10여 채가 있다.

제3절 진남포부(鎭南浦府)

개관

연혁

고려 인종 14년 서경기(西京畿)를 나누어 금당(金堂) 호산(呼山) 칠정(漆井) 세 부곡(部曲)를 병합하여 삼화현(三和縣)을 둔 데서 비롯되었다. 조선 초에는 그대로 현으로 두었으나 후에 부로 고쳤고 병합 후에 다시 진남포부(鎭南浦府)고 개칭하여 지금에 이른다.

북동쪽은 용강군, 서쪽은 외해, 남쪽은 대동강에 면한다. 마침 본도의 남서쪽 모서리에 위치한다. 북동쪽 용강군과의 경계에는 산맥이 이어져 있으나 서쪽 및 남쪽은 낮아져서 평야가 많고, 그 남서단에서 높은 봉우리를 볼 수 있을 뿐이다. 연안은 굴곡과 만입이 심하여, 그중 가장 큰 것은 서산에 있는 광량만(廣梁灣)이라고 한다. 그리고 연안은 전부 풀밭 및 갯벌로 둘러싸여 있기 때문에 만 안은 모두 큰 배를 수용하기에 불편하지만, 남안에 있어서는 갑각과 산자락이 대동강으로 돌출한 곳이 있고, 섬들도 흩어져 있어서 선박을 정박시키기에 적합한 장소가 적지 않다. 그중에서 가장 유명한 것이 진남포라고 한다. 서안의 절반 즉 귀림곶 이북 지역은 만입이 적고 또한 전부 풀밭으로 덮여 있다. 풀밭은 곧 갈대밭으로 콩 10두락 면적으로 한 구획을 이룬다. 두둑을 쌓아 호수(湖水)를 막아서 갈대의 생장을 좋게 한다. 상전 2원, 하전 1원 50전에 매매된다. 상전 1개년의 생산액은 7태(駄)이고 하전도 5태 아래로 내려가지 않는다. 주로 제염 연료로 쓰는데, 1태의 갈대로 식염 2두 5승을 만들 수 있다. 갯벌은 대개 염전이다.

삼화부

삼화부(三和府)는 진남포에서 30리 떨어진 내륙에 있다. 그러나 치소는 현재 이전하여 진남포에 있다. 시장 7곳이 있는데, 항내(港內) 비석동(碑石洞) 신흥동(新興洞) 지산동(芝山洞) 서리면(西里面) 오은면(吾隱面) 대상면(大上面)이다. 항내면은 음력 매 3·8일에 개시하며, 집산 화물은 쌀 조 콩팥 참깨 기장 미역 어류 계란 소 면포 비단 금속류 도기 짚신 담뱃대 등이며, 집산 지역은 진남포 용강군내 황해도 각군이라고 한다. ▲ 비석동은 매월 10일과 25일에 개시한다. ▲ 신흥동은 매월 15일과 30일에 개시한다. ▲ 지산동은 매월 5일과 20일에 개시한다. 집산 화물 및 지역은 평양 안주 박천 진남포 용강이다. ▲ 오은동은 매 3·8일에 개시하며 집산 지역은 삼화 용강이다. ▲ 대상면은 매 2·7일에 개시하며 집산 지역은 삼화이고 화물은 모두 항내와 같다. 그리고 시황이 가장 성대하여 한 장의 집산액이 평균 3,000원 남짓에 달하는 비석동이 제일이고, 신흥동 지산동 항내 등이 각각 그 다음이다.

산물

근해에서는 숭어 갈치 방어 농어 가오리 게 새우 대합 등이 생산되는데 어살 새우그물 조개긁개 등을 사용할 뿐이다. 그러나 제염업은 제법 활발하다.

구획

본군은 14면으로 나누었는데, 그중 물가에 면한 곳은 원당(元塘) 대하(大下) 대상(大上) 신남(新南) 신북(新北) 귀하(貴下) 귀상(貴上) 초소(草召) 감박(甘朴)의 9면이다. 연안에는 섬이 많으며, 신남면에 속하는 덕도(德島) 남도(藍島), 귀상면에 속하는 대취라도(大吹螺島) 소취라도(小吹螺島), 초소면에 속하는 비발도(庇鉢島) 가덕도

(加德島) 화도(禾島), 감박면에 속하는 금교도(金鮫島) 결석도(結石島) 등은 그중 주요한 곳이다. 연안의 주요한 각지의 정황을 언급하면 다음과 같다.

진남포

진남포(鎭南浦)는 본군의 남단인 대동강구에서 약 14해리 거슬러 올라간 왼쪽 기슭에 있다. 부근 일대는 구릉이 오르내리지만, 그중 가장 큰 것은 우산(牛山)이라고 한다. 본포의 서쪽에 솟아 있어서 입항하는 데 표지[目標]가 된다. 항내는 수심이 15~20심이고 강폭이 10리 남짓이어서 많은 큰 배가 자유롭게 출입할 수 있다. 러일전쟁 때에는 운송선 80여 척이 한꺼번에 입항한 일도 있었다. 또한 일찍이 영국 동양함대의 기함 다이아담을 비롯한 10,000톤 이상의 순양함 4척이 꼬리에 꼬리를 물고 아무런 지장도 없이 입항한 적도 있다. 아울러 평안 황해 두 도의 산맥은 강을 사이에 두고 양쪽에서 서로 마주보고 있으며, 구불구불하게 자연 방풍벽을 형성하고 있어서 사철 풍파가 일어나지 않는 참으로 보기 드문 양항이다. 그러나 항만으로서의 설비는 아직 완전하지 않기 때문에 정부는 5개년 계속 사업으로 항구를 개수하기로 결정하였으며, 명치 43년에 기공하기에 이르렀다. 관련 기관의 보고에 의하여, 그 계획 및 올해의 공정 대요를 적기하면 다음과 같다.

축항 위치는 각국 거류지의 동부 지구와 비발도(飛潑島) 사이에 있는 갯벌을 이용하는 것으로, 그 총면적은 50,000여 평이고 그중 25,000여 평을 매축하여, 상옥 창고 및 기타 부지와 철도 연락 용지에 충당하고, 나머지 25,000여 평은 굴착하여 갑문식 습선거(濕船渠)를 축조하는 것이다. ▲ 하불 육양상의 석재를 간편하기 위한 목적으로 세관 소속 목조 잔교에서 세관의 상옥과 창고 4동에 이르는 연장 약 500칸 사이에 12파운드[封度]의 경편 레일[軌條]를 갈고 화물운반용 무개화차[トロック] 10대를 설비할 계획이다. ▲ 세관 부속 검역소의 일부, 소독소 및 대합소 등의 신축은 이미 완성되었으나, 아직 기관실(汽罐室) 및 기관 설비는 점차적으로 완성할 예정이다.

기후

기후는 대륙성이고 한서 모두 가혹하다. 무릇 직예만의 수심이 얕아서 기온을 조절하기에 적합하기 않기 때문인 듯하다. 한서의 차가 대단히 뚜렷하며 여름 겨울 두 철은 길고 봄 가을 두 철은 짧다. 겨울철에는 영하 몇 도 이하로 내려가면 지상과 지하가 모두 결빙된다. 대동강은 본항 부근에는 결빙에 이르지 않으나, 평양 부근에서 결빙한다. 한겨울 철에는 조수간만에 의하여 상류의 얼음덩어리가 떠다니는데 본항을 지나 하구를 오르내리기 때문에 선박 교통은 두절된다. 명치 33년 이후 매년 항운의 시작과 끝을 나타내면 다음과 같다.

연도	통항종료[終航]	통항시작[初航]
33년(1910년)	12월 9일	3월 6일
34년(1911년)	동 19일	동 19일
35년(1912년)	동 27일	동 6일
36년(1913년)	동 18일	동 16일
37년(1914년)	동 16일	동 16일
38년(1915년)	동 13일	동 9일
39년(1916년)	동 12일	동 13일
40년(1917년)	동 30일	동 8일
41년(1918년)		동 3일

비고: 표안의 월일은 실제 교통의 개폐(開閉)를 나타낸 것이 아니고 다소 선편의 형편에 관한 것이라고 한다.

명치 38년 이후의 기온은 나타내면 다음과 같다.

연도	1월	2월	3월	4월	5월	6월	7월	8월	9월	10월	11월	12월
38년(1915년)	24.3	25.3	42.0	49.0	67.0	68.7	78.7	75.0	63.1	57.0	42.0	31.0
39년(1916년)	23.5	25.0	39.5	43.0	54.5	67.2	77.0	76.0	65.3	56.5	48.5	28.6
40년(1917년)	23.5	27.0	34.6	44.3	66.0	69.0	76.0	76.0	68.0	58.5	32.5	29.5

풍우

풍우는 여름과 겨울에 확연한 차이가 있다. 10월부터 다음해 2월에 이르는 5개월 사이는 북풍 내지 북서풍이 많고 공기는 건조하며, 3~9월까지는 동풍 내지 남서풍이 많고 공기는 대체로 습윤하다.

서리

서리는 9월 중순에 시작하여 다음해 4월 상순에 끝나는데, 피해는 대단히 경미하다.

눈

눈은 12월부터 다음해 3월 몇 차례 볼 수 있지만, 적설량은 겨우 몇 촌(寸)이며 한 척이 넘는 경우는 대단히 드물다.

진남포

본항은 원래 인가가 20여 호에 불과한 한촌으로, 조운선 및 청국 밀무역선이 출입하는 일이 있을 뿐이었으나, 명치 27년 청일전쟁이 일어나자 청병이 험준한 요새인 평양에 근거하였고, 그곳과 밀접한 관련이 있는 이 항은 함대의 정박지가 되었다. 또한 육군 병참선의 기점이 되어, 평양 사이에 경편철도를 부설하고, 양식 및 병기 수송을 행하게 되었다. 선박의 출입이 극히 빈번해지자, 진남포의 명성은 갑자기 내외인들에게 인식되기 이르렀다. 그때부터 조선인이 거처를 이곳으로 옮기는 사람도 많고, 또한 일본인 내주자도 갑자기 증가하였지만, 전쟁이 끝나자 다시 그 수가 줄어들었다.

명치 30년 10월 목포와 함께 개항장이 되어, 각국 거류지가 설정되고 영사관 및 세관이 설치되기에 이르렀지만 여전히 청국인으로 상업에 종사하는 사람은 있어도, 일본인의 세력은 대단히 부진하였다. 그런데 명치 37년에 러일전쟁이 일어나자 다시 본항은 제1군의 상륙지가 되었고, 이와 더불어 군수품의 수송, 각송 상인이 선너오는 일이 또한 많아졌다. 토목건축업도 일시에 일어나고, 시가가 번화하고 상업이 크게 활기를 띠기에 이르렀다. 이어서 제2군이 내항하고 운송선 80여 척이 일시에 항내에 정박하는 성황을 보이자, 상업은 더욱 활발해졌다. 그러나 이러한 현상은 본디 영속되는 것이 아니었으며, 전후 침체된 모습을 보였지만, 원래 통상무역항으로 발달할 수 있는 조건을 구비한 곳이기 때문에, 이후 착착 발전하는 방향으로 나아가고 있다. 근년에는 본항으로부터 평양에 이르러 경의선으로 연락하는 평남철도가 개통되고 또한 축항 공사 또한 완성이 가까워지면서 다시 인기가 급등하여, 각 개항장 중에서 가장 활기가 있는 곳으로 일컬어지기에 이르렀다.

일본인이 이곳에 이주한 것은 청일전쟁 이후이다. 명치 30년 1월 개항과 동시에 일본영사관이 설치되었고, 다음해인 31년에 처음으로 일본인거류지 총대사무소가 성립되었지만, 당시 재류자는 겨우 27명이었다. 다음해인 32년에 일본인 거류민 사무소로 고치고 민장(民長)을 두었다. 38년 3월에 민단법이 반포되었고 다음해인 39년 8월부터 민사무소[民役所]를 고쳐서 민단(民團)이라고 하여 지금에 이른다. 그리고 원래 거류민 자제의 교육은 민사무소 직원, 본원사(本願寺) 포교사 등이 관장하던 바였으나, 자제의 수가 점차 증가하기에 이르자 명치 36년 10월 교사를 신축하고 순수한 소학교육을 실시하게 되었다. 실로 본항은 일본인의 이주에 의하여 발전하게 된 곳이며, 현재는 부청, 구재판소, 우편국, 세관, 조선해수산조합 지부, 진남포수산주식회사, 오사카상선주식회사 지점, 진남포 수출곡물상조합, 한국은행, 백삼십은행, 평안농공은행의 각 지점 등이 있다. 현재 명치 35년 이후 본항의 호구수 증감 상황을 나타내면 다음과 같다.

연도		일본인	조선인	청국인	기타 외국인	합계
35년(1912년)	호수	119	750	39	4	912
	인구	547	2,800	262	9	3,618
36년(1913년)	호수	188	1,381	53	4	1,626
	인구	779	4,601	381	7	5,768
37년(1914년)	호수	409	1,657	70	3	2,139
	인구	1,786	4,845	413	6	7,050
38년(1915년)	호수	789	1,805	89	2	2,685
	인구	3,267	5,856	516	4	9,643
39년(1916년)	호수	764	1,975	119	1	2,859
	인구	2,887	6,368	651	2	9,908
40년(1917년)	호수	778	1,984	107	1	2,870
	인구	2,697	8,181	426	2	11,306
41년(1918년)	호수	798	1,990	110	2	2,900
	인구	2,901	8,210	445	3	11,559

교통

교통은 수륙 모두 대단히 편리하다. 도로는 본항으로부터 평양에 이르는 신구 두 길이 있다. 구도는 160리이고 러일전쟁 때 일본인이 개수한 것이고, 신도는 135리로 원래 한국정부가 개통한 것이다. 조선 삼대 간선도로의 하나로 폭 4칸의 큰길이다. 또한 본항으로부터 대동강 연안 기진포(棋津浦)에 이르는 도로가 있다. 기진포의 대안인 겸이포 사이에는 나룻배로 연결되며, 황해도로 들어갈 수 있다. 본항에서 기진포까지 약 55리이다. 또한 광량만에 이르는 약 30리 도로를 개통하려고 계획 중이다. 아울러 본항에서 평양으로 통하는 이른바 평남철도는 명치 43년 10월부터 개통하여, 교통상 일대 혁신을 가져왔다. 그리고 본항과 평양 및 광량만 사이에는 이미 장거리전화가 개통되어 있다.

수운

대동강에는 본항에서 겸이포 및 평양 사이에 매일 왕복하는 2척의 작은 기선 이외에 범선의 왕래도 끊임이 없다. 범선은 일조(一潮) 때에 겸이포, 사조(四潮) 때 평양에 이른다. 또한 내외 각항에 연락하는 선박이 본항에 기항하는 경우가 많은데, 그 주요한 것은 다음과 같다.

진남포와 해외와의 항로(정기)

항로	선명	톤수	기항	수
나가사키-대련선	우전천환(隅田川丸)	462	1개월	2회
동	안동환(安東丸)	498	동	3회
오사카-안동현선	복주환(福州丸)	1,090	1개월	2회

진남포와 해외와의 항로(부정기)

항로	선명	톤수	기항	수
약송, 덕산, 진남포 사이	운해환(雲海丸)	1,477	1개월	1~2회
동	파환(巴丸)	1,600	동	

그 밖에 오사카상선과 타사 선박이 매월 평균 2~3회 입항하고 중국(支那) 정크선이 매 40척 내외 입항한다.

진남포와 각 연안 사이의 항로(정기)

항로	선명	톤수	기항	수
평양, 겸이포, 재령, 청군도	공작환(孔雀丸)	14	부정(不定)	

나카사키-대련선은 나가사키로부터 당항을 거쳐 대련에 이르는 것이며, 본항에서 오로지 백미를 수송한다. 오사카-안동현선은 인천 시모노세키를 경유한 것과 인천・군산・목포・부산 및 시모노세키 각 항에 기항하는 두 가지가 있다. 와카마츠선[若松線]은 재령 은율의 광물 수송을 위하여 개시한 것이다. 그 밖에 정기선은 아니지만, 요카이치[四日市]-요코하마선이 콩 팥 보리 기장 등을 수송하는 것, 영구선(營口線)이 백미를 수송하는 것, 사가현 명령항로로서 하카타기선회사 소속선이 가라츠[唐津]에서 주로 도기를 수입하는 것이 있다. 또한 일본 각항으로부터 재목 석탄 등을 수송하는 범선 및 청국 각항에서 오는 정크선이 입항하는 경우도 대단히 많다.

출입선박 수 및 톤수

명치 42년 중 본항에 출입한 선박의 총수는 3,796척 651,325톤이며, 외국 무역선은 1,500척 435,642톤, 연안무역선은 2,296척 215,863톤이었다.

출입선박 종류별

구별	척톤	입항			출항			계		
		외국무역선	연안무역선	계	외국무역선	연안무역선	계	외국무역선	연안무역선	계
기선	척	237	532	769	238	530	768	475	1,062	1,537
	톤	207,074	100,058	307,132	207,693	99,874	307,567	414,767	199,932	614,699
범선	척	86	127	213	63	122	185	149	249	398
	톤	3,214	2,962	6,176	2,335	2,786	5,121	5,549	5,748	11,297
정크선	척	457	488	945	419	497	916	876	985	1,861
	톤	7,526	4,994	12,520	7,345	5,009	12,354	14,871	10,003	24,874
합계	척	780	1,147	1,927	720	1,149	1,869	1,500	2,296	3,796
	톤	217,814	108,014	325,828	217,373	107,669	325,042	435,187 [11]	215,683	650,870 [12]

무역

　같은 해 본항의 외국무역액은 수출 2,075,979원 수입 3,215,383원, 연안무역액은 이출 774,196원 이입 881,572원이었다. 외국무역에 있어서는 수출입이 모두 증가하는 추세를 보이는데, 그중 평양의 무연탄 수출은 전년보다 5배에 달하는 상황이다. 또한 각 통상국과의 관계를 보면 수출에서 1위를 점하는 것은 일본으로 1,539,000여 원에 이르러, 전체 수출액의 7할을 점하고 있다. 그 다음 청국의 477,000여 원이며, 미국이 57,000여 원 등이다. 수입도 1위를 점하는 것은 일본이며, 2,294,000여 원, 청국은 200,000여 원이다. 그리고 매년 다소의 변동을 피할 수 없지만 이러한 순서에는 큰 차이를 볼 수 없다. 이제 수출입품목을 살펴보면 다음과 같다.

---

11) 원문에는 435,642로 기록되어 있으나, 수치 계산으로 기록하였다.
12) 원문에는 651,325로 기록되어 있으나, 수치 계산으로 기록하였다.

외국무역

수출		수입	
품명	금액	품명	금액
내국품	2,060,993	**외국품**	3,215,383
곡물 및 종자류	1,460,787	곡물 및 종자	4,535
쌀	572,503	수산물류	77,006
보리 밀(大小麥)	401,505	염장어	60,860
콩류	463,132	다시마	4,919
기타	23,647	건어	1,721
수산물류	1,670	다랑어포	3,553
건어	104	기타	5,953
염장어	30	음식물류	471,961
말린 조개	246	약재 및 염료 도료	84,223
상어지느러미	117	기름 및 밀랍	95,620
해삼	300	실 노끈 새끼줄 및 동 재료	365,506
기타	873	면포류	391115
광물 및 광석	532,401	기타 실 노끈 새끼줄 포백제품	84,991
기타 잡품	66,135	의복 및 부속품	101,449
외국품	14,986	종이 및 종이제품	113,854
음식물	452	금속 및 금속제품	253,740
약재 및 염료 도료	457	차량 및 선박	13,772
실 노끈 새끼줄 및 포백	401	학술기 및 기계	226,501
의복 및 부속품	662	담배	59,295
금속 및 금속제품	5,000	잡품	718,789
기타 잡품	8,014	기타	153,026
계	2,075,979	계	3,215,383
총계			5,291,362

연안무역

이출		이입	
품명	금액	품명	금액
내국품	**259,339**	**내국품**	**632,783**[13]
곡물 및 종자류	207,086	곡물 및 종자	99,131
음식물	5,934	음식물	29,752
약재 및 유랍	–	약재 및 유랍	174
실, 노끈 및 포백	564	실, 노끈 및 포백	1,904
광물 및 금속	15,861	광물 및 금속	255,357
잡품	29,894	잡품	264,465
외국품	**444,859**[14]	**외국품**	**230,789**
음식물	15,915	음식물	16,776
약재 및 염료 도료	5,207	약재 및 염료 도료	9,481
기름 및 밀랍	60,770	기름 및 밀랍	50,047
실, 노끈, 새끼줄, 포백	1,346	실, 노끈, 새끼줄, 포백	103,066
의복 및 부속품	2,236	의복 및 부속품	419
종이 및 종이제품	2,619	종이 및 종이제품	1,462
금속 및 금속제품	13,776	금속 및 금속제품	2,855
차량 및 선박	1,270	차량 및 선박	1,740
학술기 및 기계	183,039	학술기 및 기계	8,787
담배	135	담배	6,436
잡품	158,546	잡품	29,720
합계	**704,198**[15]	**합계**	**863,572**[16]

---

13) 원문에는 650,783으로 기록되어 있으나, 수치 계산으로 기록하였다.
14) 원문에는 514,857로 기록되어 있으나, 수치 계산으로 기록하였다.
15) 원문에는 774,196으로 기록되어 있으나, 수치 계산으로 기록하였다.
16) 원문에는 881,572로 기록되어 있으나, 수치 계산으로 기록하였다.

앞에서 살펴본 내용은 명치 42년도 즉 한일병합 이전의 조사이기 때문에 일본을 외국 부문에 넣었다. 명치 43년도 무역 통계는 아직 상세한 내용을 알지 못하지만, 관련 기관이 조사한 바에 따르면 수출입 및 이출입에 큰 변동이 있는데, 다음과 같다.

단위 : 원(円)

수출	1,313,962	수입	1,293,185
이출	1,251,975	이입	138,654

본 항의 연혁이 앞에서 기술한 바와 같으므로, 어업도 또한 자연히 다른 작은 어촌과 마찬가지로 미미하며 심히 부진하다. 또한 근년에 이르기까지 통어구역에 편입되지 않았기 때문에, 일본인이 내어한 것을 볼 수 없었다. 그러나 일본인의 이주와 함께 어업은 점차 발달하는 방향으로 나아가고 있다. 명치 30년 10월 개항된 이후 일본인이 거류하기에 이르렀고, 거류민은 본항의 발전을 도모하기 위하여 바지선[艀船]의 명의를 5척으로 제한하고, 본항을 근거로 하여 어업에 종사하는 특허를 얻었다. 당시 여전히 거류민이 대단히 적고 어류의 수요도 한정되어 있었기 때문에 아직 출어를 시도하는 자가 없었다.

동 32년 비로소 도미 낚시배 1척이 출어하게 되었고, 동 35년 거류민이 증가하면서 다시 같은 용도로 2척의 배가 출어하였다. 다음해인 36년 말에는 거류 일본인이 168호 779명이 되면서, 어류 소비가 대단히 활발해지기에 이르면서, 출어선의 수도 5척에 달했다. 동 37년 러일전쟁이 시작되자 일본인의 수가 갑자기 증가하여 약 8,000명이 되었다. 같은 해 5월 출어선의 수는 종래의 배가 되어 10척이 특허를 얻었다. 그해 6월에는 한일통어규칙 추가조약이 성립되었고, 일본인이 이 구역에서 통어권을 획득하였으므로, 군대 양식용으로 어류를 공급할 목적으로 관련 기관으로부터 부산 인천 목포 기타 각 지방의 어선에 출어를 장려하였다. 또한 이러한 발전과 더불어 이곳에 재류하는 어선주들에 의해서 어시장이 개설되었고, 조선해수산조합은 이곳에 출장소를 두기에 이르렀다. 어선이 폭주하여 300척 이상에 이르게 되었다. 이러한 현상은 원래 일시적인 것으로, 같은 해 8월 경부터 일본군이 북진하게 되자 어선도 또한 대부분 이를 따라서 북쪽으로 향했다. 그러나 여전히 본항을 출입하는 어선이 10척 내외 아래로 내려가지 않는다. 38년에는 군대 수요 이외에 본항 겸이포 평양 등에 이주하게 된 일본인이 점점 증가하였기 때문에 100척 이상의 통어선이 항상 출입하였다. 다음해인 39년에 이르러 본항의 인구는 감소하였지만 평양에 어채시장이 생겨서 수산물 판매가 편리해짐으로써, 본항에 근거하는 어선은 10척, 통어선은 여전히 100척 아래로 내려가지 않았다. 본항의 어시장의 어획액[水揚高]은 1개년 약 60,000원이었다. 동 40년에는 새롭게 어시장을 열게 되었는데, 종래의 시장과 경쟁 관계에 놓이게 되면서 서로 어선의 유치에 노력하였으므로, 그 수는 작년보다 배가 증가하여 약 20척에 달하였다. 판로도 확장되어 북쪽으로는 정주, 남쪽으로는 사리원에 이르고, 인천시장과의 경쟁도 야기되기에 이르렀다. 그러나 전후 인기가 가라앉아 어가는 전년의 반액에 달하게 되었으며 이익도 많지 않았기 때문에, 어선은 점차 인천 방면으로 철수하기에 이르렀다. 그래서 양 어시장의 1개년 어획액은 각각 30,000원에 미치지 못하였고, 10,000원 내외의 손실을 입게 되자 다음해인 41년 5월에 교섭 결과, 합병하여 진남포수산주식회사가 되었다. 41년에는 본항에 출입한 통어선이 82척 및 조선 어선 15척이었다. 이후 본항의 건전한 발달과 더불어 어선의 수도 점차 증가하는 경향이다. 그러나 본항은 겨울철에는 유빙 때문에 선박의 통항이 두절되므로, 1년 중 어선이 출입할 수 있는 기간은 8~9개월이므로, 어업의 발전을 적지 않게 저해하고 있다.

본항에 거주하는 일본인의 어업은 주낙을 사용하여 주로 도미를 잡고, 홍어 가오리 대十 능을 어획한다. 이제 연중행사를 살펴보면, 음력 2월 초순에 대동강구를 통항하는 데 위험을 느끼지 않게 되면, 비로소 장산곶 근해에 가서 닭고기를 미끼로 하여 쥐노래미를 낚시로 잡고, 다시 쥐노래미를 미끼로 하여 장산곶 돌각 서쪽 약 20해리부터 백령도 남서쪽 약 10해리 되는 곳에 이르러 홍어 및 대구를 어획한다. 어획물을 만세하빈 인천에 보내거나 귀항하는 길에 있는 시장에 낸다. 2월 20일 경에는 장산곶 돌각의 남서쪽 15~16해리 되는 곳에 이르러 주로 가오리를 어획한다. 3월 10일 경에는 물고기 떼가 점차 연안에 접근하므로, 장산곶 남서쪽 약 5~6해리 되는 곳을 어장의 중심으로 삼는다. 3월 20일 경에는 가오리는 점차 감소하고 귀상어[ツノブカ]가 떼로 몰려온다. 일본에서 내어한 사람들은 쏙을 미끼로 하여 이를 어획한다. 양력 5월 1~2일 경[八十

八夜]에 이르면 시작하여 대동만 내의 대동주(大東洲)에서 도미 어업에 종사한다. 이 때부터 인천 방면 및 일본에서 내어하는 자가 점차 많아지며, 음력 5월 20일 경에는 도미 어장이 냉정만(冷井灣)으로 이동하고, 6월 20일 경부터 9월 20일 경까지는 어장이 넓어져서 초도부터 동서 수도에 이르는 사이의 앞바다를 중심으로 한다. 또한 이 시기에 일본 어업자는 외줄낚시를 사용하는 경우가 많다. 이후 조업이 점차 줄어들다가 11월 하순부터 결빙되기 때문에 완전히 휴지기가 된다. 그래서 어시장은 철로로 부산 및 인천 등에 어류의 공급을 의지하게 된다.

일본에서 내어하는 경우에는 도미 낚시 이외에 안강망 및 농어 민어 낚시 등이 있다. 안강망은 대동강구 덕도(德島)부터 3~4해리 앞바다를 어장으로 하고, 갈치 조기를 주로 잡으며, 그 밖에 새우 가자미 게 등을 어획한다. 농어는 대동강구부터 상류로 7~8 해리까지 사이, 민어는 진남포의 상류 3~4해리까지 사이를 어장으로 한다. 또한 황해 도의 초도 몽금포 등에서 지예망을 사용하고 어획물을 해당 지역으로 보내어 판매하는 경우가 있다.

진남포에서 서쪽 마치진(馬馳津)에 이르는 사이는 큰 만을 형성하고 있으며, 만 안에 또한 좁고 긴 작은 만들이 많이 있지만, 전부 썰물 때 바닥이 드러나는 갯벌이나 풀밭으로 덮여 있어서 배를 대기에 불편하다.

마치진

마치진(馬馳津)은 진남포부의 남단에 돌출한 돌각의 동쪽에 있는 작은 만 안에 있다. 이 돌각을 「해도(海圖)」에서는 일수각(一樹角)이라고 하였다. 저조 때를 제외하고는 배를 대기에 편리하며, 황해도 하대진으로 통하는 나루터가 있다. 인가는 11호이며, 어업에 종사하는 사람이 많다. 이곳에서 북쪽으로 약 4해리 떨어진 곳에 큰 심입만이 있는데, 이를 광량만이라고 한다.

광량만

광량만(廣梁灣)은 진남포에서 육로로 40리, 수로로 12~13해리 떨어져 있는데, 북동쪽으로 깊이 들어간 큰 만이다. 만 입구는 겨우 200여 칸이지만 안에 들어가면 넓디넓은 점토질의 갯벌이고, 중앙에 큰 물길이 통하며 또한 좌우로 갈라진 수십 줄기의 작은 물길이 있다. 화물 운수의 통로이며, 물길의 끝에는 크고 작은 선박이 항상 폭주한다.

만의 동쪽으로는 두 산의 지맥을 등지고, 서쪽으로는 좁은 육지를 사이에 두고 외해와 접한다. 북쪽은 구릉이 오르내리며, 간석지의 면적은 약 1,800정보에 이른다. 실로 천혜의 제염지이다. 그래서 명치 42년 탁지부 임시재원조사국의 주관 하에 천일제염을 경영하게 되었다. 1,164,287원의 경비를 지출하여 1,000정보의 염전을 이 만에 축조하기로 결정하고, 동 43년 1월 동국 출장소를 연안 제산리(齊山里)에 설치하였다. 염전의 크기는 동서 20리, 남북 10리, 둘레 70리이고 외곽 제방의 전체 길이는 10리를 넘는다. 그리고 1개년 약 1억 2천만 근의 식염을 생산할 예정이다. 앞에서 말한 1,000정보를 8개의 구역으로 나누어 5,000평 단위로 소금 창고를 만들고, 소금 만드는 인부 700명을 넉넉히 수용할 수 있는 수용소, 170평의 청사, 761평의 관사를 건축할 계획으로, 작년부터 이미 공사에 착수하였으며 명치 44년 7월에 전부 완성될 것이라고 한다.

제산리

제산리(齊山里)는 재작년까지는 겨우 10여 호의 한촌이었으나, 염전 공사를 착수한 이래로 내외인의 이주가 많아져서 급속하게 발전하였다. 명치 43년 6월에는 호수 586호 인구 4,307명인 큰 도회지가 되었다. 그리고 일본인이 운영하는 잡화상 요리점 운송업 목욕탕 이발소 등이 60여 호이다. 청국인이 운영하는 목욕탕 요리점 및 조선인 상점도 또한 적지 않다. 그 수를 모두 합하면 150여 호에 달한다. 주민의 호구를 국가별로 제시하면 다음과 같다.

구분	호수(호)	인구(명)
일본인	145	549
조선인	396	2715
청국인	46	1043
계	587	4,307

이러한 발전과 더불어, 경비기관의 필요성을 느끼게 되어서 명치 42년 6월 탁지부 출장소에 청원순사 4명을 두었고, 헌병분견소를 설치하여 헌병 1명과 보조원 3명을 주재시켰다. 43년 7월부터는 광량만 경찰서가 설치되기에 이르렀다. 또한 당초 통신기관이 없어서 매일 진남포로 특별편을 보내어 그 부족함을 보완해 왔으나, 43년 1월부터 우편소를 설치하였고, 또한 수로로 진남포 사이에는 기선이 왕복한다. 이곳과 진남포 사이에는 상업상 및 기타 이유로 관계가 밀접하기 때문에, 전화의 필요성도 느끼게 되어, 주민들은 43년 8월 중에 전화 가설을 당국에 출원하였고, 이 또한 9월부터 개통되었다.

본항은 물고기들의 내유가 대단히 적어서, 겨우 숭어와 새우를 생산할 뿐이며, 주민은 농업을 주로 하고 어로에 종사하는 사람은 드물다. 다만 신북면 부산리(鳧山里) 주민 중에서 어살 어업에 종사하는 사람이 있지만, 이 만에는 어장이 없고, 대부분 화도(禾島) 방면으로 출어한다.

덕포

덕포(德浦)는 광량만의 북서쪽에 있으며, 귀하면(貴下面)에 속한다. 인가는 약 35호가 있다. 광량만에서 이곳에 이르는 사이는 다소 활 모양의 만입을 이루는 곳이 있지만 대체로 굴곡이 적고 또한 연안에서 2~3정 사이는 사니(沙泥)가 퇴적되어 육지와 같으며 멀리까지 얕게 펼쳐져 있다. 그래서 배를 대기에 대단히 불편하다.

그 연안에 최가(最佳)와 향곶(香串) 두 마을이 있다. 주민은 대개 농업을 영위하며 한편으로 조개 채취에 종사한다. 또한 덕포의 서쪽으로 수 정되는 곳에 작은 만이 있는데, 저조 때에는 완전히 바닥이 드러나서 배를 대기에 불편하지만, 이곳에 인가 50호 정도의 마을이 있다. 금사동(金沙洞) 또는 몽림(夢林)이라고 한다.

금사동 이북의 연안 또한 굴곡이 적고 풀밭인데, 그 거의 중앙에 있는 작은 만에 자농리(自農里)가 있다. 감박면(甘朴面)에 속하며, 인가는 약 50호이고, 농업을 주로 하면서도 한편으로 조개 채취에 종사한다. 어기에는 화도 또는 금사동으로 가서 어업에 종사한다. 자농리의 북쪽, 용강군의 경계에 접하여 원리(院里)라는 인가 100호 정도의 마을이 있다. 주민은 농업을 주로 하지만 제염업을 겸하는 사람이 있다. 또한 때로 조개 채취에 종사한다. 이곳에서 남동쪽으로 수 정되는 곳에 오은면(吾隱面) 대령시(大嶺市)가 있다. 부근에서 생산되는 어류의 집산장으로 음력 매 3·8일에 개시한다.

화도

화도(禾島)는 성암(誠庵)이라고 한다. 자농리에서 다소 남쪽으로 치우쳐서 그 전면에 가로놓여 있는 작은 섬으로 갯벌 가운데에 있다. 섬 안에 작은 산이 솟아 있지만 지세는 다소 평탄하다. 동과 서에 만이 있는데, 동만에 인가 약 40호의 마을이 있다. 이 만은 사방의 바람을 막을 수 있는 좋은 항만이지만, 만조 때가 아니면 배를 댈 수 없다. 저조 때에는 걸어서 본토로 다닐 수 있다. 부근에 성암화(誠庵火)라는 좋은 어장이 있어서, 각지의 어민이 모여들어 활발하게 어살, 초망(草網), 조개 채취 등에 종사한다.

제4절 증산군(甑山郡)

개관

연혁

본래 강서현의 증산향(甑山鄉)이었는데, 조선 태조 3년에 이를 나누어 현을 삼고 현령을 두었다. 후에 군으로 삼아 지금에 이른다.

경역

남쪽은 용강군에, 북쪽은 영유군에, 동쪽은 강서군에 접하고, 서쪽은 바다에 면한다. 연안선이 대단히 길고 내륙은 옥녀봉(玉女峰) 응암령(鷹岩嶺) 차아산(蹉峨山) 등의 산맥이 오르내리지만 평지가 대단히 많다. 특히 강서군 및 평양부에 접하는 지역은 대개 평탄한다. 경지는 논 2,474정보, 밭 10,174정보가 있다. 연안 일대가 갯벌로 덮여 있는 것은 다른 군과 다르지 않지만, 그 폭이 다소 좁아서 해안에서 3해리를 넘지 않는다. 그래서 바다로 나가기에 편리하다. 또한 굴곡과 만입이 많아서 만구는 험한 벼랑을 이루고, 만내는 갯벌과 풀밭이지만 모두 물길로 배가 다닐 수 있고 바람을 피할 때 안전하다.

증산읍

증산읍(甑山邑)은 서해안에 가깝고 복원산(復元山)의 기슭에 있다. 과거에는 번성하던 시읍(市邑)이었지만, 현재는 호수가 불과 200호에도 미치지 못한다. 군아 이외에 우편소, 헌병분대가 있다. 본읍에서 남쪽으로 30리 남짓 떨어진 곳에 함종(咸從)이 있는데, 원래 군아가 소재하였던 곳이지만, 지금은 헌병분견소가 있을 뿐이다. 그러나 호수는 280호로서 군내의 최대 마을이며 상업이 번성하다. 일본인 3호가 정주하면서 도기 약재 램프 석유 및 기타 잡화를 판매한다. 증산읍에는 사립보통학교 1곳, 사립종교학교 1곳이 있으며, 함종에는 사립종교학교 1곳이 있다.

시장

증산(甑山) 하천(河川) 한천(漢川) 중리면(中里面) 함종 등에 시장이 있다. ▲ 증산은 음력 매 4·9일에 개시하며 집산화물은 쌀 팥 보리 소 닭 목면 도기 유기 목기 자리, 짚신 어류 미역 잡화 등이고 집산구역은 용강 강서 평양 각 지방이라고 한다. ▲ 하천은 매 2·7일에 개시하며 집산화물은 식염 연초 등으로 읍내와 동일하며 집산지역 또한 같다. 시황이 대단히 활발하다. ▲ 한천은 매 1·6일에 개시하며 집산은 하천과 같고 집산구역은 평양 순안 영유 각 지역이라고 한다. ▲ 중리면(中里面) 또한 매 1·6일에 개시하며, 집산화물은 쌀 겨 대합 굴 어류 등이고, 집산구역은 오곶면(五串面) 외 각면이라고 한다.

교통

육로 교통은 다소 편리하여, 증산에서 평양 강서 함종 한천 영유 등으로 통하는 것이 주요한 도로라고 한다. 증산 평양 사이는 90리 길인데, 평양의 중앙을 관통하는 평탄한 도로로서, 읍내의 화물은 대개 이 도로를 이용하고, 강서를 거쳐 기양역(岐陽驛)으로 왕래하는 경우는 드물다. 증산 강서 사이는 40리 남짓이고 다소 평탄하다. 증산 함종 사이는 35리인데, 응암령(鷹巖嶺)을 넘어야 하기 때문에 교통이 심히 불편하다. 응암령은 양쪽 관계를 단절시켜서, 증산은 평양의 상업권 내에 속하고, 함종은 진남포의 상업권 내에 속한다. 한천 영유로 통하는 도로도 또한 다소 고저가 있지만 대체로 평탄하다. 그러나 이들 도로는 모두 도로 폭이 좁기 때문에 대개 차량이 통행할 수 없다. 화물은 사람이 등짐을 지거나 말로 운반한다.

물산

물산은 쌀 보리 콩 식염 어패류 등이며, 1개년에 쌀은 약 20,000석, 잡곡은 28,000석이 난다.

경역

본군은 18면으로 나뉘는데, 바다에 면한 곳은 오곶(吾串) 황상(黃象) 국보(國寶) 성도(聖陶) 적연(赤延) 송석(松石) 진방(鎭坊) 초대(草臺) 8면이다. 연안 각지의 상황은 다음과 같다.

연대

연대(煙台)는 본군 남단의 작은 산기슭에 있으며, 두 마을로 이루어져 있다. 그 북쪽에 있는 것을 연북(煙北), 남쪽에 있는 것을 연남(煙南)이라고 한다. 모두 각각 인가 20호가 있다. 부근 일대가 평야이고 해안에 길대밭이 이어져 있어서 주민은 내개 주로 조개 채취 및 제염업에 종사한다. 앞 기슭에 염전이 멀리까지 이어져 있고, 염막 20여 채가 있다.

이악도

이악도(二嶽島)는 연대의 전면 사퇴 중에 있는 2개의 바위섬으로 부근에서 굴이 많이 난다. 또한 어살 및 초망 어장이 많다. 앞바다의 수로는 조기 어장으로 유명하다. 음력 5월 경에는 50~60척의 어선이 어영도(魚泳島) 방면에서 와서 이곳을 피박지로 삼는다.

석다곶

석다곶(石多串, 셕다관)은 연대의 북쪽에 있으며 오곶면에 속한다. 인가는 약 20호가 있으며, 어선 2척, 어살 어장 2곳이 있다. 조개 채취 및 제염업이 활발하고 염막 10여 채가 있다. 연대에서 이곳에 이르는 연안 일대는 갈대 및 기타 잡초가 많이 자라는 곳으로, 부근 주민을 이를 베어서 제염용 연료로 쓴다.

곶동

곶동(串洞, 관동)은 잡목이 우거진 숲을 사이에 두고 석곶동과 서로 접한다. 오곶면에 속하며 인가 약 20호가 있다. 주민은 어업 조개채취 제염업 등에 종사하는데, 모두 대단히 활발하다. 마을 주위에는 나무를 심었는데, 이를 방풍 및 어살 재료로 쓸 목적이라고 한다.

후동

후동(後洞)은 곶동과 같은 만의 동쪽에 있다. 오곶면에 속하며, 인가 약 30호가 있다. 부근에 경지가 많으며, 주민은 농업을 하면서 조개 채취에 종사하는 사람이 있다. 제염업에 종사하는 사람도 또한 적지 않으며, 염막 10여 채가 있다.

북조압도

북조압도(北漕鴨島)는 후동의 서쪽 앞바다의 진흙톱 위에 있는 작은 섬이다. 섬 안에는 작은 산이 솟아 있는데, 남북에서 바라보면 말등처럼 생겼다. 연안은 암초와 험한 벼랑으로 둘러싸여 있지만, 어선을 정박하기 어렵지 않다. 인가는 5~6호가 있다. 근해는 저명한 어장이므로 여기에는 군내 각지에서 많은 어선이 이 섬에 모여든다.

남포

남포(南浦)는 후동에서 서쪽으로 만입한 큰 만이다. 만내는 갯벌과 풀밭이며, 이 만의 남안인 후동의 서쪽에 남천포(南川浦), 만 안에 무본리(務本里)가 있는데, 모두 농촌으로 경지가 많으며 해안의 풀밭도 이미 개간되어 있는 곳이 적지 않다. 그러나 염전도 또한 적지 않다.

토산포

토산포(兎山浦)는 남포의 북쪽에 있는 작은 만이다. 만내는 거의 전부 염전이고 부근에 두드러진 어장이 없다.

재일포

재일포(財一浦, 지일포)는 토산포의 북쪽에 있다. 토산포에 비하면 조금 큰 작은 만이다. 그 남안은 구릉이 많아서 경계를 이루며, 도처에 어선이 정박할 수 있다. 그 서단에 마을이 하나 있는데 재일리(財一里) 또는 하계리(下繫里)라고 한다. 어살 어업 및 조개 채취업에 종사하는 사람이 많다.

탄포

탄포(炭浦)는 재일포의 북쪽에 있는 굴곡이 복잡한 큰 만이다. 만내가 선부 갯벌이며 염전이 많다. 그 안에 두 줄기의 물길이 통하며, 그 하류에 면하여 만의 남쪽 기슭 서단에 인가 49호가 있다. 이곳이 탄포로 적연면(赤延面)에 속한다. 선박의 출입이 편리하고 또한 바람을 피하기에 안전한다. 주민은 주로 어업에 종사한다. 이 부근에 신성리(新盛里) 및 곡부리(穀府里) 두 마을이 있는데, 각각 인가 15~16호이며, 각종 어업에 종사하는 사람이 많다.

가마포

가마포(可馬浦)는 탄포의 북쪽에 있는 좁고 긴 만이다. 그 만 남쪽에 가마리(可馬里)

가 있는데, 송석면에 속한다. 인가는 20호가 있다. 지역이 좁고 험하여 경지가 적다. 주민은 주로 어업에 종사하면 탱망(撑網) 및 조개 채취를 활발하게 행한다. 어살 어장 2곳, 어선 2척이 있다. 제염업 또한 활발하다. 만구 북쪽의 바깥 기슭에 하산두(下山頭) 및 상산두(上山頭) 두 마을이 있는데, 어업 및 조개 채취업에 종사하는 사람이 많고 어살 어장 4곳이 있다.

한천만

한천만(漢川灣, 한전만)은 가마포의 동북쪽에 있는 좁고 긴 만이다. 만내는 갯벌이고 연안은 대개 풀밭이다. 그 남안의 거의 중앙에 한천리(漢川里)가 있다. 전안의 물길에는 배를 세울 수 있으며, 육지에서 길이 50~60칸의 토교(土橋)를 가설하여 화물을 오르내리기 편리하다. 청천강을 오르내리는 선박의 기항지이다. 매 1·6일에 개시하며, 각군으로부터 많은 상인들이 모여든다. 일본인으로서 평양에서 오는 사람이 또한 적지 않으며, 시황은 대단히 활발하다. 집산화물은 농산물 어류 식염 잡화 등을 주로 한다. 이곳에 일본인 약 20명이 정주하고 있는데 약제 잡화 등을 판매하며 또한 때로는 콩을 매매하는 경우도 있다. 일찍이 후쿠오카현 어민이 근해에서 민낚시로 가오리를 어획하여, 이 마을에 와서 판매함으로써 많은 이익을 보았던 적이 있다고 한다. 이곳에서 서쪽으로는 염전이 멀리까지 이어져 있다.

이동리·일동리·삼동리

본만의 거의 만구에 가까운 북안 가까이 이동리(二洞里)가 있는데 인가 31호가 있다. 어선이 2척 있고 주민도 다소 어업에 종사한다. 이 마을 동쪽 연안은 대개 농촌이며, 겨우 수 정 떨어진 일동리(一洞里)에는 20~30정보의 경지가 있어서, 주민의 생활은 대단히 풍족하다. 또한 이동리의 서쪽 황갑산(黃甲山) 기슭에 삼동리(三洞里)가 있다. 앞은 한천만구의 작은 만인데, 남풍 이외에는 선박이 정박하는 데 안전하다. 또한 외해에 가깝기 때문에 출입이 대단히 편리하다. 서쪽 완사면에 인가 32호가 있다. 부근에 약간의 경지와 숲이 있다. 주민은 주로 어업에 종사하며 멀리 평안북도 및 전라북도 연해까지 출어한다.

진방포

진방포(鎭防浦)는 한천만의 북동쪽에 있는 좁고 긴 만이다. 그 양안은 산악이 중첩하여 험준한 경계를 이루지만, 중앙에서 동쪽은 지세가 점점 평탄해지고 풀밭이 많다. 그 일부를 개간하여 논으로 만들고 일부는 염전으로 만들었으며, 염막 약 20채가 있다. 만구의 남쪽에는 와량촌(臥梁村)이 있는데 차오리(次五里)라고도 하며 진방면(鎭防面)에 속한다. 앞은 물길에 접하여 어선의 출입이 편리하다. 인가는 20호가 있고, 주민은 조개 채취 및 어업에 종사한다.

제5절 영유군(永柔郡)

개관

구역 및 지세

남쪽은 증산군에, 북쪽은 숙천군에 접하고, 동쪽은 일련의 산맥이 순안군과 경계를 이루며, 서쪽은 바다에 면한다. 지세는 남농에서 북서로 경사지고 평야가 많다. 그 중앙을 관류하는 큰 강이 있는데, 동쪽 50리에 있는 현산(峴山)에서 발원하여 서쪽으로 흘러서 사근포(似近浦)에서 바다로 들어간다. 길이는 약 7해리이며 관개에 대단히 편리하다. 선박이 고조를 타고 기슬리 올라가면 중교리(中橋里) 부근에 도딜할 수 있다. 연안은 일대가 풀밭이며 그 남단인 증산군 사이에 진방포(鎭防浦), 북단 숙천군 사이에는 동오포(東五浦), 중앙에는 사근포라는 간출만 이외에는 만입이 거의 없다. 북쪽은 주로 농업 및 제염업을 행하며, 남쪽은 어업이 대단히 활발하다. 영유읍은 내지에 있으며 연안에서 멀리 떨어져 있다.

장시

동부면(東部面) 및 화산면(和山面)에 시장이 있다. ▲ 동부면은 음력 매 4·9일에 개시하며 집산화물은 곡물 자리 짚신 소 어류 등이며 집산지역은 본군의 각 면이라고 한다. ▲ 화산면은 매 5·10일에 개시하며 집산화물은 동부면과 같다. 집산지역은 본군의 각 면 및 순안군 연화면(蓮花面) 지방이라고 한다.

본군은 15면으로 나누었는데, 그중 바다에 면한 곳은 소호(蘇湖) 연하(蓮河)[17] 갈하(葛下) 용흥(龍興) 청지(靑池) 화산(禾山) 6면이라고 한다. 연안 각지의 상황은 다음과 같다.

용포·안동리·임당리

용포(龍浦, 룡포)는 본군의 남단인 진방포의 북쪽 기슭에 있으며, 청지면에 속한다. 제염업이 대단히 활발하다. 근년 이곳에서 매 2·7일에 장이 열린다. 식염 및 어류 등의 집산이 이루어지지만 교통편이 적어서 시황은 대단히 부진하다. 부근에 안동리(安洞里) 및 임당리(林堂里) 두 마을이 있는데, 각각 인가가 겨우 12~13호인 산촌으로, 경지는 적다. 주민은 소규모 어업에 종사하는 사람이 있다.

연동리

연동리(淵洞里)는 진방포의 서단, 안동리의 서쪽에 있는데, 갈하면에 속한다. 인가약 30호가 있고, 어업에 종사하는 사람이 적지 않다. 어살 어장 1곳이 있는데, 그 어획에 의한 수입은 종래에 교육기금으로 군아에 납부하는 것이 관례였다.

사동리

사동리(四洞里)는 연동리의 북동쪽에 있으며, 외해에 면하는 어룡(魚龍) 어은(於隱) 두 마을로 이루어져 있다. 어룡리는 약 40호, 어은리는 12~13호가 있으며, 모두 갈하면에 속한다. 연안은 갯벌이지만 작은 물길이 있다. 만조 때에는 수심이 1심에 달하

---

17) 원문에는 蓮下로 되어 있다.

므로 어선을 댈 수 있고, 폭풍 때에는 배를 육지로 끌어올려서 피난할 수 있다. 원래 이 마을에는 마을 소유의 어살 어장 두 곳이 있었으나 근년에 다른 마을 사람에게 매도하고, 주민은 탱망어업 및 조개 채취에 종사한다.

오동리

오동리(五洞里)는 사동리의 북동쪽에 있으며, 마을 주변에는 무성한 숲이 있다. 인가 50호이며 부유한 농촌이다. 수년 전부터 이 마을의 자산가 아무개가 사동리의 어장을 매입하였고, 어기에는 전라도 방면에서 어부를 고용하여 해당 장소로 가서 활발하게 어업에 종사한다. 그 밖에 탱망 조개채취에 종사하는 사람이 있다. 이 부근에는 삼동리가 있는데, 인가 20호의 작은 마을이지만 오동리와 같이 경지가 많고 부유한 농촌이다. 가난한 사람은 탱망 및 조개 채취 등에 종사한다.

사근포 · 중교리

사근포(似近浦, ᄉ근포)는 오동리의 북쪽에 있는 간출만이다. 군내를 관류하는 큰 강의 하구로서 깊은 물길이 통한다. 그 북쪽은 염전이 이어져 있고 남쪽은 황폐한 상태이다. 하구를 1해리 정도 거슬러 올라간 지점의 북쪽 기슭에 중교리가 있다. 인가 21호의 작은 마을이지만 남북으로 통하는 도로 및 읍내로 통하는 도로의 분기점에 해당하여 수륙의 교통이 아주 편리하기 때문에 매 3·8일에 개시한다. 쌀 조 콩 식염 선어 염건어 야채 잡화 등을 집산하며 대단히 번성하다. 또한 이곳에 교회당이 있고 프랑스 선교사가 출장을 와서 포교에 종사한다.

용두리

용두리(龍頭里, 룡두리)는 사근포의 만구 남쪽에 있으며, 어선은 항상 서쪽의 모래 해안에 대고 폭풍 때에는 사근포로 피난한다. 인가는 약 30호가 있다. 울창한 숲을 등지고 있어서 멀리서 봐도 대단히 두드러진다. 부근에 경지가 대단히 많고, 주민은 농업을 영위하는 한편 새우그물 탱망 조개 채취 등에 종사하는 경우가 있다.

산월리

산월리(山越里)는 용두리의 북쪽에 있으며 연하면(蓮下面)에 속한다. 앞은 망망한 외해에 면하며, 겨울철에는 서풍이 강하게 불어 추위가 혹독하다. 인가는 약 35호가 있으며, 새우그물 조개채취 및 기타 소규모 어업을 행한다.

중흥리

중흥리(中興里)는 작은 언덕을 사이에 두고 산월리의 북쪽에 있는데, 연하면에 속한다. 연안 일대가 풀밭이며, 인가 28호가 있다. 새우그물, 조개 채취 등을 행한다.

구동리

구동리(九洞里)는 중흥리의 북쪽 동오포(東五浦) 만구 남쪽에 있는 작은 만 안에 있는데, 소호면에 속한다. 동오포를 관류하는 물길은 북으로 꺾여서 이 마을 앞을 지나 서쪽으로 흐르므로, 배를 대기에 편리하다. 인가는 약 30호가 있고, 어업이 대단히 활발하다.

팔동리

팔동리(八洞里)는 구동리의 동쪽으로 같은 만 안에 있으며, 소호면에 속한다. 이 마을에서 구동리에 이르는 사이에 염전이 있다. 인가 45호가 있으며, 새우그물, 탱망, 조개 채취 등이 활발하다.

난산리

난산리(爛山里, 란산리)는 팔동리의 북쪽에 있으며, 동오포(東五浦)의 만 깊숙이 위치하지만, 고조 때에는 작은 배가 전안에 출입할 수 있다. 부근에는 황무지가 많고 북쪽에는 구릉이 있다. 그러나 이미 개간되어 있는 장소 또한 적지 않다. 주민은 새우그물, 탱망, 조개 채취 등에 종사한다.

제6절 숙천군(肅川郡)

개관

연혁

원래 고려의 평원군(平原郡)이다. 태조 11년에 진국성(鎭國城)을 쌓고 통덕진(通德鎭)이라고 고쳤다. 성종 2년 숙주(肅州)라고 하였다. 조선 태조 16년에 숙천(肅川)으로 고치고 도호부로 삼았다. 후에 군으로 삼아 지금에 이른다.

경역 및 지세

남쪽은 영유군, 북쪽은 안주군, 동쪽은 순천(順川)·순안(順安) 두 군에 접하며, 서쪽은 동오포부터 삼천포(三千浦)에 이르는 사이가 바다에 면한다. 연안선은 겨우 약 9해리이다. 동쪽은 산악이 경계를 이루지만, 지세는 서북쪽으로 완만한 경사를 이루고 대개 평탄하여, 북방 안주군의 평야로 이어진다. 동쪽 산간 숙천읍 부근에서 발원하여 본군의 동단을 흘러 동오포 만 안으로 흘러들어 가는 큰 강이 있다. 유역은 약 10해리에 이르며 상류는 물살이 제법 급하고 거칠지만 숙당(叔唐) 부근보다 서쪽에서는 완만하게 흐른다. 해안은 풀밭인데 고조 때 조류에 잠기는 곳이 많고 곳곳에 염전이 보인다.

시장

동부면 및 서부면에 시장이 있다. 둘 다 집산화물은 쌀 팥 잡곡 면화 백목 연초 미역 어류 철물 도지기 갈대 삼선 잡화 등이며, 집산지역은 순천 개천 인주 양덕 맹산 원산항 박천 희천 평양 영유 순안 각지라고 한다.

구획

본군을 17면으로 나누었는데, 그중 바다에 면한 것은 포민(浦民) 당리(唐里) 애산(艾山) 법리(法里) 평리(坪里) 고리(高里) 6면이다. 연안 각지의 상황은 다음과 같다.

토교리

토교리(土橋里)는 본군의 남단 동오포만으로 흘러들어 가는 작은 강의 동안에 있다. 영유군 난산리의 동쪽에 위치한다. 작은 배는 고조를 타고 이곳까지 거슬러 올라올 수 있다. 해륙교통이 편리하며, 매 1·6일에 시장이 열린다. 쌀 식염 어류 등의 집산이 많다.

하사리

하사리(下四里)는 토교리의 북쪽, 애진강(艾津江)의 동안에 있으며 양호한 계선장이다. 인가는 연안에는 5~6호가 흩어져 있지만 작은 언덕을 사이에 두고 27~28호가 있으며, 어선 7~8척이 있다. 애진강은 남쪽으로부터 와서 영유군의 경계를 이루는 작은 강을 아울러 애진포로 흘러들어 가서, 동오포 만 내의 물길을 이룬다. 그 남쪽을 흘러 우회하여 청천강의 물길로 합류한다. 물길의 양안에는 염전이 많다.

삼리

삼리(三里)는 동오포 만구의 북쪽에서 다소 깊이 활모양을 이루는 작은 만 안에 있는데, 포민면(浦民面)에 속한다. 부근 일대는 황량한 풀밭이며 염전이 또한 많다. 이 마을에서 삼천포에 이르는 사이의 연안에는 염전 및 풀밭이 서로 이어져 있다.

삼천포 · 중오리

삼천포(三千浦, **삼천포**)는 본군의 북단, 안주군과의 경계를 이루는 깊이 만입한 간출만이다. 삭망고조 때만 침수된다. 그 양안 및 만 안은 풀밭이며, 만 안의 토질은 가는 모래에 진흙이 섞여 있다. 중앙에 물길이 통하며, 그 양쪽에는 염전이 늘어서 있다. 풀밭은 무릇 부근 주민의 연료 공급장이다. 만구 가까운 연안에 중오리(中五里)가 있다. 전안에 염전의 일부를 연장하여 부두로 만들었는데, 그 앞을 흘러가는 물길은 수심이 깊어서 선박이 출입하기에 편리하다. 그래서 해빙기에는 이 지방의 어선이 이곳에 모여

들어, 헛간[納屋]을 짓고 어획물을 육지로 올린다. 무릇 본군의 유일한 어업지이며, 어업에서 주요한 것은 어살, 망선, 탱망, 조개 채취 등이다.

어살 어장은 본포의 남쪽인 애진강과 청천강 두 강의 물길 사이에 있는 사니퇴(沙泥堆)에 있다. 그 수는 7곳이고, 그중 하나는 규모가 가장 큰데, 현재는 차과포(次課浦) 주민의 소유이다. 그 가격은 1천 원이라고 한다. 어획량은 봄·가을 두 기간에 각각 1,000원을 내려가지 않는다. 일찍이 큰 무리의 돌고래 떼가 들어와서 이틀 사이에 400마리를 잡았고, 1마리 당 1원 50전씩 판매한 적이 있다. 그 밖의 어살도 또한 각각 어선 등을 포함해서 300원 내외의 가격이라고 한다. 모두 봄·가을 두 계절을 아울러 수확이 1,000원을 내려가지 않는다. 어획물은, 노랑가오리 민어 준치 전어 조기 등을 주로 한다. 망선은 청천강구의 간출만을 어장으로 하여, 새우 뱅어 숭어 복어 노랑가오리 등을 어획한다. 풍어 때에는 한 어기에 1척 당 500~600원의 수확이 있다. 탱망 및 조개 채취 업자가 군내 각 마을에 오는데, 전자는 약 100명, 후자는 70~80명을 내려가지 않는다.

제7절 안주군(安州郡)

개관

연혁

원래 고구려의 식성군(息城郡)인데, 신라 경덕왕이 이를 중반군(重盤郡)으로 고쳤다. 고려 태조가 이를 팽원군(彭原郡)으로 고쳤고, 14년에 안북부(安北府)를 두었다. 공민왕 18년 안주만호부(安州萬戶府)를 두었고, 후에 이를 목(牧)으로 삼았다. 조선 초 이를 고치지 않았으며, 세조가 조진(朝鎭)을 두었고, 후에 군으로 삼아 지금에 이른다.

경역 및 지세

남쪽은 숙천군, 북쪽은 청천강을 사이에 두고 평안북도 박천군에, 동쪽은 개천과 순천군에 접하고, 동부는 산악이 중첩되어 있고 그 여맥이 군 안을 오르내리지만 지세는 대체로 서쪽으로 완만한 경사를 이루며 평야가 많다. 크고 작은 하천이 몇 줄기가 있어서 서쪽으로 흘러 바다로 들어간다. 유역이 작은 것은 약 2해리, 큰 것은 약 6해리에 이르며, 하구는 모두 선박의 계류에 적합하여, 군 내 각지에 공급되는 어류 화물의 집산장이 있다. 그리고 그 큰 것은 멀리 상류로 거슬러 올라갈 수 있다.

시장

성내(城內) 및 남송면(南松面)에 시장이 있다. ▲ 성내는 음력 매 4·9일에 개시한다. 집산화물은 쌀 잡곡 연초 해조 건어 목기 방적 석유 성냥 목면[綿類] 비단[絹物] 식염 소가죽 쇠붙이 종이류 삼베 잡화 등이며, 집산구역은 평양 숙천 박천 운산 희천 덕천 개천 진남포 인천 의주 순천 순안 함종 용강 덕양, 황해도 맹상 영변 등 각지라고 한다. 한 장의 집산액은 평균은 9,000원으로 부근에서 손꼽을 만한 시장이다. 이곳의 특산물인 숙고사[繡物][18]는 연간 670원 정도, 모자는 훨씬 많아서 12,000원 정도 생산한다. ▲ 남송면은 매 2·7일에 개시하는데, 그 집산화물은 주로 쌀이다. 한 장의 집산액은 평균 1,800원 정도이다.

경역

본군은 17면으로 나누었는데, 그중 바다에 면한 것은 남 서 평호(平湖) 청산(靑山) 주북(州北) 5면이다. 부속 도서로는 무골도(無骨島) 신도(新島) 등이 있다. 연안 각지의 상황은 다음과 같다.

사오포 · 청풍리

사오포(沙五浦)는 삼천포 북쪽 일대의 갯벌이며, 앞쪽은 청천강구의 물길과 가깝다. 갯벌에 제방을 쌓았는데, 이곳에 인가 5~6호가 모여 있다. 이를 청풍리(淸風里)라고

---

18) 정련한 비단실로 제작한 무늬가 있는 견직물이다. 繡는 무늬를 수놓았다는 뜻이므로 숙고사로 번역해 두었다.

하는데, 남면에 속한다. 육지로 통하는 길은 없고, 저조[19] 때 걸어서 왕래한다. 음료수의 공급은 가산군(嘉山郡)에 속한 애도(艾島)에 의지하며, 연료는 부근에서 무성하게 자라는 갈대를 이용한다. 주민은 새우 탱망 및 조개 채취에 종사한다.

이곳을 중심으로 하여 남쪽은 삼천포, 북쪽은 대향산(大香山)에 이르는 사이는 풀밭이며, 해안과 육지의 구별이 분명하지 않다. 풀밭 바깥쪽으로는 사니퇴가 1~2해리에 이르며, 최고조 때도 수심이 2피트를 넘지 않는다. 북부는 크게 열려 있어서 염전을 이루고, 남쪽은 황폐한 상태이지만 그래도 곳곳에 민가가 있으며 그 부근을 개간한 것을 볼 수 있다.

노강포

노강포(老江浦, 로강포)는 사오포의 북동쪽, 대향산의 북단에 있는 하구에 위치한 작은 만으로 어선이 정박하기 좋은 곳이다. 인가 약 30호가 있으며, 주민은 새우 그물, 준치그물, 탱망, 조개 채취 등에 종사한다. 어선은 3척이 있다.

원조포

원조포(元造浦)는 노강포의 동쪽을 흐르는 작은 물길의 하구에 있다. 배후에는 경지가 있고 전면은 물길을 사이에 두고 풀밭이 있다. 계선장은 선박의 통로에 면하고 있는데, 근해에서 조업하는 어선 및 운반선이 모여드는 곳이다. 이곳에서 멀지 않은 입석리(立石里)에 시장이 있다. 장날 전에는 이들 선박이 특히 폭주한다. 그 수는 매년 300~500척이며, 그 어획물은 음력 3월에는 뱅어, 4월에는 숭어, 5월에는 문절망둑, 6월에는 조기, 7월 이후에는 철갑싱이[龍魚][20] 모어(毛魚)[21] 황식어 등을 주로 하며, 총액수는 20,000원 내외에 달한다. 인가는 30호가 있으며 어선 6척이 있다. 어업 및 조개 채취에 종사하는 사람도 있다.

---

19) 원문에는 高潮로 되어 있으나 低潮로 번역해 두었다.
20) 龍魚는 철갑상어 잉어 아로와나 등을 광범위하게 가르키는 말이지만 철갑상어로 번역해 두었다.
21) 毛魚는 '게자카나'로 읽으면 下魚와 통하고, 下魚는 Eleginus gracilis 즉 빨간대구를 뜻한다. 그러나 빨간대구는 한류성 어종이며, 동해안에서만 확인되고 있다.

공삼포

공삼포(公三浦, **곤삼포**)는 원조포의 북동쪽에 있으며, 어선을 대기에 편리하다. 인가 29호가 있으며, 부근에 경지가 적다. 주민은 대개 준치 자망, 탱망, 조개 채취, 어류 중매, 뱃일 등에 종사한다. 어선은 7척이 있다.

평안북도(平安北道)

제1절 박천군(博川郡)

개관

연혁

원래 고려의 박릉군(博陵郡)이며, 후에 박주(博州)로 고쳤다가 다시 박릉이라고 하였다. 조선 태종 13년에 지금의 이름으로 고쳤으며, 세종 5년에 영변부와 합하였으나, 10년에 다시 나누어 군으로 삼아서 지금에 이른다.

경역

동쪽은 영변군에, 북은 태천군에, 서쪽은 대령강(大寧江)을 사이에 두고 가산군(嘉山郡)에 접하며, 남쪽은 청천강에 면한다. 즉 본군은 박천강과 청천강 사이에 끼어 있는데, 남서쪽이 청천강구를 향해서 돌출되어 있어서 마치 큰 반도 형태를 이룬다. 지세는 대체로 평탄하다. 두 강 모두 수량이 적고 대개 갯벌이어서 고조 때만 수운이 편리하다. 매년 11월 하순부터 다음해 3월 경까지는 결빙되어 얼음 위로 인마가 통행한다.

박천읍

박천읍(博川邑)은 군의 북서부인 박천강을 약 15해리 거슬러 올라가면 왼쪽 기슭에 있다. 군아 이외에 경찰서, 우편전신취급소, 평안농공은행 출장소 등이 있다. 호수는 약 500호이며 번성한 도회지이다.

교통 및 통신

경의철도가 본군을 관통하지만 군내에는 정거장이 없다. 본군에서 가장 가까운 정거장은 가산군 영미(嶺美)인데 박천읍에서 40리 떨어져 있다. 우편물은 동 정거장에서 군읍으로 매일 왕복 체송한다. 또한 군읍으로부터 북쪽 60리 떨어진 태천읍으로 매월 15회 체송한다.

물산

평야가 많고 논밭이 개간되어 있어, 쌀 콩 기타 농산물이 풍부하다. 수공업 또한 대단히 활발하여, 갓 장농 등을 만든다. 그 생산액은 매년 갓은 20,000원, 장롱은 10,000원, 체[篩]는 50,000원에 이른다.

장시

읍내 및 남면에 장시가 있다. ▲ 읍내는 음력 매 5·10일에 개시하는데, 집산화물은 잡곡 목재 소가죽 꿀 어류 미역 소금 목면 옥양목 석유 쇠붙이 종이 기름 국수 갓 등이며, 집산지역은 평양 용암포 운산의 각 지방에 이른다. 한 장의 집산액은 약 10,000원이다. ▲ 남면은 매 2·7일에 개시하는데 집산화물은 읍내 시장과 거의 같지만, 그 밖에 장롱이 나온다. 집산지역은 부근의 마을이다.

읍내 시장에는 수산물을 거래하는 객주 10호가 있다. 삭주 구성 운산 태천 영변 각지를 거래처로 하며, 수산물의 종류는 청어 조기 달강어 숭어 노랑가오리 민어 농어 백하 및 기타 잡어이며, 청어는 원산 및 부산에서, 조기는 칠산탄 및 연평열도에서, 달강어는 철산군 연안에서, 숭어는 갈도 부근에서, 그밖은 모두 본도 연안에서 이입되는 것이다. 객주 중 가장 규모가 큰 객주는 김상필(金尙弼)이며, 출매선 5척을 보유하고 근해의 각 어장에서 매수한다. 그 밖은 출매선을 갖지 않고 어선과 특약을 맺고 일정한 거래

관계를 유지하는 것 같다.

구획

본군은 6면으로 나뉜다. 그중 청천강구에 면하는 남면 및 덕안면(德安面)이라고 한다. 덕안면은 다소 외해에 가까우며, 연안에 용중리(龍中里) 고성진(古城鎭) 용남리(龍南里) 용암리(龍岩里) 강금리(江今里) 북이리(北二里) 등이 있다.

제2절 가산군(嘉山郡)

개관

연혁

원래 고려의 신도군(信都郡)인데, 광종 11년에 가주(嘉州)라고 불렀고, 고종 8년에 무녕(撫寧)으로 고쳤다. 조선 태종 13년 현재의 이름으로 고쳤고 지금에 이른다.

경역 및 지세

동쪽과 남쪽은 박천군에, 북쪽은 태천군에, 서쪽은 정주군에, 남쪽 일부는 청천강구에 면한다. 군내에는 구릉이 오르내리지만 하천 기슭은 평탄하여 논밭이 이어져 있다. 연안은 전부 갯벌이고 고조 때만 대령강을 거슬러 올라와 박천읍 부근에 이를 수 있다.

가산읍

가산읍(嘉山邑)은 군의 중앙에서 다소 동쪽에 치우쳐 있으며, 박천읍까지 20리 남짓이다. 군아 이외에 순사주재소, 우체소, 전신취급소 등이 있으며, 일본인 재주자가 3호 있다.

교통 및 통신

연안은 작은 배 이외에는 교통편이 없지만, 내륙에는 철도가 관통하는 것이 있다. 가산읍에서 10리 남짓 떨어진 영미(嶺美)에 정거장이 있다. 영미는 번성한 작은 도회지이며, 일본인 75호 256명, 청국인 1호 5명이 재주하고 있다. 또한 우편소가 있어서 가산읍 사이에는 매일 우편 전송(傳送)이 이루어진다.

시장

군내 및 이남면(二南面)에 시장이 있다. ▲ 군내는 매 4·9일에 개시하며, 집산화물은 잡곡 잡화 장롱 유기를 주로 하며, 집산구역은 군내 각지라고 한다. 한 장의 집산액은 500원이고, 유기는 특산품으로 연간 금액이 50,000원에 이른다. ▲ 이남면은 매 1·6일에 개시하며, 집산화물 및 지역은 군내장과 같다.

수산물

수산물 중 주요한 것은 조기 밴댕이 백하 가오리 달강어 새조개 참붕어[鱛魚][22] 바지락 갈치 준치 학꽁치 가자미 뱅어 농어 굴 방어 넙치 민어 상어 등이며 1개년 어획량은 약 23,000원이다. 새우 그물 12조(組), 어살 30곳, 권망 3통(統) 어선 28척이 있으며, 그 밖에 농어 손낚시가 활발하다.

구획

본군은 6면으로 나뉜다. 그중 대령강 및 청천강에 면한 곳은 서면 남면 군내면(郡內面)이라고 한다. 연안은 대개 갯벌 및 풀밭으로 양호한 계선장이 드물고 어업도 또한 부진하다. 그러나 본군에서 멀리 떨어져 있는 청천강구 바깥에 늘어서 있는 크고 작은 섬이 있다. 이 또한 대개 주위가 모두 갯벌이지만 새우와 기타 어패류들이 풍부하기 때문에 어업이 대단히 활발하다. 그 주요한 것은 내순도(內鶉島) 애도(艾島) 갈도(葛

---

22) 학명은 *Pseudorasbora parva*이다. 鱛魚는 뱅어를 가리키기도 하지만, 뒤에 다시 白魚로 뱅어가 나오기 때문에 일본 한자의 의미에 따라서 참붕어로 번역해 두었다.

島) 외순도(外鶉島) 및 운무도(雲霧島) 등이라고 한다. 이들 섬은 100여 년 전까지는 정주군 갈지면(葛池面)에 속하였으나, 본군에 어물방(魚物坊, 군이 공적·사적으로 증여하는 물품에 충당하기 위하여 수산물을 징수하는 어촌)이 없기 때문에, 본군의 소관으로 하였고, 군내면에 소속시켰다. 그리고 매년 징수하는 수산물의 가격은 200원에 이르며 근년까지 시행되었다.

외순도

외순도(外鶉島)는 청천강구의 중앙에서 다소 바깥쪽에 있으며, 둘레 1해리가 되지 않는 작은 섬이다. 간조 때에는 주변이 노출되어 모래톱을 이룬다. 섬 정상은 평탄하며 남쪽으로 경사져 있다. 연안은 암초가 돌출되어 있으나, 이 섬 북부에 인가 2호가 있다. 섬 안에 협소한 밭이 있는 것을 빼면 붉은 흙으로 이루어진 불모지이지만, 섬 연해는 백하가 많이 나고 또한 바지락 새조개 등의 서식 또한 대단히 많아서 이는 채취 목적의 어업 경영에 가장 적당한 땅이라고 한다.

이 섬 부근에는 어살 어장 2곳이 있는데, 매년 7~9월 하순에 이르는 사이에 평안남도의 한천포 주민이 와서 조업한다. 어획물은 밴댕이 백하를 주로 하고 참붕어 전어 및 작은 잡어이며, 한 어기 중 어획량은 500~600원 내지 200~300원이다. 이들을 모두 염건하여 어기가 끝난 후에 마을로 돌아가 판매한다. 또한 이들과 함께 연안에서 채취한 새조개 바지락 등도 염장한다.

애도

애도(艾島)는 외순도의 북쪽에 있으며 붉은 산이 솟이 있어서 멀리서 봐도 두드러진다. 청국 어민은 이를 홍산도(紅山島)라고 부른다. 둘레 약 4해리 남짓이고 인가는 186호가 있는데, 대개 섬의 북쪽에 모여있다. 어업에 종사하는 사람이 많으며, 그 북동단은 물길에 가깝기 때문에 어선이 이곳에서 많이 정박한다. 경지가 대단히 많으며, 기장 피 조 콩 쌀 등을 생산하지만 섬 안의 소비를 충족시킬 수 없다. 땔감 또한 다른 곳에서 공급받는다. 음료수는 여러 곳에서 솟아나며 질이 양호하다. 소학교가 있다.

수산물

주요한 수산물은 백하 조기 갈치 준치 밴댕이 굴 새조개 바지락 낙지 웅어 농어 민어 전어 등이며, 백하는 운무도 부근 청천강으로 통하는 물길, 조기 갈치 준치는 운무도 근해에서 어획한다. 새조개 및 바지락은 이 섬 연안에서 채취한다. 그 생산액은 대단히 많으며, 그 껍질이 곳곳에 퇴적되어 구릉을 이룬 것을 볼 수 있다. 어류는 염장 혹은 건장(乾藏)하며 백하와 조개류는 대개 염장한다. 일부는 출매선에 나머지는 황해도 지방에 반출하여 미곡과 교환한다. 새우그물 9조(組), 조기 갈치 준치 등의 권망 3통(統), 어선 28척이 있다.

운무도

운무도(雲霧島)는 애도의 남쪽, 반성열도의 최남단에 있다. 둘레 약 2.5해리의 무인 도인데, 연해의 수심이 깊고 간조 때에도 바닥이 노출되는 일이 없다. 동쪽은 단애를 이루고 지세는 북서를 향해서 완만하게 기울어져 있다. 그 사면은 평탄하고 토질이 비옥한데 잡초가 무성하다. 면적은 24~25정보에 이른다. 이 사면의 중앙 계곡 사이에 용천(湧泉)이 있는 사철 고갈되는 일이 없어서 음료로 사용할 수 있다.

이 섬의 서쪽에 다소 만입된 곳이 있는데, 대조 시에 바닥이 조금 드러나지만 어선 20여 척을 정박시킬 수 있다. 매년 정주군 지방의 주민이 이곳에 와서 건간망을 사용하여 밴댕이 및 기타 작은 잡어를 어획한다.

제3절 정주군(定州郡)

개관

연혁

본래 고려 귀주군(龜州郡)이었는데, 고종 18년 몽고병이 내침한 후 정원대도호부(定遠大都護府)로 삼았다. 그 후 정주목(定州牧)으로 고쳤다. 조선 세종 원년 구성군(龜城郡)을 과거 귀주(龜州) 땅에 두었고 후에 정주군으로 고쳤다.

경역과 지세

동쪽은 가산군에, 동북쪽은 태천군에, 북은 구성군에, 서쪽은 곽산군에 접하며, 남쪽은 바다에 면한다. 북서쪽에 본추봉(本秋峰) 및 독장산(獨將山)이 솟아 있고, 그 여맥이 군내에서 오르내려 평지가 적다. 독장산 부근에서 발원하여 정주읍의 동쪽을 지나 남쪽으로 흘러 바다로 들어가는 큰 하천이 있는데, 달례강(達禮江)이라고 한다. 그 양안은 평탄하며 논밭이 이어져 있다. 연안선은 대단히 길고 또한 굴곡이 많다. 서쪽으로 다소 치우쳐 깊이 만입하여 군을 동서 두 지역으로 나누는 큰 만이 있다.

정주읍

정주읍(定州邑, 뎡쥬읍)은 군의 서부에 있으며, 가산읍까지 80리이고, 군아 이외에 경찰서 우편국 구재판소 등이 있다. 경의철도의 주요역으로 일본인 재류자가 143호 474명 있다. 심상소학교가 있으며, 우편물은 곽산에 매일 1회, 구성에 매월 15회 전송한다.

시장

읍내면 마산면(馬山面) 염리면(鹽里面) 및 고읍면(古邑面)에 시장이 있다. ▲ 읍내면은 음력 매 1·6일에 개시하고 집산화물은 소금 옥양목 목면 도기 잡화 미역 잡곡

소 등이고, 군내 각지에서 집산한다. ▲ 마산면은 매 3·8일에 개시하며, 집산화물은 읍내면과 동일하다. 집산지역은 군내 각지로부터 가산 및 박천에 이른다. ▲ 염리면은 매 3·8일에 개시한다. ▲ 고읍면은 매 2·7일에 개시하며, 집산화물 및 집산지역은 읍내면과 동일하다.

수산물

수산물 중 주요한 것은 밴댕이 웅어 백하 모쟁이 조기 학공치 농어 갈치 민어 새조개 가오리 낙지 방어 넙치 맛 전어 달강어 준치 바지락 싱어[鱭][23] 긴맛 등이며 1개년의 어획량은 25,000원에 이를 것이다. 밴댕이는 내장도(內獐島) 부근을 주어장으로 한다. 새우그물 12조, 어살 29개, 밴댕이 그물 10통, 용두(用斗) 47개, 농어 민어 주낙이 약간 있다.

구획

본군은 18면으로 나뉜다. 그중 바다에 면한 것은 녹방(漉坊) 해산(海山) 산남(山南) 이언(伊彦) 아이포(阿耳浦) 갈지(葛池) 덕암(德巖) 운전(雲田) 대명동(大明洞)의 9면이라고 한다. 연안에서 주요한 어촌 및 도서의 상황은 다음과 같다.

하일포

하일포(何日浦)는 본군의 동단인 가산군의 경계에 있는데 대명동면에 속한다. 선박의 정박에 편리한 양항으로서 인가 30호가 있다. 세관감시서 순사주재소 등이 있으며, 또한 근년에 일본인으로서 새우 어업에 종사하는 어민의 이주가옥이 몇 호 있다.

노전포

노전포(蘆田浦, 로젼포)는 하일포의 서쪽에 있는데, 인가 169호이며 어업에 종사하는

---

23) 鱭는 웅어를 뜻하는 한자이지만 앞에 エツ로 웅어가 나왔기 때문에 그와 유사한 싱어로 번역해 두었다.

사람이 많다. 어선 11척, 주망(周網) 6통이 있다. 이 마을 서쪽에 사리(四里)가 있으며, 인가 46호이며, 어선 5척, 주망 5통, 어살 어장 5곳이 있다.

삼리

삼리(三里)는 노전포의 서쪽에 있으며, 인가 110호이고 어업에 종사하는 사람이 많다. 어선 6척, 주망 24통이 있다. 이곳에 접하여 사리(四里)가 있는데, 모두 덕암면에 속한다. 가까운 연안에서 청천강구에 이르는 사이에는 목골망(木骨網) 어장에 흩어져 있는데, 그 수는 9곳이다. 이들 두 마을이 공유하는 것이며, 매년 추첨을 통해서 그 어장을 정한다.

해창

해창(海倉, 히창)은 본군의 서쪽 큰 만 입구 안에 있다. 앞은 달례강의 물길을 바라보며, 선박의 출입이 편리하다. 인가는 32호가 있으며 어업이 활발한 곳으로 새우 그물, 가오리 주낙, 어살 등을 행한다. 어살 어장 8곳이 있으며, 또한 연안에서는 굴의 채취도 활발하다.

성황포

성황포(城隍浦, 성황보)는 해창과 같은 만 안에 있으며 그 대안에 있다. 인가는 248호이고, 어업에 종사하는 사람이 대단히 많다. 어선 6척, 주망 3통, 어살 어장 13곳이 있다.

장도·일사

장도(獐島, 쟝도)는 본군의 서단 전면에 가로놓여 있으며 동쪽으로 약 2해리 떨어진 가산군 애도와 마주 본다. 내장도 외장도 두 섬으로 이루어져 있는데, 내장도는 둘레 약 5해리, 외장도는 약 6해리이다. 주변은 간조 때 갯벌이 노출되지만, 그 동쪽은 물길에 접한다. 서쪽과 북쪽 두 방향으로도 또한 물길에 가깝기 때문에 선박의 출입이 불편하지 않다.

어선 정박지는 내장도의 북서쪽 일사(日沙)라는 곳에 있다. 이 섬은 그 연안에 흩어져 있는 35개소의 어살 어장과 더불어, 지금부터 400년 전에 당시의 국왕이 정 아무개에게 하사한 이른바 사패지(賜牌地)이다. 그래서 섬주민은 토지 및 어장을 사용하고 그 대가로 해마다 비단 및 염어 등 40~50원에 상당하는 물품을 정 아무개에게 납부하는 것을 관례로 삼아, 근년에 이르렀다. 그러나 명치 42년에 이르러 어떤 사정 때문에 이를 박천군의 김 아무개에게 양도하였다고 한다.

인가는 내장도에 75호, 외장도에 20호가 있다. 내장도는 대리(大里) 간리(間里) 중리(中里) 하리(下里)의 네 마을로 나뉜다. 토지가 비옥하여 농경에 적합하고 양잠 또한 행한다. 두 섬을 아울러 논 12석 8두락, 밭 72일 갈이가 있으며, 양잠은 봄철에만 행하며 고치로 판매한다. 농산물은 쌀 조 기장 피 콩 등을 생산하지만, 쌀은 섬 안의 소비를 충당하기에 부족하므로 다른 곳으로부터의 이입에 의지한다.

수산물

수산물은 밴댕이 웅어 전어 백하 달강어 갈치 조기 준치 농어 민어 맛 새조개 바지락 긴맛 적신(赤辛) 소라 낙지 굴 등이며, 그중에서 밴댕이와 백하가 이 섬의 주산물이다. 밴댕이는 5월 상순부터 6월 하순에 이르는 2개월간을 어기로 하며, 본군 내의 각지 연해에서 어획된다. 어장은 32곳이 있다. 어획물은 생선 또는 염장하여 출매선에 매각한다. 새우는 청천강구 바깥에서 어획하며 염장하여 황해도 지방에 반출하여, 미곡과 교환한다. 여름철에는 새조개와 바지락 등을 활발하게 채취한다. 밴댕이 그물 12통, 새우그물 9통이 있다.

제4절 곽산군(郭山郡)

개관

연혁

본래 고려의 장리현(長利縣)이다. 성종 13년에 곽주(郭州), 고종 8년에 정양(定襄)으로 고쳤다. 동 18년 주민이 몽고병을 피하여 일시 해도로 들어갔으나, 원종 2년 복귀시켜 수주(隨州)에 예속시켰다. 공민왕 20년에 다시 군으로 삼았다. 조선 태종 13년에 지금의 이름으로 고쳐 지금에 이른다.

경역

동쪽은 정주군에, 서쪽은 선천군에, 북쪽은 구성군에 접하며, 남쪽은 바다에 면한다. 군내에는 산악이 중첩되어 있고, 그 사이로 동래강(東萊江) 사송강(泗松江) 사천강(沙川江) 우동강(牛洞江) 등의 작은 물길이 있다. 하천 연안은 대체로 평탄하며, 해안은 굴곡이 많지만 갯벌이 멀리 바깥까지 펼쳐져 있어서 출입이 불편하다. 그 동단 정주군과의 경계에는 염전이 많다.

곽산읍

곽산읍(郭山邑)은 군의 중부에서 다소 동쪽으로 치우쳐 있으며, 해안에서 약 20리 떨어져 있다. 정주읍까지는 30리, 선천읍까지는 70리이다. 군아 이외에 우체소, 순사주재소 등이 있다. 철도는 본읍의 북방을 관통하며 정기장은 본읍에서 5정 떨어진 곳에 있다. 본읍에는 시장이 있는데, 음력 매 2·7일에 개시한다. 집산화물은 석재 옥양목 목면 도기 잡화 미역 잡곡 소 등이며, 군내 각지에서 집산한다. 석재는 특산물로서 1년 금액이 50,000원에 이른다.

수산물

수산물은 밴댕이 가오리 조기 웅어 백하 맛 전어 농어 새조개 갈치 바지락 가자미 민어 준치 등이며, 매년의 생산액은 약 6,000여 원에 이를 것이다. 어살 어장은 10곳, 새우그물은 2조가 있다. 농어 민어 등은 주낙으로 어획한다.

경역

본군은 7면으로 나뉜다. 그중 바다에 면한 것은 동면(東面) 궁면(弓面) 및 남면(南面)이다. 부속 도서가 있는데, 동면에 속하는 것은 미리도(米利島) 문방도(文芳島) 족화도(簇花島), 궁면에 속하는 것은 순합도(脣蛤島), 남면에 속하는 것으로 월포도(月浦島)가 있다고 한다. 그러나 모두 사니퇴 가운데에 있다.

고송리

본군의 동단에 돌출된 반도의 돌각 동쪽에 인가 40호의 마을이 있는데, 고송리(古松里)라고 한다. 어선 2척 새우그물 2조가 있으며, 조개 채취도 행한다. 새우 어장은 청천강구 바깥에 있다. 이 마을의 남쪽으로부터 소반성열도의 서부인 사퇴 약 100정보 사이에는 맛이 많이 생산된다. 봄철부터 가을철에 이르는 사이에 농사가 한가할 때 남녀 6~7명씩 어선에 타고 날마다 이곳에 이르러 채취한다. 채취한 것은 살을 발라내서, 읍내 및 기타 지방에 보내어 판매한다. 가격은 한 사발에 10전 내지 14~15전이라고 한다.

장정

고송리에서 불과 수 정 떨어진 곳에 장정(長定) 일명 염방시당(鹽坊市當)이라는 마을이 있다. 인가는 70호가 있다. 이곳은 원래 본도 제일의 제염지로서 유명하였지만, 근년 청국 소금의 수입에 눌려서 폐업하는 사람이 속출하였고, 현재는 계속 영업하는 사람이 극히 소수이다. 어선 4~5척이 있는데, 1척에 2~3명이 타고 신미도 동쪽의 물길에 이르러 주낙을 써서 농어 및 민어를 어획한다. 이곳에 시장이 있는데 음력 매 3·8일에 개시한다.

관하리

장정의 서쪽, 군의 거의 중앙에 관하리(觀下里, 괌하리)가 있는데, 인가 약 200호가 있는 큰 마을이며, 어업에 종사하는 사람이 많다.

제5절 선천군(宣川郡)

개관

연혁

원래 안화군(安化郡)이었는데 고려 초에 통주(通州)로 고쳤다. 고종 18년 몽고군이 침입하자 주민들이 이를 피하여 자연도(紫燕島)에 들어갔으나, 원종 2년에 복귀하였다. 조선 13년에 지금의 이름으로 고쳐 군으로 삼았다.

경역

동쪽은 곽산군에, 서쪽은 철산군에, 북쪽은 구성군 및 의주부에 접하며, 남쪽은 바다에 면한다. 북쪽에는 높은 봉우리가 솟아 있고 여맥이 군내에 이어져 지세가 평탄하지 않다. 그러나 해안에는 조금 평지를 볼 수 있다. 연안은 풀밭이 많고, 그 서단에는 철산군의 큰 반도가 돌줄해 있고, 농단의 전면에는 남북으로 길게 뻗은 신미도가 가로놓여 있어, 큰 만을 형성하는데, 이를 선천만(宣川灣)이라고 한다.

선천읍

선천읍은 군의 거의 중앙에 있으며, 곽산까지 약 70리, 철산까지 약 80리이다. 철도는 본읍의 북방을 통과하며, 정거장은 본읍에서 불과 7정 떨어진 곳에 있다. 군아 이외에 경찰서 구재판소 등이 있다. 일본인으로 거주하는 사람이 68호 183명이다. 그 밖에 청국인 6호 20명, 미국인 7호 24명이 재류하고 있다. 기독교가 가장 활발한 지역으로 기독교회가 설립한 학교가 5곳이 있다. 또한 일본인이 설립한 심상고등소학교 1곳이 있다. 본읍은 음력 매 3·8일에 개시한다. 집산화물은 부채 해산물 소금 소가죽 잡곡 목탄 돼지 소 연초 면사류 잡화 등이며, 집산지역은 정주 곽산 구성 철산 용천 의주 등 각 지방이라고 한다. 한 장시의 집산액은 평균 3,000원이며, 부채 해산물 소금 및 소가죽은 이 지방의 특산물이다.

교통

본군은 철도의 편리함을 가장 잘 누리고 있는데, 군읍 이외에도 동쪽에 노하(路下) 정거장, 서쪽에는 청강(淸江) 정거장이 있어서, 육로 교통이 적지않게 편리하다. 연안 일대는 갯벌이지만, 그 서단에는 태청강(台淸江)의 물길이 통하고, 동단에는 임래강 (臨萊江)이 있다. 각 강구는 군내 각지에 대한 물자 집산지로서, 항상 선박의 출입이 끊이지 않는다.

수산물

수산물 중에 주요한 것은 밴댕이 백하 조기 웅어 가오리 달강어 갈치 전어 모쟁이 준치 병어[鮑] 바지락 넙치 낙지 도미 상어 적신(赤辛) 소라 게 등이며, 매년 어획량은 약 25,000원 남짓이다. 어선은 52척, 어살 어장은 39곳, 새우그물은 20조, 밴댕이그물 은 15통이 있다.

구획

본군은 11면으로 나뉜다. 그중에 바다에 면한 것은 남면(南面) 태산면(台山面) 및 수 청면(水淸面)이다. 어업이 제법 활발한 곳은 태산면에 있는 칠성리(七星里) 직포(直浦) 유사리(楡泗里) 접도(蝶島), 수청면에 속하는 선리(船里) 어변포(禦邊浦)라고 한다. 연 해에 섬이 많은데, 남면에는 신미도 납도, 태산면에는 접도, 수청면에는 대화도(大和島)

소화도(小和島) 탄도(炭島) 가차도(加次島) 우리도(牛犁島) 웅도(熊島) 등이 있다.

신미도

신미도(身彌島)는 본군의 동단에 가로놓여 있는 큰 섬으로 남면에 속한다. 동서 30리, 남북 70리, 둘레 약 44해리이다. 중앙에 운종산(雲從山)이 높이 솟아 있어서 섬 안에 평지가 적다. 연안은 굴곡이 많지만 대개 갯벌이다. 간출 구역의 동쪽 해안은 좁지만 서쪽 해안은 대단히 광활하다. 이 섬은 과거에 말을 방목한 곳으로 지금도 여전히 기르는 사람이 있다.

섬 안에는 길사(吉泗) 문범(文凡) 사야(沙野) 고라치(古羅峙) 마전(麻田) 용담(龍潭) 산동(山東)의 7개 마을이 있다. 호수는 약 288호 1,300여 명이다. 주민은 농업을 영위하는 한편 벌목 및 제탄(製炭)에 종사하는 사람이 많다. 무릇 이 섬은 유명한 장작과 숯의 산지이다. 자연히 어업을 영위하는 사람은 대단히 드물다. 그중에서 제법 활발한 곳은 서안에 있는 사야리뿐이다. 밴댕이 그물 2통이 있으며, 또한 농어·민어낚시, 조개 채취 등에 종사한다. 길사리 및 고라치리에도 또한 밴댕이 그물 각 1통이 있다. 연안에는 낙지 새조개 바지락이 특히 많다.

당후도

이 섬의 북단에서 홍건도(洪建島)를 마주보는 곳을 당후포(堂後浦)라고 하는데, 고사리에 속한다. 인가 1호가 있는데, 이곳은 대안인 의요포(蟻腰浦)에 이르는 나루터이며 하루에 한 차례 왕복한다. 두 지역 간의 거리는 약 3해리이고, 도항하는 사람은 하루에 평균 14~15명이며, 요금은 어른 10전, 어린아이 5전이라고 한다. 요금에서 얻은 수익은 문범리에 있는 운종학교(雲從學校)의 경비로 충당한다. 섬 안에는 이 밖에 학교가 또 1곳이 더 있다.

납도

납도(蠟島, 랍도)는 신미도의 북쪽에 있는 무인도이며, 본국 소속 여러 섬 중에 가장 외해에 떨어져 있으며, 남면 소속이다. 둘레 1해리에 미치지 않으며, 섬 안의 한쪽에 물새들이 떼를 지어 사는데, 그 수가 엄청나서 밤낮을 구분할 수 없다. 우는 소리도 시끄러워서 일본 어부들은 이를 구도(鷗島)라고 부른다. 지세가 높고 험하며 주변이 대체로 가파른 벼랑이고, 그 북동쪽 기슭에 폭 30~40칸 만입 60~70칸의 작은 만이 있다. 어선을 정박하기에 편리하다. 만 안은 모래 해안이 이어져 있고 몇 묘(畝)의 평지가 있다. 부근에서 소량의 음료수가 난다. 이 섬 근해는 조기 어장으로 일본 주낙배가 내어하는 경우에 급수 또는 일시적인 피난을 위하여 이곳에 기항하는 경우가 있다.

접도

접도(蝶島, 뎝도)는 신미도의 북서단 약 3해리 떨어진 곳에 있으며, 태산면에 속한다. 둘레 약 4해리이고, 연안에 만입이 있지만 썰물 때에는 모두 바닥이 드러나서 갯벌이 된다. 또한 큰 바위가 늘어서 있어서 선박을 정박하기에 불편하다. 그러나 좁은 모래 해안이 있어서 간조 때는 배를 정박시킬 수 있다. 또한 북풍 이외에는 바람을 피하기에 안전하고, 땔감과 식수를 공급받을 수 있으므로 어선의 출입이 대단히 빈번하다.

지세는 높고 험하며, 만 입구에 큰 바위가 불룩 튀어나와 있는 곳에 단풍나무가 늘어서 있으며, 평탄한 기슭에는 인가가 즐비하여 풍광이 대단히 뛰어나다. 호수는 약 50호, 인구는 250명 남짓인데, 마을 전체가 어업으로 생계를 영위한다. 경지가 있지만 대단히 적어서, 미곡은 다른 곳의 공급에 의지하고, 땔감도 또한 부족하다. 4~10월 사이에는 다른 지방에 고용되어 외지로 나가서 어업을 행하는 사람도 있다. 고용주가 식료를 지급하는 조건으로 1기간에 임금 30원~40원을 받는 것이 일반적이라고 한다.

노인들의 말에 의하면, 이 섬의 개척은 약 400년 전이라고 한다. 또한 지금으로부터 18년 전에 이 섬에 이주하여 현재 동장 자리에 있는 이 아무개의 말에 의하면, 본인이 이주할 당시 이섬의 주민은 불과 14~15호에 불과하였다고 한다.

어선 7척, 밴댕이 그물 5통이 있으며, 4월 중순부터 9월 하순까지 사이에 1척의 어선에 6~7명이 승선하여, 본군 연해부터 멀리 선천 용천의 각 지방까지 가서, 밴댕이를 위주로 하면서 모쟁이 상어 가오리 게 양태[鱴] 등을 어획한다. 특히 6~7월이 성어기라고 한다. 어획물은 대개 염장 또는 건제하여 출어지 혹은 섬으로 돌아와서 출매선에 매각한다. 이 섬에는 출매선 5척이 있으며, 그 밖에 다른 지방에서 건너오는 출매선도 있다. 이러한 어업은 대개 배를 타는 사람들이 합자로 경영하는데, 출자액은 어구를 소유한 사람이 가장 많고, 다른 사람은 평등하다. 이익 분배법은 어획물 매상금 가운데, 쌀 담배 술 등의 여러 비용을 공제하고, 나머지를 출자액에 따라서 분배한다.

또한 근해에 어살을 설치하여 밴댕이를 어획하는 곳이 5곳이 있다. 조기 및 숭어 어업도 또한 대단히 활발하다. 연안 갯벌에서는 낙지가 나며, 간간이 일본인의 주낙배에 공급하기 위하여 채취하는 경우도 있다.

소가차도

소가차도(小加次島)는 접도의 서쪽 철산반도의 동쪽 기슭 가까운 곳에 가로놓여 있는데, 수청면(水淸面)에 속한다. 둘레 겨우 1해리 정도의 작은 섬으로 지세가 남동쪽에서는 급한 경사를 이루고 북서쪽에서는 경사가 완만하다. 북쪽에는 방풍림이 있고 서쪽에는 작은 만이 있어서, 어선을 정박하기에 적합하다. 이 섬은 전 아무개 및 안 아무개의 소유이며, 인가는 2호가 있다. 그러나 매년 봄부터 가을에 이르는 사이에 몇 호가 이 섬에 거주하면서 근해의 어업에 종사한다. 음료수와 연료는 충분하지만 농산물은 소량의 기장 피 콩 등을 생산할 뿐으로 주민의 수요를 충족시키지 못한다.

어선 2척이 있는데, 그중 한 척은 교통에 함께 사용된다. 수산물은 밴댕이를 주로 하고 그 밖에 모쟁이 웅어 전어[鰄] 낙지 등이다. 밴댕이 웅어 전어는 밴댕이 그물로 어획하고, 모쟁이는 소선망(小旋網)으로 어획한다. 또한 어살 어장이 1곳 있다. 철산군 장평리(長坪里)의 주민이 이를 소유하고 있으며, 종업자 십수 명을 부려서 조업한다. 어획물은 염장 또는 건제하거나 혹은 생선인 채로 출매선에 매각한다. 낙지는 식료품으로 건제하지만, 또한 일본인의 주낙배에 미끼로 매도하는 경우도 있다. 그물을 물들이기 위한 가마터가 1곳 있는데, 염료는 상수리나무 껍질을 사용하는데, 철산군에서 들여온다.

대가차도

대가차도(大加次島, 디가차도)는 소가차도 북쪽에 있으며 수청면에 속한다. 그 연해가 썰물 때 바닥이 드러나지만, 서쪽 해안은 제법 물길에 가깝다. 인가 10여 호이며, 주민은 농업 및 어업에 종사한다. 어업은 목골망(木骨網), 준치 유망, 낙지 및 굴의 채취 등을 주로 한다. 준치 유망은 봄철 철산군 주민이 어영도(魚泳島) 부근에서 어류 출매(出買)를 하는 한편, 이 섬 주민을 고용하여 조업하는 것이다.

소화도

소화도는 소가차도의 남쪽 바다 가운데에 있는데, 수청면에 속한다. 둘레 약 2해리의 작은 섬인데, 그 동쪽이 만입되어 있지만, 저조 때에는 바닥이 드러나고 또한 큰 바위가 흩어져 있어서 어선의 출입이 불편하다. 인가는 17호가 있고, 어선 6척이 있다. 그중 4척은 새우 그물을 사용하고, 2척은 어류 출매에 이용한다. 새우 그물은 안주 및 정부 근해를 어장으로 하여 조업하고, 출매선은 원도(圓島) 및 어영도 부근에 이르러서 어획물을 매입하여, 본토 연안 각지에 이르러 매각한다. 이 섬 연안에는 어살 어장이 2곳이 있는데, 철산군민이 경영하는 것이다. 매년 그 지방에서 종업자를 이끌고 와서 조업한다. 어획물은 복어 조기 가오리 등이다.

대화도

대화도(大和島, 디화도)는 소화도 남쪽에 있는데, 수청면에 속한다. 선천군에 속한 여러 섬 중에 납도 다음으로 가장 바다 멀리 위치하고 있다. 둘레 약 6해리이며, 지세는 높고 험하며 거의 평지가 없다. 섬 전체가 큰 바위로 덮여 있는데, 그 사이에 얼마간의 경지가 있다. 그러나 토질이 비옥하여 수목이 무성하고 작물의 생육도 대단히 양호하다. 그 서단에 등대가 있는데, 연해는 수심이 깊고 북동안에 다소 만입된 곳이 있어서, 선박이 바람을 피해 정박하기에 편리하다. 그래서 이 부근을 항해하는 사람들이 종종 땔감과 물의 공급 및 피난 등을 위해서 기항하는 경우가 있다. 음료수는 계곡 사이에 있으며, 그 양도 적지 않다. 이 만의 연안은 다소 평탄한 사면인데, 이곳에 인가 22호가 있다. 주로 어업 및 어류 출매에 종사한다. 이 섬은 기장 피 조 콩 등의 농산물이 있지만 애초부터 섬 안의 소비를 충당할 수 없다. 그렇지만 부근에 좋은 어장이 많아서 수산물은 대단히 풍부하다. 그래서 수산물을 이출하여 쌀 미곡 및 기타 물자를 본군 및 철산군 등 각지에 들여온다. 어업에서 가장 중요한 것은 새우그물인데, 1척의 어선에 5~8명이 승선하고, 정주군 근해 또는 반성열도의 북쪽 용천군의 연해에 출어한다. 또한 이 섬의 북동안에는 어살 어장 2곳이 있으며, 조기 갈치 복어 가오리 준치 달강어 작은 상어를 어획한다. 새우 및 기타 어획물은 대개 염장 혹은 건제하여, 일부는 출매선에 매각하고, 다른 일부는 황해도 지방에 보내어 미곡과 교환한다. 이 섬에는 배 7척이 있는데, 4척은 어선이고 3척은 출매선이다. 출매선은 원도 및 어영도 부근에 이르러 어획물을 매수하고, 본토 연안의 각지에 보내어 매각한다.

제6절 철산군(鐵山郡)

개관

연혁

원래 고려의 장녕현(長寧縣)인데 동산(銅山)이라고도 한다. 현종 9년에 철주(鐵州)라고 하였고, 조선 태종 13년에 지금의 이름으로 고쳤으며, 15년에 군으로 삼아 지금에 이른다.

경역

동쪽은 선천군에, 북서쪽은 용천군에 접하고, 남서 일대는 바다에 면한다. 북쪽에는 검은산(劍隱山) 동골산(東骨山) 백운산(白雲山) 망월산(望月山) 등 여러 높은 봉우리가 솟아 있으며, 그 지맥이 군내에 중첩되어 있다. 하천으로 큰 것은 없지만, 동쪽 선천군과의 경계에 태청강(台淸江), 중부에 창포천(滄浦川), 북서쪽에 교강천(橋江川)이 있다. 이들 작은 물길의 연안에서 겨우 평지를 볼 수 있다. 연안은 굴곡과 만입이 많으며, 그 동부는 돌출하여 큰 반도를 이룬다. 연안선은 약 70여 리로, 연안선의 길이는 실로 본도에서 으뜸이다. 사니퇴로 둘러싸여 있는 것은 다른 군과 다름이 없지만, 곳곳에 물길에 접하는 돌각이 있어서 배를 정박하기에 편리하다.

철산읍

철산읍은 군의 거의 중앙에 위치하는데, 선천만 안으로 흘러들어 가는 창포천의 상류에 있다. 사방이 산으로 둘러싸인 벽지이며, 군아 이외에 순사주재소 우체소 등이 있다. 일본인과 청국인이 거주하고 있지만 그 수는 많지 않다. 이곳에 북쪽으로 35리 떨어진 곳에 거연관(車輦舘)이 있는데, 철도 연선으로 정거장이 있다. 제법 번성한 작은 고을로 일본인이 28호 74명이 거주하고 있으며, 소학교 우편소 순사주재소 등이 있다.

시장

거연관 및 고성면(古城面)에 시장이 있다. 거연관에서는 음력 매 4 · 9일에 개시하는데, 집산화물은 쌀 잡곡 소 말 염장어 자리 등이며, 집산지역은 용천 각 지방이다. 고성면에서는 매 1 · 6일에 개시하며 집산화물 및 지역은 모두 거연관과 같다. 그러나 시황은 거연관보다도 성대하여, 한 장의 집산액은 약 2,500원이다.

수산물

수산물로 중요한 것은 밴댕이 조기 웅어 새우 가오리 달강어 갈치 전어 낙지 농어 모쟁이 준치 굴 학꽁치 병어[鯧] 도미 민어 넙치 상어 바지락 오징어 긴맛 등이며, 매년 어획량은 28,000여 원이다. 어선은 36척, 새우그물 12조, 밴댕이그물 15통, 어살 어장 30곳이며, 농어 외줄낚시도 대단히 활발하다.

경역

본군은 8면으로 나뉜다. 그중 바다에 면한 것은 고성면(古城面) 백량면(柏梁面) 운

산면(雲山面) 정혜면(丁惠面) 부서면(扶西面) 서림면(西林面)의 6면이다. 소속 도서
는 상당히 많은데, 운산면에는 가도(椵島) 어영도(魚泳島), 정혜면에는 대계도(大鷄
島) 월로도(月老島), 부서면에는 원도(圓島) 장도(長島) 등이 있다. 중요한 연안 각지
및 도서의 상황은 다음과 같다.

망동포

망동포(望東浦)는 본군의 동단인 선천만 안의 서쪽에 있다. 앞쪽은 태청강의 물길에
면하며, 선박의 출입이 가장 편리하고, 세관출장소가 있다. 청국의 배가 식염을 팔고
콩 보리 등과 교환하기 위해서 입항하는 경우가 적지 않다. 교환율은 콩 1말에 대하여
식염 3말 내지 3말 5되이다. 식염은 세관 감정 가격은 100근에 35전이고 관세는 7푼
5리, 콩의 수출세는 5푼이다. 식염의 집산구역은 철산 및 선천군 각지의 지방에 이른
다.[24] 명치 42년도 상반기 수출입액은 다음과 같다.

구분	품목	물량
수입	식염	238,800근(당시 세관을 거친 상품)
	동	816,486근(진남포 세관을 거친 회송 상품)
수출	콩	175,443근
	옥수수	64,700근
	보리	5,580근
	수수	1,650분(分)
	짚	2.500속(束)

등곶

등곶(登串, 등관)은 이른바 철산반도의 서안에 돌출한 갑각의 연결부에 있다. 앞 연안
은 사니퇴이며 물길에서 제법 멀다. 만조 때에는 배를 기슭에 붙일 수 있지만, 저조
때에는 앞바다 십수 정 사이가 갯벌이 되므로, 선박의 출입과 정박이 대단히 어렵다.
해안 또한 거의 일직선을 이루어 풍랑을 피할 방법이 없다. 그러나 기슭 일대가 평탄하

---

24) 조선이 식염을 생산한다는 뜻이 아니고, 청국의 식염을 소비하는 지역을 가리킨다.

고 바위가 없어서, 폭풍 때에는 이곳에 배를 댈 수 있다. 인가는 해안에 25~26호가 있고, 다소 위쪽에 34~35호가 있다. 이곳은 어류 집산지로 어기 중에 출매선이 항상 출입하는 곳이다. 어업은 어살 및 조개 채취 등을 행하는 데 불과하다. 어살 어장이 5곳이 있지만, 대부분 다른 지방 사람이 경영하는 것이다. 조개 채취는 바지락을 주로 한다. 초여름부터 가을철에 이르는 사이에 남녀노소가 배를 타고 원도 부근에 가서 채취한다. 껍질을 벗겨 염장하거나 혹은 잡은 상태로 매각한다. 가격은 생물인 경우에는 사발 1접시(약 5홉)에 10전, 염장한 것은 석유통 1개에 약 1원이다. 작은 배 12척이 있는데, 어기 중에는 원도와 어영도 부근에 가서 어획물의 매집에 종사한다. 어류는 생선, 염장 모두 1,000마리를 한 동(同)으로 하여 거래하는데, 가격은 매년 차이가 있지만 한 동에 조기 생선은 20원 염장품은 25~26원, 달강어는 조기의 약 $\frac{1}{3}$이라고 한다. 판로는 철산 의주 양시(楊市) 남시(南市) 신의주 거연관 선천 등이며, 인부 및 우마로 운반한다. 그 밖에 선편 또는 철도로 평양으로 수송하는 경우가 있다.

현지에서 매매되는 어류는 대개 염장한 것이며, 700~800말의 식염을 소비한다. 대개 청국산이며, 한 말의 가격은 15~20전이다. 항상 집 바깥에 원뿔형으로 쌓아두는데 이를 명석[25]으로 덮어 저장한다. 염장 방법은 물고기의 아가미 구멍을 통해서 아가미와 내장을 제거하고, 뱃속에 식염을 충분히 집어넣어 염장한 다음 3~4일 후에 이를 말려서 10마리씩 묶어서 판매한다.

이화포

이화포(梨花浦, 리화포)는 등곶의 북쪽에 돌출한 연대산각(煙台山角)의 북쪽에 있는데, 부서면에 속한다. 연안 일대는 간출사퇴(干出沙堆)이고 또한 바위가 많다. 앞쪽에는 한 줄기의 물길이 있으며, 간조 때에도 여전히 작은 배가 통행할 수 있으나 정박하기에 불편하다. 그렇지만 이곳은 러일전쟁 초기에 일본군의 군수품 육양장이었다. 그래서 육상으로 약 30리 떨어진 철도 연선인 거연관에 이르는 사이에 도로를 개통하여, 교통이 편리하다. 현재도 또한 물자의 집산지이며, 특히 근해의 어기에 이르면 각 지방에서

---

25) 원문에는 アンペラ로 되어 있는데 명석 · 자리 등을 가리킨다. 그 어원은 분명하지 않다.

들어오는 상인들이 적지 않다. 실로 부근 연해 지방에서 번성한 지역 중 하나이다. 인가는 100여 호이고 그중 어업 50호, 뱃일 12호, 농업 13호, 상업 20호, 객주 10호가 있다. 농산물은 주로 철산 거연관 남시 등에서 공급받는다. 용천이 있는데 수질이 양호하여 음용할 수 있지만 그 양이 많지 않다.

수산물

수산물로 중요한 것은 조기 갈치 민어 농어 백하 방어 가오리 복어 달강어 가자미 굴 바지락 낙지 등이다. 조기 갈치 가오리 가자미 달강어 등은 어살로 어획한다. 그 어장이 7곳이 있다. 이를 소유하고 있는 사람은 철산읍 및 거연관의 주민으로, 매년 어기에 이르면 이곳으로 와서 마을 사람을 고용하여 조업한다. 백하는 중선 및 삼각탱망(三角撐網)으로, 농어 및 민어는 손낚시로 어획하며, 바지락과 낙지는 가래로 채취한다. 어선은 13척이 있으며, 주요한 어패류의 어기는 다음과 같다.

조기	입하(立夏)에서 소만(小滿)까지	달강어	5월 중순에서 7월 상순까지
갈치	7월 중순에서 9월 상순까지	가오리	7월 하순에서 8월 중순까지
민어	6월 중순에서 8월 하순까지	굴	4월 하순에서 9월 중순까지
백하	5월 상순에서 9월 하순까지	바지락	5월 중순에서 9월 중순까지
농어	6월 중순에서 8월 하순까지		

어획물은 대개 염장 또는 건장하며, 생선인 채로 판매하는 경우는 드물다. 이 지역 각지에서는 염장할 때 보통 병을 사용하지만, 이곳 어살 업자들은 대개 땅에 구멍을 파고 그 안에 어류를 쌓는다. 구멍은 장방형으로 길이 9척, 폭 6척, 깊이 4~5척, 아래쪽으로 갈수록 조금씩 좁게 만들고 이 구멍을 시멘트를 발라 굳혀서, 액체가 누설되지 않도록 하고, 위에는 지붕을 만들어 이를 덮는다.

어패류의 가격은 계절 또는 품질에 따라서 차이가 있다. 조기는 생선인 경우 1마리에 초기에는 2전 5리, 성어기에는 8리~1전, 염장품은 4~5전, 갈치는 보통 크기에 생선인 경우는 저가일 때 1전 8리, 고가일 때는 4전, 염장품은 보통 크기인 것이 3전 5리~6전,

아주 큰 것은 8~10전, 민어는 크고 염장한 것은 50~70전, 가오리는 크고 생선인 것은 60전, 염건품은 1원, 백하는 염장품 1병(용량 1석 3말)에 15~18원이다.

어류 매매가 가장 활발한 것은 음력 3~5월까지인데, 이때 육지로부터 중매인이 모여들고, 바다에 출매선이 폭주한다. 중매인은 부근 각지는 물론이고 멀리는 의주 선천 등에서 온다. 출매선은 이 마을 사람들이 경영하는 것이 17척, 그 밖에 각지에서 입항하는 경우도 대단히 많다. 일본인 내어자도 때로 어획물 판매를 위해서 기항하는 경우가 있다. 출매선은 어영도 및 원도 부근에서 어획물을 매집한다. 그리고 이 마을에서 육양한 것은 인부 또는 우마로 각지의 시장으로 수송한다.

가도

가도(椵島)는 철산반도 남쪽 약 1해리에 가로놓여 있는 큰 섬으로 운산면에 속한다. 둘레 약 20해리이며 연안의 굴곡과 만입이 적지 않지만, 대개 간조 때에는 사니퇴가 드러난다. 그러나 그 남동쪽의 탄도 사이는 물이 깊고 또한 북서풍을 피할 수 있어서 큰 배가 정박하기에 적당하다. 「해도(海圖)」에서 말하는 가도묘박지인데, 청국 어선 및 상선의 왕래가 빈번하였던 때에는 땔감과 물을 공급받거나 바람을 피하기 위하여 빈번하게 와서 정박한 곳이다. 이 근해에 있어서 어업 근거지로 가장 적당하다.

이 섬은 조선 광해군 13년에 명말기의 모문룡이라는 사람이 수하 수백 명을 거느리고 와서 근거지로 삼고, 조선 북부의 경략을 획책한 곳이다. 남안인 예사포의 산등성이 및 해안에 그 당시의 성채 유적이 지금도 여전히 남아 있다.

인가는 여러 곳에 흩어져 있는데, 총수는 약 160호이고, 주민은 주로 농업에 종사한다. 섬 안은 산악이 오르내려서 평지가 적으나, 산중턱과 계곡 사이 등을 개간하여 논이나 밭으로 만들어, 쌀 기장 피 콩 등을 재배한다. 그 생산량은 섬 주민의 소비를 충당할 수 없다. 그러나 섬 전체에 수림이 무성하므로 이를 벌채하여 장작 및 그물 염료로 다른 곳에 판매한다. 염료는 상수리나무 껍질이다.

어업은 어살을 주로 하며, 그 어장이 4곳이 있는데, 모두 섬 주민이 소유한 것이다. 종업자 또한 섬 주민이며, 임금은 한 어기 즉 3개월에 15~20원이다. 1곳의 어획량은 약 300원이다.

사예포(沙曳浦) 해안에 큰 솥 5개를 설치해 놓은 그물 염색터가 있다. 이곳 주민인 강 아무개가 소유하고 있는 것으로, 이 사람은 염료인 상수리나무 껍질 및 장작을 판매하고, 염색터를 임대하는 것을 본업으로 한다. 상수리나무 껍질 6파(把), 장작 300파(把)를 염색터 사용료와 함께 4원 50전으로 제공한다. 상수리나무 껍질 1파는 직경 3~4촌 크기의 나무줄기에서 벗겨낸 길이 2척 정도의 껍질 35~40개로 이루어진다. 장작 1파는 나뭇가지를 직경 2척 정도로 묶은 것이다. 철산 선천 두 군의 각 지방의 새우 어업자는 어기에 앞서 이곳에 와서 그물을 물들이는 것이 관례이다. 이곳에 인가 6호가 있는데, 배 4척을 가지고 장작을 싣고 정주군 연안의 제염지로 수송한다.

어영도

어영도(魚泳島)는 가도의 북서쪽 철산반도의 돌각에서 서쪽으로 4해리 떨어진 곳에 있는 작은 무인도이며 운산면에 속한다. 지세는 높고 험하며 평지는 적다. 둘레 약 1.5 해리이고, 그 북쪽은 다소 만입되어 있는데, 간조 때에는 바닥이 드러나지만 남서풍을 피하기에 적합하기 때문에, 이 방면으로 왕래하는 어선 및 출매선의 근거지이자 피난처이다. 그 수는 해마다 차이가 있는데, 명치 41년에는 어선 100척 출매선 150척 이상에 이르렀으나, 다음해인 42년에는 전년도에 흉어였던 결과 현저하게 감소하여, 어선 약 50척 출매선 90척이었다. 어선은 충청도 및 황해도에서 오는 배가 가장 많아서, 총수의 약 6할에 달한다. 그 밖에 평안도 숙천 철산 박천 애도 등에서 왔다. 모두 5~7월까지 조기 어업에 종사한다. 이 시기에는 육상에서 집을 짓고, 이들 어선 및 출매선을 대상으로 하여 잡화점 음식점 등을 개업하는 사사 5~6호가 있다. 또한 이 만의 갯벌에 어살 어장 1곳이 있는데, 봄철부터 가을철 사이에 조기를 주로 하고 기타 잡어도 어획한다.

이 섬을 근거로 하는 어선이 출입하는 어장은 이 섬의 남서쪽, 「해도(海圖)」에서 어주[魚の洲]라고 한 일대의 해역이며, 조기 이외에 달강어 준치 갈치 고등어 삼치 등이 난다. 또한 이 앞바다에는 가을철에 정어리(멸치) 떼가 내유하는 것을 볼 수 있다.

반성열도

반성열도(盤城列島, 반성렬도)는 등곶의 남서쪽 약 7해리의 앞바다에 늘어서 있는 여러 개의 섬으로 부서면에 속한다. 그중 큰 섬이 4개 있는데, 원도(圓島) 책도(册島) 장도(長島) 수운도(水雲島)이며, 동쪽에서 서쪽으로 차례대로 늘어서 있다. 일본인 내어자는 이 섬을 사자도(四ツ子島)라고 부른다. 모두 무인도이지만, 원도는 어업 근거지로서 조선인이 일시적으로 왕래하는 경우가 가장 많다. 장도는 그 북쪽 갯벌에서 바지락이 풍부하게 생산되어, 채취에 종사하는 어민이 대조 때 하루 수백 명에 이른다. 또한 그 연안 암초 사이에는 갈매기가 떼를 지어 살면서 많은 알을 낳아서, 한 곳에서 쉽게 수십 개를 얻을 수 있다. 이것을 주워서 판매하는 사람이 있다. 수운도에는 현재 등대를 건설 중이다.

원도

원도는 둘레가 겨우 2해리에도 미치지 않으나, 열도 중에서 가장 큰 섬이다. 섬 안에는 구릉이 오르내리지만 다소 평지가 있다. 연안의 굴곡이 적고 단애가 가파르게 솟아 있고 또한 사이사이 암초가 먼 바다까지 흩어져 있어서 배를 붙이기 어려운 곳이다. 그러나 주변은 늘 물이 깊어서 사방으로 배가 지나다닐 수 있다. 동안 및 북안을 일반적인 계선장으로 삼는다. 음력 2월 하순 어살 어업자들이 도착하는 것을 시작으로, 3월에 들어서면 일본인 및 조선인 어업자가 점차 도착하며, 동시에 육상에는 집을 짓고 각종 상점들이 개업한다. 이어서 4~5월 두 달이 가장 번잡하다. 그리고 7월 초순부터 점차 이곳을 떠나 8할이 줄어든다. 겨우 어살 어업자 일부와 일본 도미 어업자 일부가 남는다. 따라서 육상의 가옥에 머물던 사람들도 또한 철수하고 어살 어업자 및 일본인 중매업자의 주택 2~3호가 남을 뿐이다. 이 또한 10월 중까지는 해를 넘기는 1호만 남고 모두 철수하는 것이 일반적이다. 지난 명치 42년의 성어기 중에 이곳에 모여들었던 어선 및 출매선의 수는 200여 척에 달하였으며, 가옥은 일본인 7호, 조선인 11호이었다. 일본인은 용암포에 거주하는 사람들이 임시로 출장을 온 것으로 7호 중 선문옥(船問屋)[26] 3호, 어류 중매 겸 제조업자 2호, 잡화상 1호, 음식점 1호이다. 조선인 11호

중에서 3호는 철산군에서 온 어살 어업자, 나머지는 충청도 및 진남포에서 온 어류 중매업 및 주점을 영위하는 사람이었다. 이처럼 이 섬은 어업근거지로서 가장 번성한 곳이지만, 음료수가 부족하다. 두세 곳의 우물이 있지만, 가뭄이 계속될 때는 거의 고갈되어 물이 부족한 사태를 피할 수 없다. 대부분의 어선은 급수를 위하여 멀리 대안의 본토까지 가야 하는 번거로움이 있다.

어살 어업은 봄여름 두 철을 어기로 하며, 각각 그 구조와 어장 및 어획물은 다르다. 봄철 4월 중순부터 5월 하순까지는 이 열도의 남쪽 1~3해리 사이를 어장으로 하며, 어구 구조의 규모가 커서 자본금 약 1,000원을 필요로 한다. 조기를 주로 하며, 그 밖에 갈치 준치 달강어 방어 오징어 등을 어획하며, 풍년에는 어획량이 3,000원을 넘는 경우도 있다. 여름철 6월 하순부터 9월 하순에 이르는 사이는 이 열도의 북동쪽 근안을 어장으로 하며, 어구는 작아서 자본금이 140~150원이며, 어획물은 가오리 상어 및 기타 잡어이다. 어획량은 풍년에도 겨우 300~400원을 넘지 않는다. 그리고 남안의 어장은 4곳, 북동안에는 3곳이 있다. 어획물 중에 조기 갈치 방어 등은 모두 염장하고, 오징어 가오리 상어 등은 건장하여 출매선에 매각한다. 식염은 모두 청국산으로 용암포로부터 들어오는 것이다.

대계도

대계도(大鷄島, 디계도)는 등곶의 서쪽 약 1해리에 있으며, 정혜면에 속한다. 모양이 좁고 길며, 둘레는 약 4해리이다. 연안은 암초가 솟아 있고 저조 때에는 갯벌이 드러나지만, 동·서·북 삼면은 물길에서 가까워서 작은 배가 출입하기에 편리하다. 등곶의 돌각을 마주보고 있는 섬의 동안에 인가 13호가 있는데, 주로 농업에 종사하고 밭과 약간의 논이 있다. 음료수는 양호하다. 부근에 낙지와 바지락이 난다. 어살 어장이 4곳이 있지만 철산읍 주민이 소유하고 있는 것이고, 섬 주민은 이에 관계하지 않는다.

종래 이 섬 부근에는 낙지가 많이 나지만 이를 채취하는 사람이 없었는데, 근년 일본

---

26) 후나도이야·후나돈야라고 읽으며, 항구나 강안에서 상선 등을 대상으로 각종 업무를 행하는 사업자를 말한다. 화물의 매매와 관련하여 선주를 위해서 화물을 모으거나, 선주와 계약을 체결하고 화물은 운송하는 등의 일을 처리한다.

인 도미 주낙선의 미끼로 소비되기에 이르면서 활발하게 채취하게 되었다. 그 몸길이가 5~6촌 내지 1척이며 이 섬의 서북방인 이른바 중앙주(中央洲) 및 원도와 가차도 사이의 사퇴에서 가장 많이 난다. 시기는 음력 4~10월까지이며, 간조 전에 남녀 20명 정도가 어선 한 척을 타고, 앞의 장소에 가 있다가 썰물 때 가래로 낙지 구멍을 파서 잡는다. 잡으면서 옆에 바닷물을 담아두었던 통 속에 낙지를 넣어서 산채로 마을로 돌아온다. 한 사람이 하루에 많을 때는 50~60마리, 적을 때는 20~30마리를 잡는다. 하루 채취량은 700~800마리일 것이다. 그리고 주낙선이 오기를 기다려서 이를 판매한다. 가격은 크기나 계절에 따라서 차이가 있다. 1마리에 큰 것은 5월 중에 5리, 6~8월까지는 1전, 9월 중에는 6~7리, 작은 것은 대체로 2리라고 한다. 일찍이 일본인이 와서 어살용 헛간에 임시로 머물면서 섬 주민으로부터 채취한 낙지를 매집하여, 수조에서 기르다가 약 1할의 수수료를 받고 주낙선에 판매하는 일을 한 적이 있다. 주낙선은 대개 안동현·용암포 등에서 어획물을 매각한 후에 어장을 향하는 도중에 이 섬에 기항하여 미끼를 마련한다. 1척에 500~600마리의 낙지를 준비하고 출어한다.

제7절 용천군(龍川郡)

개관

연혁

본래 고려의 안흥군(安興郡)인데, 현종 5년에 용주(龍州)라고 하였고, 후에 용만(龍灣)으로 고쳤다. 조선 태종 4년 의주의 이언(伊彦)을 본 군에 소속시키고 용천(龍川)이라고 하였다. 근년에 이르러 부(府)로 삼았다가 후에 군으로 삼았다.

경역

동쪽은 철산군에 접하고, 서쪽은 압록강에 면하며, 남쪽은 바다에 면한다. 군 안에는 구릉이 오르내리지만 지세가 대체로 평탄하고 낮다. 연안은 중앙이 돌출되어 있는데, 그 끝부분인 사자도돌각(獅子島突角)의 동쪽에 이호포(耳湖浦)가 있다. 또한 본군의 서쪽 끝 압록강구에 용암포가 있다. 이호포는 겨우 작은 배가 출입하기에 적합하며, 부근 지방의 물자를 집산하는 곳에 불과하지만, 용암포에는 크고 작은 선박의 출입과 정박이 끊이지 않는다.

용천읍

용천읍(龍川邑, 룡천읍)은 군의 동부 용골산(龍骨山) 서쪽 기슭에 있다. 원래 관아의 소재지였지만, 현재는 용암포로 이전되었고, 순사주재소가 있을 뿐이다.

교통

철도는 군의 북동부를 관통하며, 남동쪽에는 남시(南市), 동쪽에는 양책(良策), 북동쪽에는 비현(枇峴) 정거장이 있어서, 군 내의 육로 교통에 적지 않은 편리함을 제공한다. 수운은 용암포를 중심으로 하여 각지로 크고 작은 선박이 출입한다. 특히 용암포와 신의주 사이에는 작은 기선의 왕래가 빈번하다. 또 용암포에는 우편국이 있는데, 신의주 사이에 매일 1회 우편을 전송한다. 또한 두 지역 사이에 전화가 개통되었다.

시장

용암(龍岩) 양하면(楊下面) 외상면(外上面) 등에 시장이 있다. 용암은 음력 매 4·9일에 개시하며, 집산화물은 쌀 면포류 소금 어류 자리 잡화 등이고, 집산지역은 군내 일원이다. ▲ 양하면은 매 3·8일에 개시하며, 집산화물은 쌀 잡곡 소 말 염어 자리 등이고 집산지역은 군내 및 의주이다. ▲ 외상면은 매 5·10일에 개시하고 집산화물은 양하면과 같고, 집산지역은 군내 및 철산 지방이라고 한다.

압록강 바깥은 청천강 바깥과 마찬가지로 현재 본도에서 백하의 큰 어장이며, 매년 봄가을 두 철에 본군은 물론 철산 선천에서 내어하고, 아직 활발한 데 이르지는 못하였으나, 전도가 대단히 유망한 어장이라고 한다.

수산물

주요 수산물은 달강어 농어 밴댕이 조기 준치 민어 갈치 새우 방어 웅어 가오리 전어 뱅어 모쟁이 문절망둑[沙魚] 뱀장어 도미 넙치 학꽁치 오징어 굴 상어[鱶] 가자미 바지락 긴맛 등이며, 어획량은 총계 약 29,000원 남짓일 것이다. 새우 그물 7조, 밴댕이 그물 7통, 주낙 25통, 뱅어 장망(張網) 15통, 어살 어장 23곳, 어선 71척이 있다.

경역

본군은 17면으로 나뉜다. 물가에 면한 곳은 부내(府內) 부남(府南) 북상(北上) 양서(楊西) 미라(彌羅) 신도(薪島) 양상(楊上) 양하(楊下) 외하(外下) 외상(外上) 10면이다.

이호포

이호포(耳湖浦)는 본군 남쪽에 돌출한 반도인 사자도돌각의 동쪽에 있다. 서쪽으로 작은 언덕을 등지고, 북쪽은 평야가 이어지고, 남동쪽은 바다에 면한다. 부근의 갯벌 일대가 간조 때 노출되지만, 앞 기슭을 지나는 물길이 있는데, 간조 때에도 여전히 3피트 내지 2~3심의 수심을 유지하므로, 선박의 출입과 정박이 제법 편리하다. 항 내의 좌안 언덕 위에는 수목이 무성하며, 그 언덕 아래 인가 65호가 늘어서 있다. 어업에 종사하는 사람이 가장 많다. 직업을 나누어 보면, 어업자 20호, 농업자 12호, 술집 10호, 잡화상 8호, 선주 6호, 선박운송업[船宿] 2호, 노동자 7호라고 한다. 이곳은 부근 지방의 물화가 집산되는 곳으로 상선의 왕래가 끊이지 않는다. 그리고 육로로 불과 40리 떨어진 곳에 용암포가 있는데, 이 마을과 그 사이는 평탄한 도로가 있어서, 교통이 대단히 편리하다.

어업은 대단히 활발하게 이루어지고 있으며, 새우 농어 가오리 문절망둑 민어 뱅어 긴맛 굴 등은 어채물 중 중요한 것이다. 새우 농어 민어 문절망둑 등은 전안의 물길에서, 굴과 바지락은 가차도 연동도 다사도(多獅島) 부근, 긴맛을 원도와 가차도 사이의 갯벌에 채취한다. 종래 굴 및 바지락은 패류는 대단히 풍부하여 이를 채취하여 생계를 유지하는 사람이 많았으나, 근년 그 생산액이 줄어들기에 이르면서, 속속 어류 중매업으로 전업하는 사람들이 나오고 있다.

새우 어구는 중선이며, 어기는 7월 상순부터 9월 하순까지라고 한다. 민어는 5월 상순부터 7월 하순까지, 농어는 6월 중순부터 8월 하순까지인데, 모두 새우 또는 작은 게를 미끼로 삼아 외줄낚시로 어획한다. 뱅어는 3월 중순부터 4월 하순까지 길이 12~13발의 낭망(囊網)으로 어획한다. 문절망둑은 8월 상순부터 10월 상순까지 소형의 사수망으로 어획한다. 가오리는 수년 전 일본인이 이곳에 와서 민낚시로 많이 어획한 이후로 마을 사람들이 그 어구를 사들여서 어법을 모방하여 어획을 시작한 것으로 결과는 대단히 양호하다. 굴은 3월 하순부터 5월 중순까지, 바지락과 긴맛은 8월 중순부터 10월 중순까지인데, 모두 가래로 채취한다.

어채물은 긴맛을 쪄서 말리는 것 이외에는 대개 염장하여 두었다가 출매선에 판매하거나 혹은 우마로 남시 또는 멀리 의주지방까지 수송하는데, 5~6월 경에 가장 매매가 활발하다. 염장한 어패류의 가격은 농어 1마리(몸길이 2척 이상)에 40전, 새우 한 그릇에 1원, 굴 한 그릇에 75전, 바지락 한 그릇에 80전이라고 한다. 한 그릇의 용량은 약 한 말이다.

이곳에는 일본인이 정주하고 있는데, 어업 및 수산물 매매에 종사한다. 가오리 민낚시를 주로 하는 한편 굴 바지락 등을 채취하거나 또는 마을 사람이 채취한 것을 매집한다. 가오리는 마을 사람들에게 판매하고, 마을 사람들은 이를 건제하여 다른 지방에 낸다.

용암포

용암포(龍巖浦, 룡암포)는 압록강구에서 북쪽으로 약 10리 되는 용암산(龍巖山)과 대산(對山) 사이의 강가에 있다. 원래 작은 어촌에 불과하였지만, 명치 36년 러시아군이 이곳을 점령한 이래, 일본 및 당시의 한국정부는 항의를 하였고, 마침내 명치 37년에 개항하기에 이르렀다. 러일전쟁 중부터 점차 일본인이 내주하는 자와 조선인이 이주하는 자가 생겨서, 지금은 조선인 243호 1,068명, 일본인 126호 462명, 청국인 56호 251명이 있는 큰 도회지가 되었다. 용천군청 기상관측소 경찰서 우편국 세관출장소 민단사무소 소학교 조선해수산조합 지부 등이 있다. 일본인으로서 이곳에 정주하면서 어업에 종사하는 사람이 있다.

신도

신도(薪島)는 압록강구 용암포에서 남서쪽으로 약 10해리 되는 바다 가운데 가로놓여 있으며, 부근에 흩어져 있는 고락도(高樂島) 등도(等島) 구영도(九營島) 외돈도(外敦島) 만호도(萬戶島) 장도(長島) 마도(馬島) 등의 섬과 함께 신도면(薪島面)을 이룬다. 둘레 약 5해리이고 지세는 남북은 융기하고 중앙은 평탄하다. 마을은 대개 그 평탄한 부분에 있다. 연안은 간조 때 노출되는데, 동·남·서 삼면은 간출이 약 2~4피트에 이르고, 북쪽은 가장 심하며, 갈대가 무성하다. 그러나 그 동안의 등도(等島) 사이에는 물길이 통하여, 선박은 대개 이곳에 정박한다. 또한 이 물길로부터 갈라지는 작은 물길이 있어서 신도와 고락도 사이를 지난다. 이 섬의 어선 및 기타 작은 어선은 이곳으로 출입한다. 위치가 마침 압록강구에 해당하기 때문에 간만조석의 흐름도 가장 급속하여 순류를 타지 않으면 항행이 자유롭지 않다. 특히 겨울철에는 강구에서 쏟아져 나오는 유빙이 위험하다.

이 섬은 동주(東州) 남주(南州) 두 동(洞)으로 나뉜다. 동주는 70호, 남주는 110호이다. 주민은 대개 농업에 종사하며 어업에 종사하는 사람은 적다. 청국인 2호가 이곳에 와서 살고 있다. 1호는 인구 3명이고 어업에 종사하며, 1호는 인구 6명으로 갈대 채취를 업으로 한다. 남주동에는 보통학교가 있는데 교원 1명 생도 약 30명으로 교육제도가 제법 완비되었다.

남주동에 도선장이 있는데, 승객의 요구에 따라 수시로 출항하며, 발착 장소는 일정하지 않다. 그러나 용암포 사이는 왕복이 특히 빈번하다.

이 섬은 좁고 작은 섬이지만 생활물자는 심한 불편을 느끼는 일이 없다. 미곡은 다른 곳에서 공급받는 일 없이 섬 주민의 수요를 충족시킬 수 있다. 수목 및 갈대 등이 풍부하므로 연료도 또한 충분하다. 식염은 오로지 청국산을 소비한다. 음료수는 그 질이 좋지는 않지만, 양이 많아서 1년 내내 고갈되는 일이 없다.

수산물

수산물은 농어 민어 굴 바지락 새우 가오리 등을 주로 한다. 그중 농어는 가장 중요한 것으로 마을 사람들이 이를 어획해서 얻을 수입을 예상하고 빚을 내는 일이 적지 않다.

농어와 민어는 이 섬과 등도 사이의 물길을 어장으로 한다. 이 물길은 바닥이 사니질(沙泥質)이고 물빛이 항상 혼탁하다. 굴과 바지락은 남안에 가장 많고, 새우는 물길 도처에서 풍부하게 생산되지만 특히 많은 곳은 고락도 사이의 작은 물길이다.

농어는 7월 중순부터 9월 하순까지, 민어는 4월 하순부터 6월 중순까지이며, 모두 주낙으로 어획한다. 새우는 5~9월까지 탱망으로 어획한다. 굴과 바지락은 4~9월 사이에 가래를 써서 채취한다. 어획물은 생선으로 판매하지만, 어업자가 직접 염장하는 일도 있다. 그 선어를 사들인 사람도 또한 대개 이를 염장해서 용암포와 의주 등에 보내며, 때로 출매선에 매각하는 경우도 있다.

이 섬에 거주하는 청국인은 어선 2척, 새우 그물 20통을 가지고 이 섬과 대동구(大東溝) 사이에 있는 물길에 이르러 새우를 어획하여 쪄서 말린 다음 안동현 및 대동구로 보내어 판매한다.

■ 첨부도

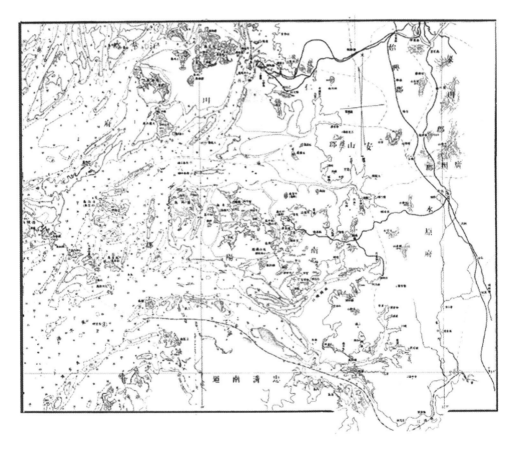

경기도(오른쪽)

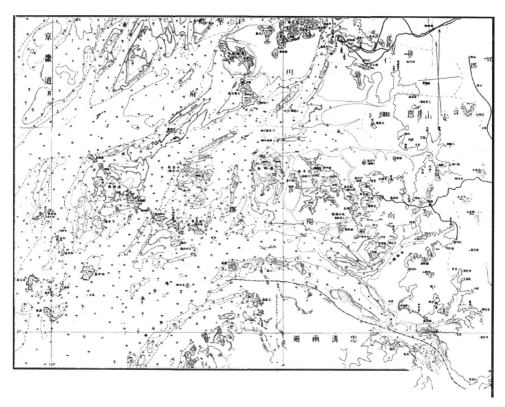

경기도(왼쪽)

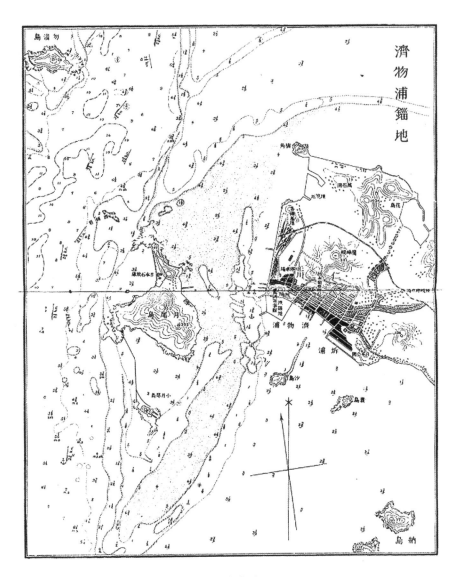

제물포 정박지[錨地]

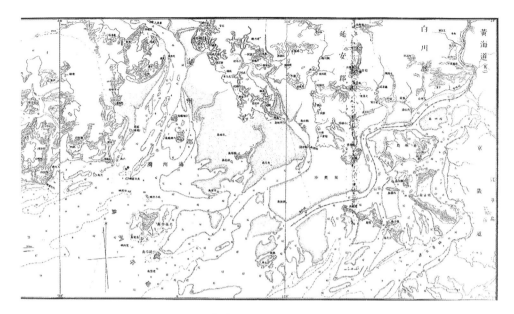

황해도 (1)-(오른쪽)

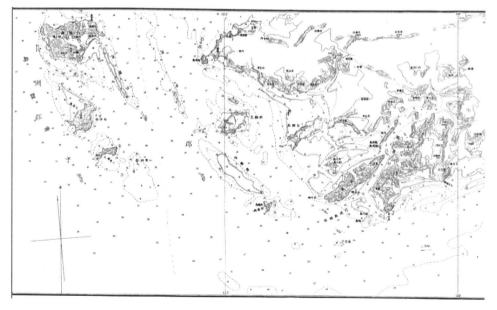

황해도 (1)-(왼쪽)

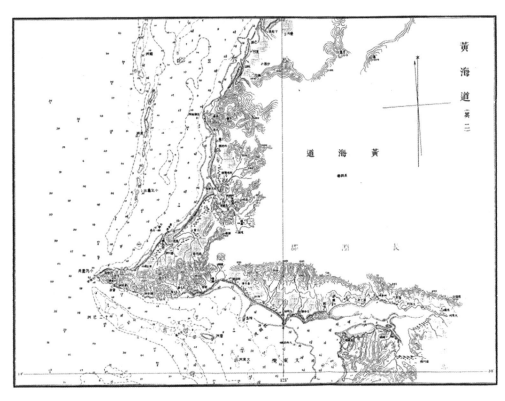

황해도 (2)

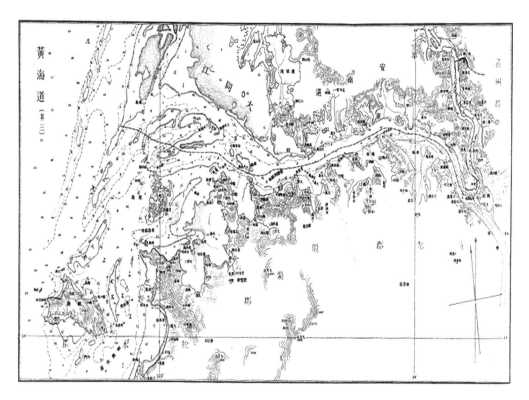

황해도 (3)

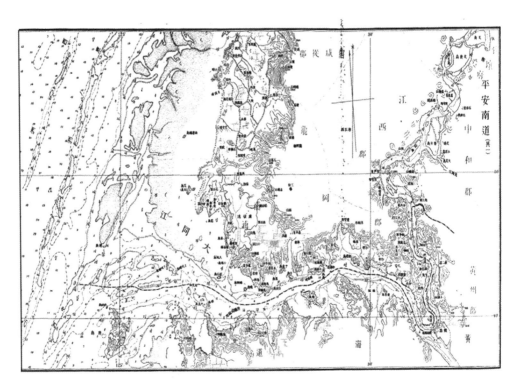

평안남도 (1)

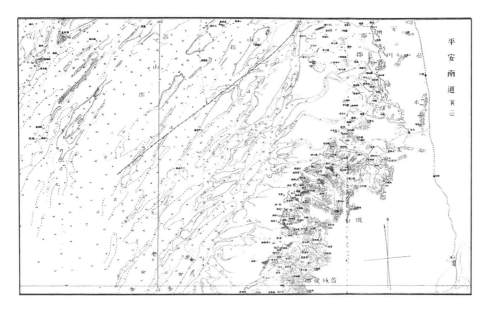

평안남도 (2)-1

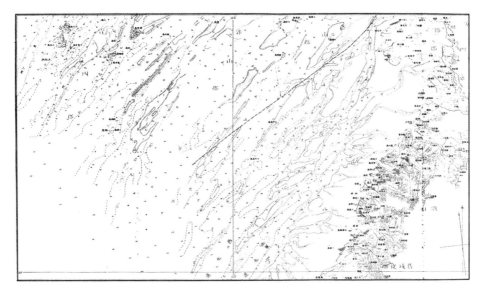

평안남도 (2)-2

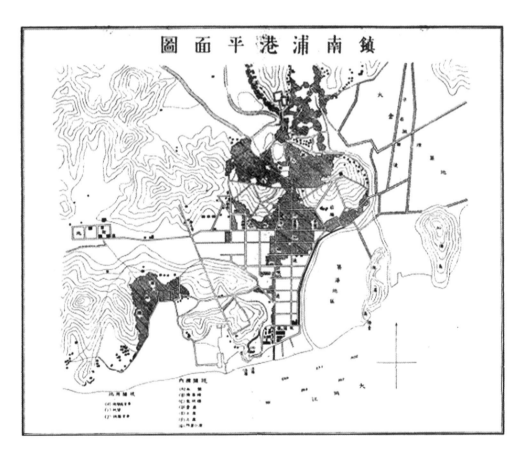

진남포항 평면도

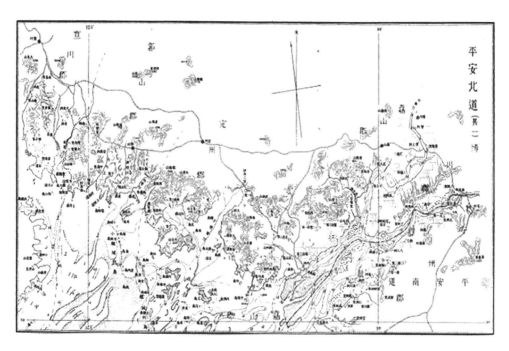

평안북도 (1)

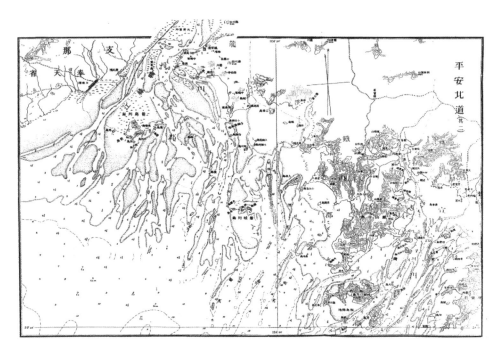

평안북도 (2)

부록

어사일람표(漁事一覽表) 1

경기도

郡面	里洞	총 호구		어업자 호구		선수 船數	어망종별 및 수		정치망·어살 소재지 및 수	
		호수	인구	호수	인구		종별	수	소재지	수
南陽郡		1,169	4,586	119	375	17		58		8
雨井	一洞	68	307	1	7	1			所渼浦	1
	二洞	81	343	2	12	2	소소망(小小網)	2		
	三洞	125	445	2	5	3			八羅串	2
鴨汀	五洞	80	382	27	57	7	권망(捲網)	15	上島·下島·路水草	3
新里	仕串洞	9	28	1	6	1	동	6	仕串浦	1
	宮坪洞	29	98	1	6	1	동	1	밧탕이 バッタンイ	1
西如堤	松橋洞	15	60	2	7		동	2		
	濟扶洞	27	119	2	5		동	2		
大阜	下洞 夫項浦	10	31	10	31		소석망(小夕網)	2		
	上洞 興成浦	7	19	7	19		소소망	1		
	錘懸洞 如水浦	5	14	5	14		농	1		
	訖串洞 古乃浦	10	29	10	29		동	1		
	營田浦	11	29	11	29		동	1		
	仙甘洞 波村浦(島)	15	38	15	38		동	1		
靈興	仙才洞 仙才島	91	372	2	8		동	2		
	內洞	142	568	2	8		동	2		
	外洞	90	360	2	6		동	2		
	召忽洞 召忽島	102	408	2	5		동	2		
松山	禿旨洞	160	519	8	51	1	휘망	2		
							소석망	6		
	古棧洞	81	375	3	15		소소망	3		
細串	牛音島	11	42	4	17		동	4		
安山郡		548	2,324	105	542	18		181		3

郡內	聲串浦	121	430	64	280	8	석어망(石魚網)	1		
							백하망(白鰕網)	1		
聲串	一里	53	262	1	7	1	백하망	1		
	五里	65	291	1	8	1	낭망(囊網)	1		
瓦里	元堂浦	76	275	3	14	3	석어망	6		
	梨木洞	38	140	6	31	2	하망(鰕網)	25		
	城頭里	48	230	6	56	3	수어망[秀魚網]	1		
							하망	3		
	赤吉理	26	128					30		1
馬游	島耳浦	33	157	20	122		소어수어망(蘇魚繡魚網)	70	同浦前洋	1
									後洋	1
	正往浦	88	411	4	24		수어망	35		
							하망	7		
仁川府		1,107		100	39			60		4
永宗	禮湖里	108		1	11		세하망(細鰕網)	5		
德積	諸道	579		28	28		하망	28		
							토망(土網)	4		
西面		323		21			대망(大網)	13	青陵·瓮岩·漢津	3
							하망	8		
南村		97		40			건망(建網)	2	下浦	1
富平郡		98	283	34	80	7		15		6
石串	栗島	17	51	3	9		사망(鯊網)	4		4
毛月串	蘭芝島	27	79	5	18	5	사망	5		
	青蘿島	27	75	5	19	2	사망	3	一島·虎島海面	1
							하망	2		
	細於島	24	68	20	32					
	鷹島	3	10	1	2		사망	1		1
金浦郡		40	176	10	43	2		2		2
黔丹	安東浦	40	176	10	43	2	요(繞)	2	富平等地	2
通津郡		749	3,290	63	223	29		64		7
大坡	下赤岩浦	26	196	1	4		하망	1		1
							포망(浦網)	1		
	魚毛浦	47	133	1	3		휘망(揮網)	5		1
上里串	碎岩浦	63	303	2	9	1	포망	1		
	上新浦	45	188	5	15	2	동	1		
浦口串	東幕里	31	109	1	4	1	궁망(弓網)	1		
	康寧浦	93	357	3	9	3	권망	2		

면	포/리						망	수	위치	
							포망	1		
郡內	高陽浦	49	239	3	9		하망	3		1
月餘串	祖江浦	90	396	8	32	8	권망	6		
							궁망	2		
	乭1)內浦	17	139	2	6		궁망	2		
所伊	柯作浦	15	42	4	17	1	휘망	1		1
							궁망	3		
	麻近浦	50	239	5	15	4	권망	3		
							궁망	2		
	麻造浦	41	191	1	5	1	포망	1		
	佛只浦	15	79	5	15	1	휘망	1		1
							궁망	4		
	東柿浦	18	79	3	12		궁망	3		
	西柿浦	20	129	4	13	3	권망	1		
							궁망	3		
	金浦里	8	50	1	4		궁망	1		
奉城	顧流浦	40	140	5	20	2	궁망	4		
							포망	2		
	石灘浦	81	281	9	31	2	휘망	2		2
							궁망	7		
江華郡		2,463	8,773	221	903	167		170		6
佛恩	廣城	24	90	1	3	1		1		
	德津	50	182	1	3	1		1		
古祥	船頭	170	589	26	115	19		19		
	草芝	160	534	10	36	4		4		
	壯興	105	424	12	71	5		10		
下道	長串	73	318	4	21	4		4		
	興旺	89	344	7	36	5		4		
	東幕	41	130	3	12			3	동막포 앞바다	1
	沙器	48	216	1	4	1		1		
	如此	90	400	2	10	2		2		
	上坊	70	311	1	5	1		1		
位良	井浦	61	253	7	34	3		3		
	乾坪	115	432	4	21	1			건평포 앞바다	1
可內	黃淸	40	129	3	9	3		1		
外可	望月	40	160	3	8	3		2		
北寺	山伊	225	355	7	44	7		7		
三海	堂山	91	330	2	4	2		2		

松亭	申城	67	278	1	7	2		2		
	松亭	25	118	2	10	2		2		
東檢島		77	285	19	67	19		19	동검도 앞바다	1
信島		125	420	11	45	11		11		
矢島		114	343	12	36	12		12		
茅島		65	207	23	69	23		23		
長峯島		119	464	18	82	18		18	장봉도 앞바다	1
注文島		192	752	23	74	2		2	주문도 앞바다	1
阿此島		82	314	8	35	8		8		
末叱島		45	160	7	28	7		7	말질도 앞바다	1
石浦島		60	235	3	14	1		1		
喬桐郡		**22**		**2**		**2**		**2**		**1**
西面	末灘里	22		2		2	낭망	2		1
陽川郡		**62**		**8**	**24**	**8**		**8**		
郡內	孔巖里	30		3	12	3	예망(曳網)	3		
南山	鹽倉里	32		5	12	5	예망	1		
							고망(罟網)	4		
高陽郡		**304**	**1,228**	**67**	**269**	**41**		**41**		
下島	蘭池島	132	559	15	61	9	수고(數罟)	9		
求知道	杏州浦	172	659	52	208	32	예망	24		
							수고	8		
交河郡		**67**	**280**	**10**	**42**	**10**		**11**		
石串	碩隅浦	2	7	1	4	1	면사망(綿絲網)	2		
縣內	舊浦里	4	13	1	4	1	포망	1		
新五里	大洞里	60	257	7	31	7	탁망(槖網)	7		
							하망			
							포망			
炭浦	洛河里	1	3	1	3	1	휘리망	1		
豊德郡		**575**		**261**	**1,105**	**39**	**낭망(囊網)**	**20**		
南面	柳川浦	87		6	22	4	궁망			
	下照江	77		4	15	2	동			
東面	領井浦	314		202	916	19	낭망	19		
郡南	興天浦	54		10	35	1	낭망	1		
西面	黃江浦	43		39	117	13				
開城郡		**172**	**641**	**10**	**10**	**5**		**5**		
南面	禮成江	172	641	10	10	5	분기망(焚寄網, 火網)	2		

						활그물	3		
	合計	7,376		1,010		384		637[2]	

---

1) 원문에는 右乙이라고 기록하였는데 우리나라에서 통용되는 乭의 오기로 보인다. 본문과 어사일람표 2에는 乭로 기록되어 있으므로 이를 따랐다.
2) 원문에는 합이 657로 기록되어 있다.

황해도

郡面	里洞	총 호구 호수	총 호구 인구	어업자 호구 호수	어업자 호구 인구	선수 船數	어망종별 및 수 종별	어망종별 및 수 수	정치망·어살 소재지 및 수 소재지	정치망·어살 소재지 및 수 수
延安郡		**356**	**1,217**	**49**	**134**	**49**		**29**		**9**
盖峴	一里 石浦	9	25	2	5	2	착하망(捉蟹網)	2	성박도	1
盖峴	中一里 白石浦	25	83	3	8	3	동	3	동	1
金浦	二里 蘇野浦	8	30	2	6	2	동	2	동	1
大山	七里 大橋浦	4	12	1	3	1	동	1	동	1
楡倉	六里 梅村里	25	120	1	3	1	동	1	미도	1
米山	七里 甑山浦	208	710	26	65	26	석어망	6	연평 해상	1
今巖	五里 列儀浦	60	180	15	5	5	하망	5	구도·증산 등	2
道隆	小五里 院隅浦	17	57	9	29	9	백어망(白魚網)[1]	9	원우포 앞바다	1
海州郡		**1,001**		**362**		**139**		**396**		**41**[2]
秋伊	四里 篤周洞	3		1		1	자하망(紫蝦網)	1		
秋伊	四里 大山洞	3		1		1	동	1		
青雲	二里 沓城	3		3		2	잡어망	3		
青雲	二里 龜島	24		3		3	자하망	3		
青雲	四里 栗里	8		2		2	잡어망	2		
青雲	五里 龍媒島	142		70		9	하망	60	아리도	3
青雲	五里 龍媒島						잡어망	200	각회도	3
龍門	三里 江邊	10		2		2	잡어망	1		
龍門	三里 浦河	8		1		1	동	1		
來城	六里 佛堂洞	4		1			괘망	1		
來城	六里 烽洞	4		1			동	1		
來城	六里 松崖洞	1		1			동	1		1
泳東	挹川浦	22		5		2	석어망	2		

지역	포구						선종	선수	망종	망수	위치	수
州內	下五里 東艾浦	109		35		12			마망 사망	4 8		
西邊	結城浦	70		27		10			석어망 조어망(鯛魚網) 전어망(箭魚網)	8 2 1		
	西風村	40		15		4			석어망	4		
東江	下四里 玄池浦	41		12		12			백하망 잡어망	4 8	본포 앞바다	12
	六里 龍塘浦	15		9		9			잡어망	9		
松林	大睡鴨島	167		55			정선 망선 거선	2 6 23	석어망 잡어망	6 25		
	小睡鴨島	70		40		15			잡어망	15		
	延平島	188		60		11			동	11		
	陸島	54		15		11			동	11	육도 포구 앞	1
海南	南倉浦	15		3		1			동	3	남창포 포구 앞	21
甕津郡		1,539	4,767	357	1,120	89				12	어살 온량(溫梁)	71 50
交井	黑頭浦	6	12	6	12	2						11
鳳峴	釜浦	39	27	19	52	3						
	茂秋池	35	105	6	18	1						2
	狗頭浦	11	33	6	18	3						
	茂島	71	283	40	120	5			추등백하망	3	춘결석어온량	36
帳帽	削井浦	39	120	12	39	3						
	九月浦	21	60	10	30	4						
	堂洞浦	23	62	7	21	3			석어올망 (石魚兀網)	1		2 2
	荏島	20	60	9	27	3						
	竹金島	12	36	5	15	2						
鳩州	峒頭浦	10	40	3	9							2
	葛川浦	12	48	5	20							1
新興	登山浦	25	100	13	56	5						6
	蒼岩浦	40	160	10	40	2						1
	長坒浦3)	37	110	5	15	2						4
	九突伊4)	22	66	7	21	4						

龍淵	棋麟島	70	210	2	6	1			
	麻蛤島	30	90	5	15	4			8
	諸作浦	13	39	2	7	3			
	青石浦	20	60	2	9	2			
	孫梁里	59	77	2	4				3
	邊箭浦	110	330	5	15				2
東面	團島	20	80	6	17	3	석어올망	1	2
							잡어망	2	
	松峴	60	180	2	6				2
	內仁坪	68	212	5	15	2			5
	石浦	4	12	1	3	1	잡어망	1	
南面	葛項浦	102	306	10	40	5	사어망(沙魚網)	1	5
	西壯浦	36	127	18	54	2	석어올망	1	
	沙串浦	120	360	50	150	5			1
									5
	龍湖島	138	414	50	150	5			5
	漁化島	87	264	15	45	6	석어올망	2	4
	昌麟島5)	119	476	5	20	2			1
									1
西面	邑底浦	10	40	3	12	3			
	獐項浦6)	10	18	2	6	2			1
	右松浦	10	30	3	9	1			2
北面	所屹串浦	30	120	6	24				1
									6
長淵郡		1,466	5,938	155	390	94	장망(長網)	2	21
候仙	鶴嶺洞	47	123	3	10				3
	浦頭村	50	181	1	3				1
	大洋村	26	76	3	10	2	장망	1	2
	道支村	47	115	1	3	1	동	1	
	白翎島	578	2,840	16	16	16			5
	大小青島	209	990	31	30	18			5
東大	九尾洞	32	96	3	10	3			
	場岩洞	6	15	2	5	2			2
大西	牧洞	27	42	4	10	4			
	隆島	8	20	4	10	4			
	金斗浦7)	41	102	3	9	3			
海安	助泥洞	53	201	6	23	4			
	三里洞	48	152	5	18	3			

面	洞(浦)									
	泊雲洞	6	19	2	5	1				
	倉岩洞	14	36	7	23	4				
	吾文洞	18	57	7	29	4				
	月乃島	8	31	6	21	1				
	夢金浦	8	28	5	16	4				
	小也洞	12	42	6	21	4				
	鷄音洞	32	115	5	17	3				1
薪南	夜味洞	27	82	4	12	2				2
	阿郎洞	19	36	4	9	4				
薪北	凡串洞	52	203	10	28	2				
	下隱洞	70	260	12	35	3				
	快岩洞	28	76	5	17	2				
松禾郡		506		136	131[8]	114		6		8
邑內	下船利浦	10		4		釣船 3 / 망선 1	패망	1		
雲山	龍首洞 沉坊浦	63		19	38	19				
眞等	冷井 下內浦	46		4	男 4	釣船 4	패망 / 낭망 / 장망	3		
仁風	月串浦	67		5	남 10	杉板船 4 (釣具 사용)			부암·동복기·서복기·후동·오조	5
椒島		205		79	남 79	78	휘망	2		
席島		115		25		5			주복포·원통포·야광포·	3
殷栗郡		621	2,140	65	239	28		10		36
西下	靑洋島	19	76	8	30	5	어망			3
	熊島	23	86	11	33	8				3
	廣岩浦	19	82	8	32					8
長連	內今卜	39	151	1	3					1
	大津	75	274	1	9	1	어망	1		
北下	金浦[9]	37	151	2	7			4		
二道	漁隱洞	54	204	11	43	5		5		6
	朝陽洞	18	68	2	9					2
	五里浦	63	217	3	12					3

道里	基洞	45	161	2	7					2
	間村	20	72	1	3	1				1
	龍井	21	69	2	5					2
	內田村	72	65	2	6					3
	五羅里	72	299	2	7					2
	砧串	44	165	9	33	8				
黃州郡		813	2,565	18	179	13		8		16
青龍	竹島漁村	96	301	5	5				대동강 하류	5
	浦南漁村	67	306	1	1				동	1
三田	西邊洞	39	110	5	5	1			동	5
	鐵島漁村	224	549	4	4	4			대동강 하류·강회동·전장동 앞	5
松林	蓮峯浦	226	849		123	5	마망(麻網)	5		
	松山浦	161	450	3	41	3	어망	3		
載寧郡		248	1,661	18	89	17		16		
下安	浚船洞	27	100	2	6	3	휘리망	1		
	新鵠洞	18	72	1	4		동	1		
三支江	水寨洞	30	159	1	6	2	거포망(拒浦網)	3		
	鏡湖洞	38	175	1	10		동	3		
右栗	外西津洞	12	360	1	4	4	炬船網 拒連網	4		
	上三浦洞	6	230	2	10					
	西姑巖洞	9	48	1	5		동	4		
左栗	石海洞	18	65	4	14	8	거선망 주망(周網)			
	中者甲洞	45	228	2	11		거선망 주망			
	黃姑津洞	11	64	1	8		동			
	舊垌洞	10	54	1	3		동			
	蘆田洞	24	106	1	8		동			
합계		6550		1160		543		479[10]		

---

1) 白魚는 뱅어를 말한다.
2) 원문에는 합이 23으로 기록되어 있다.
3) 원문의 목차에는 장대포의 한자가 長岱浦로 기록되어 있다.
4) 원문의 목차에는 구족이(九旻伊)라고 기록되어 있다.
5) 원문에는 昌憐島로 기록되어 있지만 목차 및 본문에 昌麟島로 기록되어 있으므로 이를 따랐다.

6) 원문에는 장항포의 장의 한자가 彳+章으로 기록되어 있지만 목차・본문・어사일람표 2에는 獐項
浦로 기록되어 있어 이를 따랐다.

7) 원문에는 金頭浦로 기록되어 있는데 본문・어사일람표 2에는 金斗浦로 기록되어 있으므로 이를
따랐다.

8) 원문에는 기록이 없지만 수치를 기록해 둔다.

9) 원문에 金浦로 기록되어 있는데 목차・본문・어사일람표 2에 金山浦로 기록되어 있으므로 이를
따랐다.

10) 원문에는 기록이 없지만 합계 수치를 기록해 둔다.

평안남도

郡面	里洞	총 호구		어업자 호구		선수 船數	어망종별 및 수		정치망 · 어살 소재지 및 수	
		호수	인구	호수	인구		종별	수	소재지	수
龍岡郡		40	151	9	30	6		6		3
海晏	月浪浦	9	25	3	12					
	曹鴨島	31	126	6	18	6	어망	6		3
江西郡		157		8		7	권망	1		4
							세망	7		
草里	下八里	78		2		2	세망	2	하팔리 앞 강	1
普院	視四洞	20		3		3	세망	3	동	1
浮岩	耳安里	35		1		1	권망	1	永平海面	1
	草堤里	24		2		1	세망	2	초제리 앞 강	1
永柔郡		524	2,334	57	215	47		34		7
龍興	於隱里	12	37	2	5	3	사수망 (沙手網)	4		
	躍淵里	26	119	5	22					
	安洞里	10	30	3	10		세망	1		
	林洞里	10	32	2	6					
葛下	蓮塘里	54	223	3	10	6	소망(疎網)	2		
	魚龍里	39	175	1	2					
	梅田里	44	215	1	3					
	中央里	31	139	1	3					
蓮下	中興里	54	259	3	9	5	거망(擧網)	1		
	龍頭里	36	180	1	3					
	新興里	13	61	1	3					
通湖	甕城里	21	92	2	9	1	거망	1		
蘇湖	海興里	9	36	3	18	32	소망	25		7
	江月里	3	17	2	15					
	興龍里	48	204	12	39					
	島染里	18	70	1	2					
	黃盖里	8	32	4	16					
	爛山里	26	122	7	20					
	佳庄里	37	174	2	15					
	黑岩里	25	117	1	5					
蕭川郡		237	1,185	15	85	22		123		18
唐里	次十里 (金浦沿岸)	25	125	2	20	5	사망(絲網)		분포	1

	九里 (盆浦沿岸)	10	50	1	5	1	동	1	동	1
	中六里 (同)	11	55	4	20	1	동	1	동	1
	三里 (盆浦沿岸)	9	45	1	5	1	동	1	동	1
	四里 (同)	51	255	1	5	1	동	1	동	1
坪里	二里 (同)	22	110	2	10	1			동	1
	中三里 (同)	23	115	1	5	1			동	1
	南三里 (同)	24	120	1	5	1			동	1
	次二里 (同)	18	90	1	5	1			동	1
捕里	六里 (三川浦沿岸)	4	20			8	사망	116	도포 장포	9
高里	一里 (盆浦沿岸)	40	200	1	5	1	동	2		
安州郡		147	1,009	16	124	5		28		3
西面	公三浦	31	215				백하망	6		
	元造浦	29	196	6	43	3	세망	6		3
	鶴市浦	10	65				사어망(鮻魚網)	6		
平湖	新設里	45	325	3	14	1	사어망	3		
	西興里	32	208	7	67	1	동	7		
합계		1,105	4,679[1]	105	454[2]	87		199		35

---

1) 원문에는 기록이 없지만 합계 수치를 기록해 둔다.
2) 원문에는 기록이 없지만 합계 수치를 기록해 둔다.

평안북도

郡面	里洞	총 호구		어업자 호구		선수 船數	어망종별 및 수		정치망·어살 소재지 및 수	
		호수	인구	호수	인구		종별	수	소재지	수
嘉山郡		183	732	37	120	3		3		
郡內	艾島里	183	732	37	120	3	사망	2		
							갈망	1		
定州郡		1,416	5,741	132	522	54		65		43
大明洞	何日浦	30	135	3	14	2	주망(周網)	1	長山草	1
	蘆田浦	169	550	15	57	11	동	6		
	四里浦	46	179	5	15	5	동	5	上汝白 中汝白 下汝白 新加草 新間草	5
德岩	三里浦	110	390	24	79	6	동	24		
	四里浦	130	540	24	82	6	동	24		
葛支	二里長浦	514	2350	5	26	2			長浦地	3
阿耳浦	海蒼¹⁾浦	31	145	31	145	3			海倉地	9
南面	城隍浦	248	950	13	52	6	주망	3	獐島海 李姓草	13
海山	獐島	97	351	10	45	11	동	1	獐島海	10
濂坊	濂里浦	41	151	2	7	2	소어망	1	묘서 예동	2
郭山郡		993	5,125	41	185	18		520		26
東面	古松里	71	364	6	32					6
	元下里	196	1050	2	17	1	사어망	5		2
							소어망	15		
							정어망	5		
弓面		593	3083	13	64	9	소어망	195		13
							사어망	130		
南面	立石浦	54	221	5	16	2	정어망	4		1
							수어망	6		
	斜洛浦	79	407	15	56	6	소어망	120		4
							사어망	40		
宣川郡		152	618	49	199	19		907		17
台山	楡泗里 蝶島	41	257	29	120	6	석어망 소어망 정어망	455	점암· 대초· 정족· 중암· 삼승	7

	七生里直浦	15	42	5	26	5	사어망 소어망 석어망	212	나령포 두포 무도	3
水清	船里禦邊浦	96	319	15	53	8	목어망 석어망 소어망	240	대화도 소화도	7
鐵山郡		296	1,045	54	58	33		5		29
雲山	蛤浦	40	210	7	7	7	수어망	1		13
雲山	尤城浦	78	152	9	10		사어망	1		
丁惠	登串浦	64	204	8	8	5				6
丁惠	龍頭浦	10	40	3	3					
扶西	梨花浦	104	439	27	30	21	석어망	3		10
龍川郡		223	1,033	43	64	13		64		23
外上面	蟬島	7	28	3	11	2	대망	2	蟬島海	2
南面	耳湖	35	105	12	25	6		6	북강 남해	2
薪島	薪島	181	900	28	28	5	니	56	黑落泥草 卵泥草 西飛草 海産泥草 新泥草 壯方泥草 德山泥草 牧定泥草 鼎足泥草 項如泥草 南藏閣泥草 例界泥草 外例界泥草 底泥草 春泣沈皁 黃種泥草 大溪泥草 中骨泥草 丙鮮泥草	19
義州郡		1,111	3,782	31	111	48		71		
光城	麻田洞	122	673			31	수이휘망 백어망	18 / 31		
州內	黔同島	153	530	8	27	1	포어망	1		
州內	多智島	152	534	9	31	3	백어망 포어망	2 / 3		
州內	於赤島	67	350	3	11	3	생삼어망 포어망	3 / 3		
成化	下端洞	254	419	4	17	4	백어망 포어망	2 / 2		

	上端洞	306	971	5	19	4	백어망	2		
							포어망	2		
水鎭	龍雲洞	57	305	2	6	2	유치어휘망	2		
합계		4,374	18,076	387	1,259	188		1,635		138

---

1) 원문에 *海蒼*으로 기록되어 있는데 목차·본문·어사일람표 2에 *海倉*으로 기록되어 있으므로 이를 따랐다.

어사일람표(漁事一覽表) 2

경기도

郡面	里洞	사계 어채물명	1개년 어채 개산고 (円)	판매지	군읍에 이르는 거리(里) 1)	부근 시장에 이르는 거리(里)	부근 시장의 개설일
南陽郡			1613				
雨井	一洞	숭어·밴댕이[蘇魚]	100	수원 발안시	70	30	매5·10
	二洞	작은 숭어·새우·잡어	20	동	70	30	동
	三洞	동	210	동	70	30	동
鴨汀	五洞	밴댕이	600	동	30	40	동
新里	仕串洞	동	40	읍내시	30	30	매4·9
	宮坪洞	동	40	동	40	40	동
西如堤	松橋洞	작은 숭어·새우·잡어	30	동	40	40	동
	濟扶洞	동	40	동	50	50	동
大阜	下洞 夫項浦	동	10	충청남도	50	50	동
	上洞 興成浦	작은 숭어·새우·잡어	5	읍내시	50	50	동
	鍾懸洞 如水浦	동	7	동	60	60	동
	訖串洞 古乃浦	동	10	동	60	60	동
	營田浦	동	10	동	60	60	동
	仙甘洞 渼村浦	동	12	충청남도	60	60	동
靈興	仙才洞	동	5	동	70	70	동
	內洞	동	5	동	70	70	동
	外洞	동	5	동	70	70	동
	台忽洞	동	4	동	70	70	동
松山	禿旨洞	동	110	읍내시	30	30	동
	占棧洞	동	50	동	30	30	동
細串	牛音島	동	300	동	30	30	동
安山郡			2,595				
郡內	聲串浦	조기·맛·백하	520	북방□2) 반월시	11	10	매5·10
				과천군 군포시		20	매1·6
				수원남문 바깥		40	매4·9
聲串	一里	백하·작은 숭어(童漁)	20	각 어촌	15	팔곡시 1리	매5·10

면	리	수산물	수량	판매지	거리	장거리	장날
						반월시 10리	
	本五里	백하·자하·작은 숭어	5	동	20	동 1 / 동 10	동
瓦里	元堂浦	조기·민어·백하	1,000	경강 마포 / 군내면시	20	석곡리 5 / 능곡리 10	동
	梨木洞	전복	100	각 지방	30	동 10 / 동 20	동
	城頭里	숭어·밴댕이·중하	300	경성 / 산대리	30	산대리 15 / 삼거리 20	매3·8
	赤吉理	민어·밴댕이·준치	400	산대리 / 삼거리	30	동 10 / 동 15	동
馬游	鳥耳島	숭어·중하·황합·굴·밴댕이·민어	200	동	40	동 20 / 동 25	동
	正往浦	숭어·낙지·맛	50	동	30	동 10 / 동 10	동
仁川府			2,515				
永宗	禮湖里	긴맛·낙지·굴·세합	435	인천항	25		
德積	諸道	새우·굴·민어	800	동	-		
西面		새우·준치·숭어·민어·맛·대합·낙지	1,030	인천항 / 사천장	20	20 / 30	사천장 1·6
南村		소합·밴댕이·숭어·준치	250	동	30	20 / 30	동
富平郡			140				
石串	栗島	준치·굴	20	황어장	20	30	매3..8
毛月串	蘭芝島	새우	50	동	15	20	동
	菁蘿島	동	20	동	20	30	동
	細於島	소합·낙지	30	동	40	30	동
	鷹島	잡어	20	동	50	60	동
金浦郡			50				
黔丹3)	安東浦	맛·대합·준치·숭어	50	부평황장	20	20	매3·8
通津郡			795				
柔串	碎岩浦	숭어·새우	20	오라리장	10	1	매2·7
	上新浦	숭어	100	동	20	15	동
大坡	下赤岩浦	동	8	동	25	1	동
	漁毛浦	동	10	동	30	30	동
浦口串	高陽浦	새우	30	촌리	10	강화읍장 1	동

	東幕里	동	9	동	15	동 10	동
	康寧浦	새우	60	촌리	10	80	매2·7
月餘[4]串	祖江浦	농어·새우	200	읍내시	10	동 15	동
	乫內浦	뱀장어[長魚 ウナギ]	8	동	10	15	동
所伊	柯作浦	농어·민어	20	촌리	30	오라리시	동
	麻近浦	뱀장어·새우	25	경성시	25	30	동
	麻造浦	농어·숭어	10	촌리	25	오라리시 35	동
	佛只浦	농어·난세어(卵細魚)	30	경성시	30	35	동
	東柹浦	동	25	동	30	35	동
	西柹浦	농어·뱀장어	35	동	30	35	동
	金浦里	뱀장어	5	동	16	35	동
奉城	顚流浦	농어·웅어[葦魚]·뱀장어	50	동	25	30	동
	石灘浦	동	150	동	25	30	동
江華府			39,000				
佛恩	廣城	숭어	20	경성시	30	30	매2·7
	德津	숭어	30	인천항	30	30	동
古祥	船頭	숭어·조기·준치	3,400	경성시 인천시	40	40	동
	草芝	조기·준치	400	동	30	30	동
	壯興	조기·숭어·준치	500	동	40	40	동
下道	長串	백하	640	경성시 인천시	50	50	동
	興旺	숭어	260	동	50	50	동
	東幕	백하	60	본군 읍내시	50	50	동
	沙器	조기	50	경성시	40	40	동
	如此	백하	200	동	50	50	동
	上坊	동	200	동	40	40	동
位良	井浦	동	20	본군읍내시	30	30	동
	乾坪	동	20	동	30	30	동
可內	黃淸	조기	200	경성시	30	30	동
外可	望月	백하	200	본군 읍내시	30	30	동
北寺	山伊	조기·준치·민어	8,000	경성시 연안군	30	30	동
松亭	申城	백하	800	경성시	10	10	동
	松亭	조기	1,600	경성시 풍덕군	10	10	동
三海	堂山	동	2,000	경성시	20	20	동
東檢島		조기·준치	600	경성시 인천시	50	10	동

信島		조기·백하	6,600	동	70	70	동
矢島		동	4,000	동	70	70	동
茅島		백하	1,200	동	80	80	동
長峯島		백하·밴댕이·병어·민어·굴	2,000	동	90	90	동
注文島		가오리·백하·민어·굴		경성시	50	10	동
				개성시			
阿此島		백하·굴	3,000	동	100	100	동
末叱島 5)		조기·새우·굴	2,000	동	130	130	동
石浦島		조기	1,000	경성시	40	40	동
喬桐郡			1,000				
西面	末灘里	잡어·새우	1,000	경성시	20	25	매2·7
				인천시			
陽川郡			640				
郡内	孔巖里	웅어	300	경성시	3	30	매일
南山	鹽倉里	동	340	동	10	20	동
高陽郡			2,000				
求知道	杏洲浦	웅어	1,700	경성 남문시	40	백석장 10	매5·10
				본군 백석장			
下道	蘭池島	은어·웅어·숭어	300	동	40	동 20	동
交河郡			75				
石串	碩隅浦	잡어	15	경성시	20	삽교장 10	매1·6
新五里	大洞里	동	40	선상 방매	20	30	문산포 매5·10
縣内	舊浦里	동	10	읍내시	10	수윤현장 15	매1·6
炭浦	洛河里	동	10	동	25	문산포 10	매5·10
豊德郡			29,900				
南面	柳川浦	세어(細魚「까나리」)	400	각 촌시	40	해암포 20	매3·8
	下照江	세어	200	동	40	20	동
東面	領井浦	조기·민어·새우·작은숭어(冬魚)	28,100	경성 남문시	15	15	동
				개성시장			
郡南	興天浦	백하	1,200	동	10	20	동
西面	黃江浦	동			10	30	동
開城郡			3,000				
開城郡	禮成江	민어·조기·백하	3,000	본군 읍내시	40	40	매일
合計			83,323				

---

1) 어사일람표에 기록된 리(里)는 한국의 거리로 계산해서 기록한 것으로 보인다. 원문대로 기록하였다.

136   한국수산지 Ⅳ - 2

2) □로 표기한 곳은 글자가 잘 보이지 않는다. 북방□으로 기록하였다.
3) 원문에는 점단(點丹)으로 기록되어 있지만 본문과 어사일람표 1에 검단(黔丹)으로 기록되어 있
   으므로 이에 따랐다.
4) 원문에는 月余串으로 기록되어 있지만, 목차와 본문에 月餘串으로 기록되어 있으므로 이에 따랐다.
5) 원문에는 米+口+匕로 기록되어 있는데 현재 이 한자는 검색되지 않는다. 어사일람표 1에 기록된
   末叱島로 기록하였다.

황해도

郡面	里洞	사계 어채물명	1개년 어채 개산고	판매지	군읍에 이르는 거리	부근 시장에 이르는 거리	부근 시장의 개설일
延安郡			68,630				
盖峴	一里 石浦	중하	50	본군 읍시	15	15	
	中一里 白石浦	동	80	동	15	15	
金浦	二里 蘇野浦	동	50	동	20	20	
大山	七里 大橋浦	동	20	본면 각동	20	20	
楡倉	六里 梅村里	백하 · 숭어	30	읍장시 부근 리동	30		
米山	七里 甑山浦	조기 · 백하	67,000	본읍시	40		
今巖	五里 列儀浦[1]	새우	500	동	30	삽교시 15	
道隆	小五里 院隅浦	중하 · 백하	900	동	40	동 10	
海州郡			13,070				
秋伊	四里 篤周洞	자하(紫鰕)	20	청단시	60	10	매1 · 6
	四里 大山洞		10				
靑雲	二里 畓[2]城	숭어	20	동	80	30	동
	二里 龜島	자하	20	동	90	40	동
	四里 栗里	숭어	30	동	동	옥동시 90 청단시40	동
	五里 龍媒島	준치 · 백하 · 민어	1,000	동	100	청단시 40	동
龍門	三里 江邊	가오리 · 숭어 · 정어(貞魚) · 농어	50	동	80	35	동
	三里 浦洞[3]	동	50	옥동시 청단시	80	40	동
來城	六里 佛堂洞	숭어 · 전어[鱶魚, コノシロ · 정어(丁魚) · 갈치[刀魚]	50	청단시	40	35	매1 · 6
	六里 烽洞	동	40	동	40	30	동
	六里 松崖洞	동	30	동	45	30	동

泳東	挹川浦	조기·백하	1,000	각촌	30	30	동
州內	下五里東艾浦	조기·민어·백하	3,000	옥동시취야시	10	10 / 30	매일 조석매3·8
西邊	結城浦	도미·전어·민어·백하	1,300	옥동시취야시	10	10 / 30	동
	西風村	동	200	동	10	10 / 30	동
東江	下四里玄池浦	조기·도미·백하·갈치·열치어	2,000	동	40	25	동
	六里龍塘浦	동	800	동	20	옥동시 10 / 취야시 30	동
松林	大睡鴨島	민어·맥하	1,000	군읍시취야시	60	60 / 70	동
	小睡鴨島	동	800	동	60	60 / 70	동
	延平島	조기·민어·잡어·소합	1,000	동	100	100	동
	隆島	동	500	취야시	30	30	매3·8
南海	南倉浦	변어(邊魚)·갈치·십촌어(十寸魚)	150	동	60	30	동
甕津郡			16,760				
交井	黑頭浦	오징어(骨鰡魚, イカ)·민어·소합	800	본포	50	염불시 20	매4·9
鳳峴	釜浦	낙지·가오리·도미	150	전강령읍	120	40	매5·10
	茂秋池	낙지·미어(迷魚)·갈치	50	동	110	40	동
	狗頭浦	가오리·도미	40	동	120	50	동
	茂島	조기·굴·백하	10,000	각도회	140	60	동
峨嵋	削井浦	굴·소합·조기	50	전강령읍	150	50	동
	九月浦	동	60	동	130	50	동
	堂洞浦	소합·오징어·미어·갈치	50	동	150	70	동
	荏島	굴·소합·광어	40	동	150	60	동
	竹金島	굴·소합	30	동	150	60	동
鳩州	洞塔浦	조기	200	동	120	40	동
	葛川浦	미어·갈치	30	동	120	40	동
新興	登山浦	미역[甘藿]·조기·민어	800	不定	170	90	매5·10
	蒼岩浦	미역·미어·갈치·굴	50	동	180	100	동
	長垈浦	동	120	동	190	110	동
	九突伊	해모(海毛)·굴	70	동	210	120	동
龍淵	棋憐島	문절망둑·도미·해모·미역·오징어·민어	400	진남포	30	40	매3·8
	麻蛤島	동	600	부정	60	30	동
	諸作浦	문적망둑·도미	60	동	60	30	동
	青石浦	동	50	동	60	15	동

	孫梁里	오징어	90	동	30	10	동
	邊箭浦 (원 강령군)	동	50	원 강령읍시	100	20	매5·10
東面	團島	조기·오징어·문절망국·숭어	300	온정시	80	30	매2·7
	松峴	오징어	50	동	60	20	동
	內仁坪	소합·낙지·오징어	200	동	50	30	동
	石浦	문절망둑·숭어	20	동	50	10	동
南面	葛項浦	소합·굴·낙지·미어·갈치	400	화산시	60	30	매1·6
	西壯浦	조기·소합·굴	400	동	60	30	동
	沙串浦	굴·낙지·오징어·미어·갈치	450	동	60	30	동
	龍湖島	동	400	본포	70	화산시 50	동
	漁化島	동	230	동	40	동 40	동
	昌隣島	동	200	부정	30	염불시 40	동
西面	邑底浦	소합·굴·미어·갈치·오징어·문절망둑·도미·조기	30	본읍	3	발은봉시 30	매3·8
	獐項浦	동	40	동	10	30	동
	右松浦	동	50	염불시	20	30	매4·9
北面	所屹串浦	동	200	화산시	30	10	매1·6
長淵郡			**1,571**				
候仙	鶴嶺洞	조기·갈치	10	남창장시	50	10	매3·8
	浦頭村	소합·갈치·조기	10	동	50	10	동
	大洋村	동	10	동	50	5	동
	道支村	조기	15	동	40	5	동
東大	九尾洞	조기·가오리·굴·갈치	6	동	60	20	동
	場岩洞	광어·갈치·굴	150	동	60	20	동
大西	牧洞	미역·조기·해모·가오리·굴	10	석교장시	60	30	매1·6
	陸島	동	15	동	70	30	동
	金斗浦	동	10	동	55	30	동
海安	助泥洞	가오리·전복·굴·조기·미역·해모	15	본읍장시	70		매5·10
	三里洞	동	12	동	70		동
	泊雲洞	동	3	동	100		동
	倉岩洞	동	15	동	90		동
	吾文洞	동	20	동	70		동
	月乃島	동	10	동	70		동
	夢金浦	동	30	동	70		동
	小也洞	동	15	동	100		동
	鷄音洞	동	10	동	40		동

面	洞·浦	어종	호수	판매처			장날
薪南	夜味洞	동	10	동	40		동
薪南	阿郞洞	동	15	동	40		동
薪北	凡串洞	동	30	동	60		동
薪北	下隱洞	동	30	동	60		동
薪北	快岩洞	동	20	동	50		동
白翎島		해모·미역·멸치(鰯)·굴·조기·해삼	600	각 리동	100		
大小靑島		동	500	동	100		
松禾郡			**855**				
邑內	下船利浦	숭어·도미·전어·민어·전복	65	읍내장시	50	10	매1·6
雲山	龍首洞 沉坊浦	동	80	동	60	20	동
眞等	冷井 下內浦	숭어·전어·상어·오징어·간어(干魚)	90	읍내장시 천동면시	60	20 15	동
仁風	月串浦	장어·멸치·조기·숭어·전어·문절망둑·오징어·간어·민어	220	동	70	40 20	동
椒島		동	200	동	陸 50 水 30	30 10	매5·10
席島		동	200	동	동 80 동 20	40 30	
殷栗郡			**7,300**				
西下	靑洋島	오징어·멸치·민어·갈치	1,000	도매		금산포 20 석탄시 15	매3·8 매2·7
西下	熊島	동	900	동		동	동
西下	廣岩浦	동	950	동		15 10	동
長連[4]	內今卜	오징어·멸치·갈치·민어	100	동		동서리 15	매1·6
長連[4]	大津	동	1,800	강삼포			농
北下	金山浦	동	190	도매		관산시 10 / 석탄시 20	매4·9 / 매2·7
二道	漁隱洞	동	900	동		관산시 20 / 동서리 30	매4·9 / 매1·6
二道	朝陽洞	동	130	동		동 20 25	
二道	五里浦	동	200	동		관산시 20 / 금산시 15	매4·9 / 매3·8
二道	基洞	동	150	동		동 20 15	동
二道	間村	동	100	동		동 20 15	동
二道	龍井	동	250	동		동 20 15	동

郡	面	마을	어종	호수	판매지			장시
		內田村	동	250	동		동 20 / 15	동
		五羅里	동	220	동		동 20 / 15	동
		砧串	동	160	동		동 20 / 15	동
黃州郡				7,765				
青龍		竹島漁村	숭어·조기	50	황주읍	30	20	매2·7
		浦南漁村	숭어·조기	10	동	30	20	매2·7
三田		西邊洞	동	75	동	30	겸이포 30	매5·10
		鐵島漁村	숭어·농어	130	본포	30	소비포 10 / 겸이포 15	매3·10[5) / 매5·10
松林		蓮峯浦	조기·세하(細鰕)·갈치·병어6)	6,000	중화읍포장 용강마화장	40 / 30	동 10 / 30	매4·9 / 매2·7
		松山浦	동	1,500	동	25	동 20 / 10	동
載寧郡				2,440				
下安		浚船洞	잉어·붕어·은어	100	본군읍장 신환포장	20	20 / 2	
		新鵲洞	동	100	동	20	20 / 2	
三支江		水寨洞	새우	70	부근 리동	25	은파장 10	매3·8
		鏡湖洞	동	70	동	25	동 10	동
右栗		外西津洞	숭어·새우	100	본면읍시	50	사리원 20	매5·10
		上三浦洞	동	100	동	50	동 20	동
		西姑巖洞	동	100	동	50	동 20	동
左栗		石海洞	숭어·세어·조기·새우	360	동	45	동 15	동
		中者甲洞	숭어·세어·새우·조기	360	본면 필동	45	동 15	동
		黃姑津洞		360	동	45	동 15	동
		舊垌洞		360	동	45	동 15	동
		蘆田洞		360	동	45	동 15	동
합계				118,391				

---

1) 원문에는 烈義浦로 기록되어 있지만 본문과 어사일람표 1에 列義浦로 기록되어 있으므로 이를 따랐다.
2) 원문에는 水田城이라고 되어 있지만 본문과 어사일람표 1에 畓城으로 기록되어 있으므로 이를 따랐다.
3) 어사일람표 1에는 三里浦河로 기록되어 있다. 원문대로 기록하였다.
4) 원문에는 長蓮으로 기록되어 있지만 본문과 어사일람표 1에 長連으로 기록되어 있으므로 이를 따랐다.

5) 매3·8의 오기로 보이지만 원문대로 기록하였다.
6) 원문에 魚+丙, マナガツオ로 기록되어 있다.

평안남도

郡面	里洞	사계 어채물명	1개년 어채 개산고	판매지	군읍에 이르는 거리	부근 시장에 이르는 거리	부근 시장의 개설일
龍岡郡			200				
海晏	月浪浦	민어·가오리·갑어(甲魚)·광어·갈치·복어(卜魚)[1]	200	성현시	50		성현시 매5·10
	曹鴨島						당고시 매2·7
江西郡			1,152				
草里	下八里	준치	70	사진면 기양시	30	10	매1·6
普院	視四洞	준치·전복	12	동	30	10	동
浮岩	耳安里	조기·민어·진어(眞魚)	1,000	평양군 증산군	40	10	초성면 남장시 매3·8
	草堤里	준치	70	초성면 남양시	40	10	동
永柔郡			945				
龍興		대합·새우·잡소어	370	가흘원장시 중교장시	45	가흘원 20	매5·10
葛下		밴댕이·준치·민어·새우·대합	115	중교장시	45	중교시 15	매3·8
蓮下		새우	100	동	45	동 15	동
通湖		동	40	동	45	동 15	동
蘇湖		숭어·굴·새우	320	본읍장시 숙천읍장	45	본읍장 40	본읍시매4·9 숙천 매3·8
肅川郡			710				
唐里	次十里 (金浦沿岸)	조기·잡어	50	안주입석시	45	입석시 20	매2·7
	九里 (盆浦沿岸)	가오리·민어·용어(龍魚)	20	동	45	동 20	동
	中六里 (同)	조기·숭어	10	동	45	17	동
	三里 (同)	조기	80	본면시	30	토교시 10 입석시 15	매1·6 매2·7
	四里 (同)	가오리·민어	80	입석시	30	至 입석시 15	매2·7
坪里	二里 (同)	굴(蠔,アミ)	50	해창시	30	토교시 10 입석시 10	매1·6 매2·7
	中三里 (同)	동	50	남삼리	30	동 15 동 10	동
	南三里 (同)	동	50	동	30	동 15 동 10	동

	次三里 (同)	동	50	해창포	30	동 10 동 10	동
捕里2)	六里 (三川浦沿岸)	뱅댕이·민어	200	본군읍시 영유군장	60	동 60	본군읍시 매3·8 영유군읍 매4·9
高里	一里 (盆浦沿岸)	세하·강달어(江達魚)	70	입석시 숙천군읍	40	입석시 20	입석시 매2·7 숙천시 매3·8
安州郡			1,100				
平湖	新設里				45		입석장 매2·7
	西興里				45	입석시 20	동
西面	公三浦 元造浦 雀市浦3)	백하·세어·준치	1,100	입석장시	공삼포 원조포 65 작시포 70	동 15	동
합계			4,107				

---

1) 전복[鰒魚]으로 생각된다.
2) 원문에는 捕民으로 기록되어 있으나 捕里의 오기로 보인다. 어사일람표 1에도 捕里로 기록되어 있다.
3) 어사일람표 1에는 鶴市浦로 기록되어 있다. 원문대로 기록하였다.

평안북도

郡面	里洞	사계 어채물명	1개년 어채 개산고	판매지	군읍에 이르는 거리	부근 시장에 이르는 거리	부근 시장의 개설일
嘉山郡			300				
郡內	艾島里	낙지·밴댕이·새우·소라·대합	300		70		
定州郡			2,840				
大明洞	何日浦	세어·세하·밴댕이	20	본포	60	신장 20	매2·7
				신장		신미시 10	매4·9
	蘆田浦	세어·농어·밴댕이	160	소교포신장	50	신장 15	매2·7
	四里浦	세어·새우	50	신장시	60	20	동
德岩	三里浦	동	150	고읍면신장	50	15	동
	四里浦	동	100	동	50	15	동
葛支	二里長浦	동	150	갈지장포신장	50	20	동
阿耳浦	海倉浦	대합	100	해창포신장	40	20	동
南面	城隍浦	세어·숭어	60	염방시 군내시	30	15	군내시 매1·6 염방시 매3·8
海上[1]	獐島	세어·밴댕이	2,000	염방시	50	15	매3·8
濂坊	濂里浦	밴댕이	50	동	35	5	동
郭山郡			1,570				
東面	古松里	자어(紫魚)·곤장어(昆壯魚)	180	포구, 염시	30	10	매3·8
	元下里	준치·밴댕이·잡어	200	동	10	10	동
弓面		망둑어[望頭魚]·민어·준치·정어(丁魚)·잡어	750	읍내시	15	15	매2·7
南面	立石浦	정어·숭어·가오리·민어·농어·잡어	80	동	25	30	동
	斜洛浦	숭어·정어·낙지·준치·민어·농어	360	동	30	30	동
宣川郡			4,600				
台山	楡泗里 蝶島	조기·정어·밴댕이·준치	2,000	본포구 본읍시 철산읍시	40	철산읍 30	본읍시 매3·8 철산읍 매1·6
	七生里 直浦	정어·민어·준치·밴댕이·복어(卜魚)	600	본포구 본읍시	30	30	동
水清	船里 禦邊浦	월어(月魚)·조기·밴댕이·뱅어(白魚)	2,000	본읍시 철산읍시	40	철산읍 30	동
鐵山郡			12,500				
雲山	蛤浦 尤城浦	밴댕이·민어·숭어·갈치·전어·낙지·토화(土花)·굴·잡어	3,000	포구시장	40	40	매1·6
丁惠	登串浦	조기·전복·민어·낙지·굴·	3,000	동	20	20	매1·6

	龍頭浦	월어·병어·갈치·토화·대합					
扶西	梨花浦	굴·조기·민어·월어·갈치· ·토화·대합·낙지	6,500	동	30	거읍시 30	매1·6
						거연참시 30	매4·9
						용천남시 30	매5·10
龍川郡			1,100				
外上	鱓島	조기·숭어	300	남시	50	15	매5·10
南面	耳湖	대합·백하	300	서시	30	15	매1·6
薪島	薪島	굴·농어·잡어	500	용암시	40	40	매4·6²⁾
義州郡			2,740				
光城	麻田洞	뱅어·숭어	1,600	안동현 신의주	50	15	매 不定
	黔同島	전복	10	오목시	10	10	매5·6³⁾
州內	多智島	뱅어전·복	200	안동현 오목시	20	20	동
	於赤島	생삼어(生三魚, サハラ)·전복	90	오목시	5	5	동
成化	下端洞	뱅어·전복	320	동	30	30	동
	上端洞	뱅어	320	동	30	30	동
水鎭	龍雲洞	유치어(柳冶魚)	200	동	10	10	매1·6
합계			25,650				

---

1) 어사일람표 1에는 *海山*으로 기록되어 있다. 원문대로 기록하였다.
2) 매4·9의 오기로 보이지만 원문대로 기록하였다.
3) 매5·10의 오기로 보이지만 원문대로 기록하였다.

■ 역자 논문

- 이근우・서경순(2019), 「『한국수산지』의 내용과 특징」
- 이근우(2014), 「『한국수산지(韓國水産誌)』의 조사방법과 통계자료의 문제점」
- 서경순(2024), 「『한국수산지』의 해도와 일본 해군의 외방도(外邦圖)」

『한국수산지』의 내용과 특징*

서경순·이근우

Ⅰ. 서론

근대는 해양의 유용성을 극대화한 시기다. 생산의 측면에서도 농산물의 가치보다 수산물의 유용성과 가치에 주목하였다. 일본은 명치정부 수립 후 부국강병을 목표로 정치·군사·경제·사회·교육 등 다방면에서 개혁을 단행하였다. 수산 분야에서도 농상무성 수산과를 설치하고, 국외적으로는 서구에서 개최하는 만국박람회에 참가하여 수산에 관한 최신 지식을 얻고자 하였다. 구미 각국의 현지 견학을 통하여 물고기 인공부화법·통조림제조법 등 수산의 신기술을 습득하고 선진 기계를 도입하는 한편, 실험 실습장을 설치하고 외국인 기술자를 초빙하여 근대 어업기술을 일본 각지에 보급하였다. 아울러 반관반민의 수산단체인 대일본수산회와 수산 전문 교육기관인 수산전습소(水産傳習所)[1]를 설립하였으며, 수산박람회·수산공진회 등을 개최하고, 또 수산 전문가가 어촌지역을 순회하며 수산 관련 강연을 행하는 등, 다양한 방법으로 수산 지식의 확산에 노력하였다. 그 결과물 중 하나가 '일본수산지' 3부작이다.[2] 일본에 '일본수산지'가 있다면, 조선에도 같은 시기에 편찬된 『한국수산지』가 있다. 『한국수산지』라고 하지만 편찬 사업을 주도한 것은 일본 정부였으며, 조사 편찬자 또한 대한제국

---

* 서경순·이근우(2019), 「『한국수산지』의 내용과 특징」, 『인문사회과학연구』 제20권 제1호, 부경대학교 인문사회과학연구소.

1) 이근우, 「수산전습소의 설립과 수산교육」, 『인문사회과학연구』 11-2, 2010, 111~114면

2) 『日本水産捕採誌』의 凡例에 『日本水産捕採誌』는 『日本水産製品誌』와 『日本有用水産誌』 함께 '일본수산지'의 하나라는 언급이 있다. 즉 『日本水産捕採誌』·『日本水産製品誌』·『日本有用水産誌』의 3부작을 '일본수산지'라고 한다(日本國立國會圖書館).

의 농상공부, 통감부, 조선해수산조합 등에 소속된 일본의 수산전문가들이었다.[3]

　이미『한국수산지』의 편찬과정, 편찬자, 이와 관련된 일본의 수산전습소, 조사방법 및 자료의 문제점에 대해서는 기본적인 검토가 이루어졌다.[4] 이 글에서는『한국수산지』전체의 구성과 그 특징에 주목해 보고자 한다.『한국수산지』는 조선통감부와 조선총독부에 의해서 편찬된 문헌이지만, 한편으로는 조선에서 편찬된 문헌이기도 하다.『한국수산지』는 전통시대와 근대가 교차하는 시점에서 편찬된 문헌이므로, 지금까지 우리가 주목하지 못한 여러 가지 근대적인 특징을 가지고 있다. 근대의 출발점에서 편찬된『한국수산지』에서 종래와 다른 여러 가지 특징을 추출해 낼 수 있다.

Ⅱ.『한국수산지』의 성립 배경과 편찬 목적

1. 성립배경

　명치 신정부의 근대화 추진 속에서 특히 이와쿠라사절단(1871.12~1873. 9.) 구미 파견의 영향은 일본의 사회제도와 정치체제를 완전히 서구화로 전환시켜 나갔다. 즉 패러다임 전환기를 맞이한 것이다. 무엇보다 최신 장비를 갖춘 군함 및 무기류를 확보하여 제국주의 체제를 갖추고 주변 약소국을 무력 침략하여 식민지 개척에 주력하였다. 이런 맥락은 조선 연안으로 이어져 1875년 일본 병부성 소속 운양호[雲揚艦]가 강화도 초지진 부근에서 급수를 구실로 불법 침입하여 조선 수군과 교전을 일으킨 후 조선 수군의 선제공격을 문제 삼아서 1876년 강화도조약을 강제 체결하고 부산항을 시작으로 원산항·인천항 등 주요항의 개항과 아울러 조선 연안 측량권까지 취득하였다. 강화

---

3)　이근우,「『韓國水産誌』의 編纂과 그 目的에 대하여」,『동북아문화연구』27, 2011, 105면, 111면.
4)　이근우,「『韓國水産誌』의 編纂과 그 目的에 대하여」,『동북아문화연구』27, 2011; 이근우,「수산 전습소의 설립과 수산교육」,『인문사회과학연구』11-2, 2010; 이근우,「明治時代 일본의 朝鮮 바다 조사」,『수산경영론집』43-3, 2012; 이근우,「『韓國水産誌』의 조사방법과 통계자료의 문제점」,『수산경영논집』45-3, 2014.

도조약은 조선 연안 침략의 출발점이면서 일본 제국주의의 대륙 침략 발판의 계기를 마련한 셈이 되었다.

강화도조약 이후 1883년 조일통상장정 체결로 조선 연해 4도(함경도·강원도·경상도·전라도)와 일본 연해(肥前·筑前·石見·長門·出雲·對馬) 간에 상호 통어 합법화, 1888년 인천해면잠준일본어선포어액한규제(仁川海面暫准日本漁船捕魚額限規則) 체결로 인천 연해 어업 허가, 1889년 한일통어장정(韓日通漁章程) 체결로 영해 3해리 어업권이 인정되었다.[5) 양국의 상호 통어라고 하지만 조선의 입장에서 보면 연안에 수산물이 매우 풍부하여 근해 조업만으로 소비 충당이 가능하였고, 더욱이 재래식 작은 어선과 어구로는 먼 외해까지 나갈 형편조차 되지 못한 점 등을 감안하면 이 장정(조약)들은 조선 연안에서 일본 출어자의 어업권이 합법화된 것이라고 볼 수 있다.

일본정부가 조선 연안에 끊임없이 진출하는 목적은 지리적으로 가깝다는 이유도 있지만, 외부적으로 동아시아의 군사적 요충지에 해당하는 한반도 바다를 장악할 필요가 있었던 것이다. 또한 내부적으로는 근대화 추진에 따른 도시 인구 팽창과 실업률이 급증하였고, 게다가 어촌지역에도 남획으로 어장이 고갈되어 실업어민 또한 증가하자 일본 정부는 실업자 구제방안으로 수산물이 풍부한 조선연안으로 대거 진출시키기 위하여 출가어업장려책을 실시하였다. 이 시책의 이면에는 조선연안으로 진출시킨 일본 출어자가 조선의 연안 지리를 자연히 숙지하면 유사시에 해군으로 동원하겠다는 군사적인 측면까지 고려한 일본 정부의 계책이 숨겨져 있었다.[6)

출가어업 장려책이 본격화되면서 농상무성 소속 기사(技師)·기수(技手) 그리고 각 부현(府縣)의 수산조합 소속의 전문조사원이 조선 연안에 파견되어 『조선연안조사보고서』가 간행되었다. 이 보고서는 조선 연안으로 진출하는 일본 출어자를 위한 조선 연안 정보 안내서라고 할 수 있다.

최초 조선 연안 조사보고서는 1893년 간행한 『조선통어사정(朝鮮通漁事情)』(關澤

---

5) 김문기, 「海權과 漁權:韓淸通漁協定 논의와 어업분쟁」, 『大丘史學』 126, 2017, 257~258면, 260~262면; 장수호, 「조선왕조말기 일본인에 허용한 입어와 어업합병」, 『수산연구』 21, 2004, 56면, 58면.
6) 이근우, 「明治時代 일본의 朝鮮 바다 조사」, 『수산경영론집』 43-3, 2012, 2면.

明淸・竹中邦香 공저)이다. 세키자와 아케키요를 비롯한 일행들이 1892년 11월부터 1893년 3월 초까지 약 100일에 걸쳐서 함경도・강원도・경상도・전라도・충청도・경기도에 대한 위치와 주요수산물과 어업상황・일본 출어선의 수와 판매 제조 수익과 출어자 어업규칙 및 해관(세관)규칙 등을 조사하여 간행하였다.7)

그리고 일본 해군 수로부에서 간행한『조선수로지』가 있다. 1894년 청일전쟁에서 승리한 일본 해군은 조선연안 지배권에 대한 입지를 확고하게 할 목적으로 1883년『환영수로지(寰瀛水路誌)』에 함께 게재되어 있던 조선과 흑룡강 연안을 1894년에『조선수로지(朝鮮水路誌)』와『흑룡연안수로지(黑龍沿岸水路誌)』로 각각 분리하여 간행한 것이다.『조선수로지』는 군함의 항해, 정박, 물자보급 등의 편리를 위하여 조선 연안의 통상적 해상 기상·조류, 항로상황, 연안 지형, 항만 시설 등을 조사한 것인데 특이한 점은「일한양어대조표(日韓兩語對照表)」라는 한일 양국의 항해용어를 대조한 표를 첨부시켜 놓은 점이다.8) 이것은 조선 연안 침투에 보다 더 적극성을 띤 한 일면이라고 볼 수 있다. 더욱이 청일전쟁 후에는 일본 군함이 의도적으로 무력을 과시하면서 조선 연안을 수시로 항행하여 일본 출어자들의 안전한 조업을 도왔다.9)

1902년 4월 1일 일본 정부는「외국영해수산조합법(外國領海水産組合法)」을 공포하고 외국해 진출 출어자를 위한 지원 및 보호라는 명목으로 일본의 각 부현 단위로 조선해통어조합(이후 조선해수산조합)을 조직하여 출어자들을 강제 가입시켜 감독 통제하였으며 1905년 3월 1일『원양어업장려법』을 개정하여 조선에서의 일본인 어업 근거지 사업을 추진하였다.10) 더욱이 러일전쟁 이후 조선의 전 연안을 장악한 일

---

7) 위의 글, 2면.
8) 『朝鮮水路誌』, 日本 海軍 水路部, 明治27年(1894), 序[서문] 1면.
9) 이근우,「19세기 일본의 어업침탈과 조선의 대응」,『19세기 동북아 4개국의 도서분쟁과 해양경계』, 동북아역사재단, 2008, 30면; 김수희,「일제시대 고등어어업과 일본인 이주어촌」,『역사민속학』20, 2005, 170면.
10) ① 명치 38년(1905) 농상무성에서 조선으로 파견된 技師 下啓助, 技手 山脇宗次 보고서에는, 경상도에서 전라도・충청도・황해도・평안도의 주요어장과 일본 출어자 어업근거지, 어시장통계, 어획통계와 조선 연안 해도가 첨부되어 있다(『韓國水産業調査報告』, 農商務省 水産局, 1906). ② 명치 40년(1907) 山口縣水産組合의 조사원 村重泰治외 4명이 작성한 보고서는 일본 府縣별 출어선, 출어자 그리고 조선 연해의 중요어장과 어업현황, 제조업, 운반선, 어시장 등을 조사하였으며, 조선전도가 첨부되어 있다(『韓國水産業調査報告』, 山口縣水産組合編, 山口縣水産組合,

본 정부는 자국민의 조선연안 어업장려책을 더욱 본격적으로 추진하여[11] 조선 연안에는 일본인 어촌이 급증하게 되어 이미 일본의 식민지화가 되었다고 해도 과언이 아니었다.

더욱이 1905년 을사늑약 체결 이후 일본정부는 조선의 외교권을 장악하면서 본격적으로 조선 연안에 일본인 어촌 건설을 확대시키기 위하여 조선연안의 지리 정보를 담은 서적 또한 시급하였으므로 이에 『한국수산지』 편찬사업이 실시된 것이다. 『한국수산지』는 일본 제국주의가 조선 연안을 끊임없이 침투해 오면서 탄생한 결과물이라고 할 수 있다.

『한국수산지』 편찬 총괄을 맡았던 이하라 분이찌의 서문에는 『한국수산지』 제1집의 조사·간행 기간이 약 10개월(1908년 2월~11월)이라고 하였다. 그렇지만 『한국수산지』 제1집의 방대한 분량(본문 618쪽, 어장어구 등의 도해 설명 156쪽, 사진 설명 42쪽, 총 816쪽)은 물론이고 담당 조사원 중 1명을 제외하면 모두 일본인으로 구성되어 조선 지리 및 언어의 미숙한 점을 감안해 보면, 10개월 내에 조사 편찬하기란 쉽지 않을 것이다.

그러나 강화도조약 이후 지속적으로 조선 연안을 측량·조사한 일본 해군의 『조선수로지』 및 농상공부 수산전문가의 각종 조선연안 조사보고서 그리고 을사늑약 후 각 군의 조사보고서 등 이미 많은 정보가 입수되어 조선연안 조사의 기본 틀을 갖추고 있었기 때문에 가능했던 것으로 생각된다. 또한 『한국수산지』 편찬사업에는 구역별 담당조사원을 동원하여 많은 인력을 투입한 점과 사무 조사원 또한 별도로 두는 등 편찬 업무를 분업화하였기 때문에 신속하게 『한국수산지』를 편찬할 수 있었던 것으로 생각된다.

1907).
11) 김수희, 「근대 일본식 어구 안강망의 전파와 서해안 어장의 변화과정」, 『대구사학』 104, 2011, 145~146면.

2. 편찬 목적

1908년 발행된『한국수산지』제1집 서두에는 일본 소네 아라스케(曾祢荒助)[12]와 조선 이완용의 서필·인장이 있다. 이것은『한국수산지』편찬사업은 민간사업이 아니라 한일 양국의 국책사업으로 진행하였음을 의미한다. 양국이라고 하지만 1905년 을사늑약 체결, 1907년 정미7조약 체결 이후 조선의 국권은 일본정부에서 장악하고 있었기 때문에 이완용을 내세운 것은 형식상의 절차라고 봐야 한다.

『한국수산지』를 편찬하는 목적은『한국수산지』의 서문에 나타나있다. 당시『한국수산지』편찬사업을 추진한 농상공부 수산국의 주요인물은 통감부 농상공부 대신 조중응(趙重應), 통감부 농상공부 차관 기노우치 시게시로(木內重四郎)[13], 농상공부 수산국장 정진홍(鄭鎭弘), 농상공부 수산과장 이하라 분이찌(庵原文一)이다. 4명의 서문을 종합하면 조선 연안에는 수산물이 매우 풍부한 것에 비하여 생산 소득이 매우 부진하므로, 일본의 선진 어구·어법과 수산물 제법 등을 수용하고 어업을 장려하여 富國을 이룩하고자 하는 취지에서, 한일 양국 간 국책사업으로『한국수산지』를 편찬한다는 것이다.

그러나 1907년 한일신협약(정미 7조약) 체결 이후 조선의 외교권, 행정권, 군사권 등 일본 정부가 장악하였으며 주요 기관에는 일본인 관료가 채용되어 이미 일본의 식민지나 다름없는 입장이었으므로『한국수산지』편찬사업은 조선 어업 개발을 명목으로 한 일본 정부의 국익사업이라고 할 수 있으며 조선 내에 일본인 어촌을 육성하여 조선을 식민지하려는 의도와 부합되는 것이다.『한국수산지』의 조사 편찬을 총괄했던 이하라 분이찌의 서문[由來]은 다음과 같다.

---

12) 당시 초대 통감 伊藤博文, 부통감 曾禰荒助였다. 1909년 伊藤博文을 이어 曾禰荒助가 2대 통감이 되었다.『한국수산지』에 날인되어 있는 인장에는 曾祢荒助라고 되어 있는데 祢은 禰의 略字体이다.

13) 木內重四郎(1866~1925)은 1889년 법제국 참사관 試補, 농상무성 상공국장, 조선총독부 농상공부 長官 등을 역임했다. 1911년에 귀족원의원, 1916년에 京都府知事가 되었다.

일본국 해안선의 총길이는 약 8,000해리이며 그 수산액은 무릇 1억원(圓)을 웃돈다. 조선 해안선의 총길이는 약 6,000해리이지만 수산액은 600~700만원에 불과하다. 곧 비슷한 거리의 해안선을 가지고 있는데도 그 산출액을 비교하면 후자는 전자의 $\frac{1}{10}$에 미치지 못하는 상황이다. (중략) 사업이 부진한 까닭은 여러 가지가 있겠지만, 주로 개발·이용방법을 알지 못하기 때문이다. 또한 행정상의 보호와 장려를 소홀히 한 것도 원인이라고 할 것이다. 그렇다면 아직 알지 못하는 것을 드러내고 얻을 수 있는 이익을 보여서 권유하고 장려하는 것은 국가의 이익을 꾀하고 국민의 행복을 도모할 수 있는 가장 좋은 방법이 될 것이다. (중략) 이 분야를 권유·장려할 필요가 생겨서 이를 본부에 제의하고 통감부 및 탁지부와 교섭하였더니 다행히도 허락해 주셨다. 명치 40년(1907)에는 통감부가 소속 기술자의 여비 약간을 지불해주었고 또한 융희 2~3년(1908~1909)에는 본부 임시수산조사비로 많은 경비를 지급해 주기에 이르렀다. 이에 조사항목 및 순서를 갖추어 전국 연해 및 하천 조사에 착수할 기회를 얻었다. 조사방법은 전국을 14구로 하고 각 구역마다 담당 조사원을 두었다. 특히 하천어업 및 염업조사원 몇 명을 두어 조사하도록 하였고 편집원을 고용하여 이를 편찬하게 하였다.(중략) 자세한 것도 있고 성근 것도 있으며 잘된 것과 그렇지 않은 것도 섞여있어서, 그 내용이 결코 완전하다고 할 수 없다. 그러나 시정 당국자와 어업에 뜻이 있는 자들에게 참고자료로 제공하여 다소의 도움을 줄 수 있는 내용이 없다고는 할 수 없다. 이것이 본서를 간행하는 목적이므로 어업 장려를 위한 하나의 단서가 될 수 있을 것으로 믿는다.(하략)

위의 서문에는 『한국수산지』를 통하여 국가 이익과 국민의 행복을 도모할 수 있을 것이라고 하였는데, 이하라가 언급한 국가와 국민은 조선과 일본 중 어느 쪽을 말하는지 양국 모두를 말하는지에 대한 구분이 없다. 그리고 『한국수산지』가 어업 장려를 위한 단서가 될 것이라고 하였지만 그 대상 또한 밝히지 않았다. 그러나 『한국수산지』는 일본어로 기록된 서적이기 때문에 일본인 어업자를 대상으로 한다는 것을 알 수 있다.

Ⅲ. 『한국수산지』의 구성과 내용

『한국수산지』는 제1집에서 제4집까지 총 4권으로 구성되어 있다. 제1집은 조선 지리와 수산에 대한 개관이라고 할 수 있으며, 제2~4집은 함경도에서 평안도까지 조선을 8도로 나누어 각도의 개관을 서술하고 다시 부군으로 나누고 그 아래 각 읍면 단위로 서술하였다. 특히 연안 마을에 대해서는 호구수를 비롯하여 어업활동 등에 대한 자세한 조사가 이루어졌고, 아울러 일본인 어촌이 형성되어 있는 지역에 대해서도 상세한 기록을 남겼다.

부속자료로『한국연해수산물분포도(韓國沿海水産物分布圖)』[14]라는 대형 지도가 있다. 이 지도는 조선 연안의 지역별 어획물을 조사·기록한 것이며 조선 어업 상황에 미숙한 일본 출어자가 손쉽게 파악할 수 있도록 지도에 지역별 주요 어획물을 나타낸 것이다. 특히 명태(함경도 연안), 정어리·멸치(경북 연안), 전복·해삼(제주도 연안), 새우(황해도 연안), 조기(고군산군도 연안)에는 굵고 진한 글자로 나타내어 조선 연안의 주요 수산물이라는 것을 암시하고 있다.『한국수산지』의 구성과 발행순서는 〈표1〉과 같다.

〈표1〉『한국수산지』 구성과 발행순서

순서	구 성	편찬 기관	발행일자
제1집	제1편 지리, 제2편 수산일반	통감부 농상공부	융희 2년(1908년) 12월 25일
제2집	제1장 함경도, 제2장 강원도, 제3장 경상도		융희 4년(1910년) 5월 5일
제3집	제4장 전라도, 제5장 충청도	조선총독부 농상공부	명치 43년(1910년) 10월 30일
제4집	제6장 경기도, 제7장 황해도, 제8장 평안도		명치 44년(1911년) 5월 15일

---

14) 1908(융희 2)년 12월 작성된「한국연해수산물분포도」에는 "①한국 연안 지형·수심·底質 등은 일본 수로부가 간행한 朝鮮全沿岸圖에 근거, ②우편·전신·전화선로는 1908년 통감부 통신관리국에서 간행한 통신선로에 근거, ③등대·세관 등 기타의 관공서는 각 관청이 간행한 보고서에 근거, ④水溫 등은 인천 관측소 소장 和田雄次의 보고서에 의거, ⑤수산물 분포도는 각 조사원 보고에 의하여 편성했다"라는 기록이 있다(日本國立國會圖書館).

〈표1〉을 보면 제1집과 제2집의 편찬기관은 통감부 농상공부이고 발행일자는 조선 연호를 사용하였는데, 제3집과 제4집의 편찬기관은 조선총독부 농상공부이고, 발행일자가 일본의 연호를 사용하였다. 이것은 한일병합의 결과이다. 이제 『한국수산지』 4권 전체의 성격을 잘 보여주는 제1집의 구성과 내용을 중심으로 살펴보고자 한다.

전체적으로 보면 『한국수산지』 제1집은 총론에 해당하고, 제2집부터 4집까지는 지역별 즉 각 도별로 도별 개황과 연안의 어업 상황을 다루고 있다. 그중 『한국수산지』 제1집은 권두사진, 제1편 그리고 제2편으로 구성되어 있다.

제1편 지리는 위치, 면적, 구획, 인구, 지세, 하강(河江), 연안, 기상, 해류, 조석(潮汐), 수온, 수색(水色), 수심과 저질(底質), 해운, 통신 등 15장으로 나누었고, 제2편 수산일반은 수산물 종류, 수산물 양식, 수산 제품, 어채물의 수송과 판매, 제염업, 수산물 수출입, 어구와 어선 등 7장으로 나누었다.

그리고 제2집에서 제4집까지를 보면, 조선의 행정구분에 따라서 함경도를 시작으로 동해→남해→서해를 돌아 평안도를 마지막으로 기술하였다. 이 진행 순서는 한일 간 체결한 어업 장정(조약)들과 무관하지 않다. 1883년 조일통상장정 체결로 조선 연안의 동해와 남해에 해당하는 함경도·강원도·경상도·전라도 연안에서 일본 출어자들의 조업이 최초로 합법화되어, 1905년 러일전쟁 이후는 서해까지 합법화되었다. 즉 조선의 전 연안에서 일본 출어자의 조업이 합법화된 순서와 거의 다르지 않다.

1. 권두 사진

『한국수산지』 제1집을 비롯하여 제4집까지 공통적으로 나타나는 것이 권두 사진이다. 『한국수산지』 제1집에서는 목차에 앞서 조선해수산조합·정박지·어장·항만·등대(등간·입표)·제염지 등의 사진이 별첨되어 있다. 『한국수산지』 제3집에서도 46장의 사진이 게재되어 있으며, 전체 사진은 200장에 가깝다.

제1집에서 가장 먼저 첨부된 사진은 '조선해수산조합본부(朝鮮海水産組合本部)'이다. 조선에 진출한 일본 어업자의 조직 단체로 일본 출어자의 권익보호와 함께 통제

감독을 하였으며, 통감부에서 관할했던 반관반민 단체로 조선 내 일본인 어촌 건설을 추진하였다.

두 번째 사진은 '어청도 정박지[於靑島 錨地]'이다. 어청도는 육지와 제법 떨어져 있지만 식수가 풍부하고 수심이 깊고 넓은 만이 형성되어 있어 선박의 피항지로 최적지이다. 또한 일본이 러일전쟁에서 승리한 후 러시아 조차지였던 중국 대련(大連)을 접수하여 오사카 ⇄ 대련 정기항로가 생기면서 어청도가 기항지가 되었다.

주목되는 사진은 압록강으로 조선과 경계하고 있는 중국 안동현의 '압록강변 안동현에 중국 선박이 정박한 모습[鴨綠江畔安東縣支那船碇繫之圖]'과 '안동현 중국인 어물점[安東縣淸國人魚店一班]'이다. 조선의 국경부근에서 이루어지고 있는 당시 중국의 수산상황의 일부분을 엿볼 수 있다.

그리고 조선 연안의 동해·남해·서해에 설치된 주요 등대·등간·입표괘 등의 여러 사진은 항해자·어업자의 안전 항해는 물론이고 항로 표지(標識) 역할도 하였다.

마지막으로 염전 사진이 첨부되어 있다. 1907년 일본정부의 소금사업 개량사업에 따라 동남해 연안의 전오식(煎熬式) 시험염전인 용호시험염전과 서해 연안의 천일염 시험염전인 주안천일제염전(朱安天日製鹽田)을 설치하고 소금생산량을 비교시험을 하였다.[15] 이것은 일본은 지형적으로 갯벌이 적고 평지 또한 부족하여 염전 개발의 한계에 부닥친 상황이었으므로, 조선 연안을 새로운 염전의 최적지로 인식하여 적극적인 염전 개발에 나서고자 한 것으로 보인다.

2. 지리와 해리

『한국수산지』제1집은 조선 지리와 수산에 대한 개관이라고 할 수 있으며, 제2~4집은 함경도에서 평안도까지 조선을 8도로 나누어 도의 개관을 서술하고 다시 부군(府郡)으로 나누고 그 아래 각 읍면으로 나누어 서술하였다. 연안 마을, 특히 일본인 어촌이 형성되어 있는 마을을 중심으로 조사가 이루어져있다. 먼저『한국수산지』제1집의

---

15) 앞의 책 1-1, 52~55면.

구성은 〈표2〉와 같다.

〈표2〉『한국수산지』 제1집 구성

제1편 지리	제1장	위치
	제2장	면적[廣裏]
	제3장	구획
	제4장	인구 : 조선인 인구·거류 일본인·정주 일본어업자·거류 외국인
	제5장	지세 : 동측[嶺背]·남측[嶺南]·서측[嶺西]
	제6장	하천[河江] :동해16)사면(東)·조선해협사면(南)·황해사면(西)
	제7장	연안 : 항만·갑각·도서·항로 및 표지[目標]·수로고시
	제8장	기상 : 기온·청담(晴曇)·비·눈·안개·습도·바람·폭풍
	제9장	해류(海流)
	제10장	조석(潮汐)
	제11장	수온
	제12장	수색(水色)
	제13장	수심 및 저질(底質)
	제14장	해운 : 기선항로 및 기항지
	제15장	통신
제2편 수산 일반	제1장	수산물: 고래를 비롯한 총 40종·수산물 한일 명칭대조표
	제2장	수산물 양식
	제3장	수산물 제품
	제4장	포어(捕魚) 수송 및 판매
	제5장	제염업(製鹽業)
	제6장	수산물 수출입
	제7장	어구 및 어선
		일본어부 사용어구
		첨부도 및 사진

먼저 제1장~제4장은 조선의 지리적 위치·면적·구획·인구에 대해서 개관하였다.
조선인 인구 통계는 광무 11년(1907) 5월 2,322,230호, 9,638,578명이라고 기록했
지만 정확한 통계는 아니라고 한다. 거류일본인의 인구통계는 일본 이사청에서 조사한
것으로 20,517호, 77,912명(남자 44,709명, 여자 33,203명)17)인데 호수는 거의 정

---

16) 원문에는 日本海라고 되어 있다.

확하지만 인구는 1호에 5명으로 산정한 것이라고 밝히고 있다. 그리고 거류일본인 밀집 지역은 서울[18](4,823호, 17,114명), 부산(4,599호, 18,236명), 인천(3,359호, 13,578명)의 순서이다. 이중에서 어업자는 602호, 3,182명으로[19] 일본 거주자의 총 호수를 기준하면 전체 0.3%도 되지 않는 매우 적은 수임을 알 수 있다.

제5장~제7장은 갑각·반도·등대(등간) 등의 항해표지와 암초와 같은 장애물을 자세하게 기록하였는데, 이 가운데 조선 연안인데 갑각과 암초 등의 명칭에 알 수 없는 외래어로 기록된 것이 있다. 이 외래어 명칭은 (2) 조선의 지리정보에서 언급하고자 한다.

제8~13장은 조선 연안의 기상에 대한 기온월별표, 한서(寒暑) 평균온도비교표, 청담(晴曇)[20] 비교일수월별표, 강수·강설 일수 월계표, 우설량 비교표, 습도·풍향월별비교표, 폭풍일수 월별표 등의 통계표 그리고 조선의 동해·남해·서해의 해류 및 수온 그리고 정박지와 포구의 조석, 수심과 저질(底質)에 대한 세밀한 조사가 이루어졌다. 특히, 기상과 수온의 경우는 변화의 흐름을 월별로 나타낸 해도가 첨부되어 있는데. 근대적인 방법으로 실측하였음을 알 수 있다. 해류, 바다의 수온, 조석, 수심, 저질 등의 정보는 당시에 지리에 대하여 해리(海理)라는 용어를 사용하였다.

제14~15장은 당시 주요 항로 및 기항지에 대한 각 선박별 항로와 운항횟수, 여객·화물운임 등을 알 수 있다.

3. 수산

제2편의 수산일반은 조선 연안의 어획물을 조사한 것으로 조선의 주요 어획물은 명태, 조기, 새우, 정어리·멸치, 청어 대구 등이며, 일본 출어자의 주요 어획물은 도미, 정어리·멸치, 삼치, 조기, 해삼. 전복이라는 것을 알 수 있다.

우선 제1장은 유용수산물 103종에 대하여 해수류 6종, 어류 60종, 패류 18종[21] 해조

---

17) 원문에는 호수 20,418, 인구 77,932(남 44,709, 여 33,223)로 되어 있다.
18) 원문에는 京城이라고 되어 있다.
19) 앞의 책 1-1, 59~62면.
20) 날씨의 맑음과 흐림을 말한다.

류[藻類] 9종, 기타류 10종으로 분류하였고 이 어채물 중 유용수산물 40종은 별도로 자세하게 기술하였다. 유용수산물 분류표는 〈표3〉과 같다

〈표3〉 유용수산물 분류표[22]

분류	유용수산물 103종	유용수산물 40종
해수류	고래, 돌고래, 쇠물돼지, 바다표범, 물개, 수달 (6종),	고래 (1종)
어류	명태, 대구, 조기, 정어리(멸치), 청어, 방어, 전갱이‧삼치, 고등어, 청새치, 다랑어, 가다랑어, 상어, 가오리, 병어, 도미, 농어, 민어, 성대, 준치, 달강어, 붉바리, 가자미, 넙치, 서대, 다금바리, 매퉁이, 꼬치고기, 갈치, 도로묵, 전어, 사백어, 학공치, 복어, 놀래기, 쥐치, 쑤기미, 아귀, 볼락, 감성돔, 자리돔, 빙어, 까나리, 뱅어, 붕장어, 갯장어, 칠성뱀장어, 보리멸, 망둥이, 연어, 송어, 황어, 숭어, 은어, 곤들메기, 잉어, 붕어, 뱀장어, 피라미, 미꾸라지 (60종)	명태, 조기, 도미, 정어리(멸치), 삼치, 대구, 청어, 민어, 방어, 고등어, 갈치, 상어, 가오리, 농어, 붉바리, 준치, 숭어, 병어, 갯장어, 붕장어, 달강어, 학공치, 연어, 은어, 뱀장어, 뱅어, 망둥어 (27종)
패류	전복, 참고동, 떡조개, 소라고동, 홍합, 가리비, 대합, 재첩, 동죽(물통조개), 바지락, 꼬막, 키조개, 왕우럭조개(부산:부채조개), 굴, 긴맛, 맛조개, 새조개, 말조개 (18종)	전복, 해삼, 굴, 홍합 (4종)
해조류	다시마, 감태, 대황, 미역, 톳, 풀가사리, 김, 우뭇가사리, 파래 (9종)	김, 풀가사리, 우뭇가사리, 다시마, 미역 (5종)
기타	해삼, 멍게, 성게, 새우, 기시왕게, 장다리게, 꽃게, 문어(낙지), 오징어, 해파리 (10종)	새우, 문어(닉지), 오징어 (3종)

유용수산물 40종에 대하여는 어종별 어획장소‧어획시기‧어획량‧어획도구‧거래하는 어시장의 위치, 유통 수송방법 그리고 세조법 등을 상세하게 기술하였다.

해수류의 고래[鯨]의 경우에는 각 포경회사별 포경수[捕鯨頭數] 월별표(명치39년~명치41년)를 보면 연도별로 포획된 고래의 종류, 어획량(암수 구별), 크기, 어장 등 포경

---

21) 『韓國水產誌』 1집의 199~200면의 원문에는 유용수산물 104종류이며 그중 패류가 19종류라고 되어 있지만 실제 기록된 패류는 18종이므로 유용수산물 전체는 103종이다. 이에 정정해서 기록하였다.

22) 앞의 책 1-1, 195~196면.

상황을 파악할 수 있다. 어획한 고래는 각 회사의 해체작업장[基址]에서 고래기름·고래수염·고래힘줄·고래뼈 등으로 해체하여 전량 일본으로 수송하였는데 겨울철은 해체한 후 그대로 수송하지만 겨울철을 제외한 계절은 부패방지를 위해 소금에 절여 수송하였는데 부패 속도가 빠른 여름(음력 5~7월)에는 1마리에 대략 10,000근이 들지만 고래의 크기와 계절을 평균하면 고래 1마리당 소금 사용량은 5,000근 정도라고 한다.[23]

어류 가운데 명태(明太)는 조선에서 관혼상제에 쓰이며 중요 어업에서도 중요한 어업이라고 편찬자가 기록할 정도로 당시 다른 어종에 비하여 생산량(생산금액)이 월등하게 높은 어종이었다.[24]

조기[石首魚]도 명태와 같이 관혼상제에 쓰이며 일명 전라도 명태라고 할 정도로 조선인이 좋아하는 어종이다. 조기 성어기에는 일본 출어자가 칠산탄과 연평열도에 대거 몰려와 오로지 안강망(鮟鱇網)으로 어획하는데 풍어 때는 그물이 파손될 정도로 많이 잡혔다고 한다.[25] 안강(鮟鱇)은 일본에서 아귀라는 물고기를 말하는데 안강망의 형태가 아귀가 입을 벌린 모습과 닮아 안강망이란 이름이 붙은 것으로 생각된다.

도미[鯛]는 조선 어부는 그다지 어획하지 않는 반면에 일본 출어자의 과반수가 도미잡이에 종사하였다. 주로 주낙[延繩]·외줄낚시·안강망 등으로 어획하였고 이 중 주낙어선이 많았다. 주낙어선은 히로시마(廣島)·오카야마(岡山)·가가와(香川)·에히메(愛媛)·나가사키(長崎)·효고(兵庫)·후쿠오카(福岡)·구마모토현(熊本縣) 등에서 건너온 출어자이며, 조선 연안에 근거지를 마련하여 근거지 근해에서 어획하였고, 외줄낚시 어선의 경우는 야마구찌(山口)·사가(佐賀)·히로시마·오카야마·가가와·에히메·나가사키현 등에서 출어하여 일정한 근거지 없이 경상·전라·충청도 등 장소를 옮겨 다니면서 어획하였다고 한다.[26] 이와 같이 구체적으로 일본 어민들의 활동까지 자세히 기록하였다.

---

23) 앞의 책 1-1, 200~204면.
24) 앞의 책 1-1, 205면, 209면.
25) 앞의 책 1-1, 210~211면 및 김수희, 「근대 일본식 어구 안강망의 전파와 서해안 어장의 변화과정」, 『대구사학』 104, 2011, 140~164면.
26) 앞의 책 1-1, 212면, 214면.

정어리·멸치[鰮]는 강원도 연안에는 성어(成魚)가 많고 경상도 연안에는 유어(幼魚)가 많다. 종래 조선은 날생선 또는 햇볕에 건조하거나 소금에 절여 젓갈 등 식용으로 소비하였는데 1889~1890년 경 일본 출어자가 경상도 연안에서 정어리·멸치 비료사업을 시작하면서 조선 어민도 정어리·멸치를 건조시켜 일본인에게 매도하였다고 한다. 규모가 큰 지예망 어업인 경우는 조직 또는 조합을 구성해서 자본주와 공동운영하거나 자본주에게 차입금(선수금 포함)을 받아서 운영하였다고 한다.27)

패류는 중국으로 수출하는 전복[生鰒]을 강조하고 있다. 조선인은 오로지 나잠(裸潛) 어업이며, 일본인은 나잠어업도 있지만 잠수기어업으로 대량 채취하였고 대부분 일본인의 근거지에서 건제 또는 통조림으로 제조하여 나가사키 또는 고베로 보내 중국 상인을 통해서 중국으로 수출하였다고 한다.28)

해삼[海鼠] 또한 주요 중국 수출품이다. 특히 잠수기로 어획한 해삼은 어장 근처에서 가공하여 일본의 나가사키·고베로 보내 중국 상인을 통하여 중국으로 수출하며, 또한 부산항에서 중국으로 바로 수출하는 경우도 있다고 하였다.

해조류 중 김은 울산만·낙동강·하동강구·완도·위도 등 주로 조선 서남해 연안에서 생산되며 담수가 흘러드는 곳에서 많이 생산되었는데 당시 하동강구에 섶가지를 꽂아 채취했던 하동김은 품질 면에서 맛과 향이 도쿄만 김보다 우수한 점도 많지만 김 제조법이 서툴러 상품 품질이 떨어진다고 하였다.29)

기타류로 분류된 새우는 담수가 조금 흘러들고 바닥이 모래갯벌인 내만(內灣)에서 많이 생산되며 명태·조기·멸치 다음으로 조선 어부의 중요 어업이라고 하였다. 일본 출어자 중에는 오카야마 출신 삼곡조(森谷組)가 전라남도 돌산도 부근의 나로도·송어자도·지오도 등에서 건물을 짓고 현지에서 어민(일본 출어자 포함)에게 선대금(先貸金)을 지불한 후 어획한 새우 전량을 인수하여 오로지 건새우로 제조하여 수출하였다고 한다.30)

---

27) 앞의 책 1-1, 218면, 220면.
28) 앞의 책 1-1, 252~253면.
29) 앞의 책 1-1, 263면, 앞의 책 1-2, 15면.
30) 앞의 책 1-1, 249면, 『韓國水産誌』 3집, 218면.

위에 열거한 유용수산물 중 수출 품목은 전복·해삼·굴·상어지느러미·고래·해조류 등이며, 어장 부근에서 건제 또는 통조림으로 가공한 뒤 거의 일본으로 수송하여 중국으로 수출하였다고 한다.[31]

다음은 당시 조선인과 일본인의 어업을 살펴보면 조선 어업은 지세와 조류를 이용하는 어장(漁帳)·어살[漁箭] 주목(駐木) 등을 설치하여 설망(設網)·중선(中船)·궁선(弓船)·망선(網船)·지예망(地曳網)·자망(刺網) 등으로 어획한다고 한다. 조선인 어업 개황은 〈표5〉와 같다.[32]

〈표5〉 조선인 어업

어획 방법			어획 장소	어획 어종
漁帳	줄살[乬矢]		경상도 연해, 특히 거제도와 가덕도 부근	대구·청어
	막대살[杖矢]		경상도 연안	대구·청어
	덤장[擧網]		함경·강원·경상도 연안	작은 대구(함경도)·청어(강원도)·숭어(경상도)
漁箭	방렴(防簾)		함경·강원·경상도 연안	대구·청어
	건방렴(乾防簾)		조선남부 연해	학공치·전어·새우, 잡어
	살[箭]		서해·서남해 연안	조기·새우·갈치·오징어·달강어·방어·가자미·광어·서대·가오리 등 → 조수간만 이용
	석방렴(石防簾)		경상도·전라도 연안	정어리·고도리·새우·전어, 小잡어
魚船	떼배[筏船]		제주도 및 남부 앞바다에서 주로 사용, 재료는 지역의 소나무를 주로 사용하는데 제주도는 한라산의 구상나무로 만든다.	
	하천어선	낚시배[釣船]	소형 어선으로 유어(遊魚)어업에 사용한다.	
		주낙배[繩船]	돛을 설치하지 않고 노를 저어 주낙어업에 사용한다.	
		휘리배[網船]	돛의 설비가 있고 대부분 예망어업에 사용한다.	

---

31) 앞의 책 1-2, 173면.
32) 앞의 책 1-2, 183~196면, 238~239면.

그리고 일본 출어자 어업은 연안에 우뢰(羽瀨)를 설치하고 지세와 조류를 이용하였다. 어구 종류는 잠수기(潛水器)·주낙[延繩]·안강망(鮟鱇網)·지예망(地曳網)·수조망(手繰網)·타뢰망(打瀨網)·유망(流網)·호망(壺網)·입량[魟築] 등이 있다. 일본 출어자 어업 개황은 〈표6〉과 같다.[33]

〈표6〉일본 출어자 어업

어획방법		어획 장소	어획 어종
우뢰 (羽瀨)[34]	석우뢰(潟羽瀨)	연안 갯벌에 설치(조수 간만 이용)	잡어
	책권우뢰 (簀卷羽瀨)	연해 간석지의 얕은 물길에 설치하며 석우뢰보다 다소 앞바다에 설치하고 규모가 조금 큼.	조류이용
	만상낭부우뢰 (滿上囊付羽瀨)	설치장소가 책권우뢰 또는 낭부우뢰와 같지만 장치는 N자형을 이룸.	
	낭부우뢰 (囊付羽瀨)	앞바다 깊은 곳에 설치(간석지의 물길 중 간조 시 물살이 급한 곳), 일명 충우뢰(沖羽瀨)라고 함.	
호망 (壺網)	장출망(張出網)	內海 항만의 갑각(岬角) 등 조류가 완만한 곳에 설치.	농어·오징어·조기·붉바리·감성돔·전어·고등어·전갱이·정어리(멸치) 등 기타 잡어
	위망(圍網)		
	낭망(囊網)		
	수망(受網)		
안강망(鮟鱇網)		일본 출어자가 많이 사용하는 어구이며 조류를 이용 → 조기성어기 때 조선 서남해 일대에서 어획.	조기·갈치·달강어·새우·민어·성대·준치·오징어 등
새우타뢰망[鰕打瀨網]		오카야마·히로시마현에서 출어하여 하동만·여수만·득량만·나로도·지오도·시산도 근해에서 어획.	새우·넙치·가자미·서대·갯상어·가오리
삼치유망[鰆流網]		가가와현(香川縣) 출어자들이 사용하는 어업으로 도미 주낙어업에 버금가는 중요어업.	
상어주낙		오이타·야마구치·나가사키현 출어자들의 주요 어업으로 욕지도·추자도·거문도·제주도·어청도·대청도·초도 연해에서 조업하는 어선이 당시 100척 이상에 달했다고 함.	

---

33) 앞의 책 1-2, 183~184, 240~266면.

어획방법	어획 장소	어획 어종
도미주낙[鯛延繩]	도미주낙은 일본 통어의 시초로 야마구치·가가와·히로시마·구마모토·에히메·후쿠오카·오카야마·사가·시마네·가고시마·도쿠시마·오이타에서 출어한 어선이 당시 500여 척이 넘었다. 농어·민어·감성돔 등을 어획할 때에도 사용.	
가오리 민낚시[鱝空釣繩]	입량류[魵簎類] 예망주낙 등으로 어획하며 후쿠오카현 야나가와[柳川]에서 출어.	
고등어 외줄낚시[鯖一本釣]	가고시마·구마모토·야마구치·나가사키·오카야마·아이치·오이타·사가·후쿠이 등지에서 몰려온 출어자로 경상도·전라도의 남부 앞바다에서 어획.	
대합 항망(蛤桁網)	수심 15길 내외의 평탄한 모래바닥에 그물을 내려 하루 수십 회 반복 작업하여 대합 700~800개 정도 채취하였다고 함.	
활주선(活洲船)	히로시마·오카야마·가가와·야마구치·효고 등 각지에서 온 출어자들의 활어선을 위한 가두리 주요어장은 국도·창포·적금도·치도·욕지도·안도 등에 있었으며 활주선은 거의 일본인에 의해 행해졌음.	

IV. 『한국수산지』의 성격 및 특징

1. 사진 자료의 활용

앞 절에서 제시한 권두 사진은 거의 조사구역과 다소 떨어진 언덕이나 순라선(巡邏船) 등의 선상에서 촬영한 것이다. 이것은 현지조사 과정에 지역민과의 마찰을 피하기 위한 것으로 생각된다. 정박지·항만·등대 등의 사진은 군사적인 측면도 간과할 수 없지만 대부분 일본 출어자의 조업과 관련된 것으로, 일본 출어자들의 어업 근거지를 중심으로 첨부되어 있다.[35]

---

34) 조선의 어살과 비슷하며, 일본 출어자들이 인천, 군산 근해에 설치하여 좋은 성과가 있었다고 한다. 앞의 책 1-2, 240면.
35) 『韓國水産誌』3집에 별첨된 권두사진에 기록된 것 중에 몇 가지를 살펴보면,
　① 光陽灣內의 松島 : 松島는 (중략) 熊本縣의 出漁船은 일찍이 이 섬을 근거로(이하 생략).
　② 光陽灣內의 勒島 : 勒島는 (중략) 熊本縣의 出漁者인 岡崎組의 根據地로서(이하 생략).

조선해수산조합본부(朝鮮海水産組合本部)는 일본 정부가 1902년 4월 1일『외국영해수산조합법(外國領海水産組合法)』을 공포하고, 외국 영해에서 활동하는 일본어업자를 부현(府縣) 별로 강제 가입시켜 관리 감독할 목적에서 만든 단체이다. 조합의 핵심 임무는 조선 내에 일본인 어촌을 건설하기 위하여 조선연안의 어장과 부근 토지를 매입하여 일본인 어민을 이식하는데 있었으며 일본인 어촌은 주로 일본 군인의 주둔지 부근에 위치하였는데 그 이유는 일본 군인의 군사물자 보급지 역할까지 고려한 것으로 생각된다. 일본인 근거지에는 1명의 감독을 선출하여 이주어민의 어획물을 비롯한 일체를 감독의 지휘 하에 두고 공동판매·구입 등 공동 운영방식을 취하였다. 당시 조선해수산조합은 일본 정부의 관리와 통제 아래 조선 어장을 식민지화하는데 주도적인 역할을 하였던 단체라고 할 수 있다. 따라서 해당 기관의 중요성을 감안하여 권두 사진 중에서도 첫머리에 배치한 것으로 생각된다.

어청도 정박지[於靑島 錨地] 사진이 별첨되어 있는 것은 무엇보다 군사적인 요충지라는 점을 들 수 있다. 식수가 풍부하고 수심도 깊어, 어선은 물론이고 군함 또는 상선과 같은 거선(巨船)이 정박할 수 있으며, 특히 U자형의 깊고 넓은 만이 형성되어 있어 피항지이자 군사물자 보급지로 최적지이며 서해의 방어기지로서 중요한 곳이라는 점을 간과할 수 없다.

또한 서해안 일대에는 갯벌이 넓게 펼쳐져있기 때문에 일본 출어선의 활주장치를 설치할 만한 장소가 없지만 어청도는 활주장치에 적합한 자연조건을 갖추고 있기 때문에 자연히 일본 출어자가 모여들었다고 한다.36)『한국수산지』3집에는 당시 어청도 인구는 65호(297명)인데 이외에 일본인이 40여 호(200여명)가 있다고 한다. 즉 어청도민의 ⅓에 해낭뇌는 일본인이 거수했던 것이다. 그리고 이들의 직업을 보면 어업자

---

③ 麗水邑 : 麗水邑은 (중략) 이곳은 일본 상인으로 거주하는 자가 적지 않다(이하 생략).

④ 安島(雁島)北側의 정박지: 雁島의 俗稱이다. (중략) 이 섬은 일본어선의 중요한 근거지로서 (이하 생략).

⑤ 송여자도에 있는 말린 새우 제조 사진 : 汝子灣 내에 떠있는 작은 섬이다. (중략) 사진은 岡山縣人 森谷組의 말린 새우 제조로서(이하 생략)

등의 기록에서 일본인 어업 근거지를 중심으로 하여 조사가 이루어졌음을 알 수 있다.

36) 앞의 책 1-2, 33면.

(26호) 뿐만이 아니라 교육자·조합원·요리주점(料理酒店)·목욕탕·약방·과자 및 두부 제조업자 등 다양한 직업을 갖고 있었다.[37] 어청도에 일본인 거주자가 증가하면서 1903년 우편소가 설치되고, 1908년 '日本人會'가 조직되었으며, 1909년 '어청도 일본인 회립심상소학교'가 개교되었다.[38] 즉 어청도는 1900년대에 일본인들이 집주한 대표적인 지역이었다.

안동현의 압록강변에 중국 선박이 빽빽하게 정박한 모습인 [鴨綠江畔安東縣支那船碇繫之圖]와 안동현 중국인 어물점[安東縣淸國人魚店一班]의 사진 아래에 "중국과의 경계를 이루는 압록강은 수심이 얕아서 항운하강(航運河江)의 가치는 없지만 무역하강(貿易河江)으로 무한한 가치가 있다"는[39] 기록이 있다. 이것은 당시 조선연안에서 어획한 전복·해삼·상어지느러미 등을 조선에서 바로 수출하지 않고 일본으로 운송해서 중국으로 수출하는 이중 수출체계를 취하고 있었는데 이런 수출체계의 대안으로 시간적·경제적으로 보다 효율적인 압록강변 무역을 고려하고 있다는 것으로 짐작된다. 그러나 군사적인 측면 또한 간과할 수 없다. 안동현은 압록강을 경계로 조선과 마주하고 있는 곳으로 일본 제국주의의 대륙진출기지로서 매우 중요한 위치에 해당되는 곳으로 이후 일본 제국주의가 만주국을 세운 곳이다.

이와 같이 제1집의 권두 사진은 당시 일본인들이 조선 연안에 어떤 관심을 가지고 있었는지, 어떤 곳을 중요한 곳으로 인식하고 있었는지를 보여주는 중요한 자료라고 할 수 있다. 또한 당시 일본 어부들이 『한국수산지』의 내용을 전부 읽고 이해할 수 없다고 하더라도, 권두의 사진만을 보고도 조선 연안이 어떤 상태이고 또 먼저 진출한 일본 어부들이 어떤 성과를 올리고 있는지를 쉽게 알 수 있었을 것이다.

또한 사진은 근대적인 정보전달 수단으로 등장한 것이며, 근대에 들어서도 이전에는 사진 자료가 적극적으로 활용되지 않았다. 그러나 『한국수산지』에는 많은 사진 자료가 활용되고 있다. 시각적인 자료를 적극적으로 활용하고 있다는 점은 『한국수산지』의

---

37) 『韓國水産誌』 3집, 1910, 746면.
38) 이기복, 「1910~1930년대 어청도의 수산업과 다케베시즈오(武部靜雄)」, 역사민속학, 2007, 281면, 283~284면.
39) 앞의 책 1-1, 31~32면.

중요한 특징으로 지적할 수 있다.

2. 지도·해도의 활용

『한국수산지』의 중요한 특징은 수산 정보뿐만 아니라 조선의 역사 지리 정보에 많은 분량을 할애하고 있다는 점이다. 이름은 '수산지'라고 하였지만, 지리지와 수산지를 결합한 형태라고 해도 과언이 아니다. 동시에 많은 지도를 삽입하여 조선 연안의 지리 정보를 손쉽게 파악할 수 있도록 구성하고 있다. 무엇보다도 이러한 지리정보는 일본인이 조선 연안을 항해하거나 어로활동을 할 때 필수적인 내용이라고 할 수 있다. 당시로서는 일본인 어부에게 조선은 생소한 곳이므로, 조선에 대한 일반적인 정보 또한 함께 제공할 목적도 있었을 것이다.

그리고 조선에 거주하는 일본인의 수를 밝힌 점 역시 일본인의 조선 진출을 권장하는 효과를 가지고 있었을 것이다. 이미 진출한 일본인이 있다는 점은 낯선 조선 진출에 대한 거부감을 완화시킬 수 있었을 것이고, 그 수가 많지 않다는 것으로 빨리 조선 진출을 하는 편이 유리할 것이라는 판단을 내리는 데 긍정적으로 작용하였을 것이다. 이처럼 일본인들에게 조선의 지리정보를 쉽게 숙지할 수 있도록 지도·해도를 활용하고 있는 점도 주목할 만하다. 일본은 개국 이후 영국 해군의 도움을 받아 해도 측량술을 익혔고, 이를 바탕으로 일본의 일부 지역을 측량하는 과정을 거친 후, 연안 측량을 구실로 조선을 도발하였다. 결국 측량함이 아닌 운양호는 강화도 연안에서 조선군과 충돌하였다. 당시 일본 해군은 해도제작에 있어서 영국 해군에 크게 의존하였고, 영국 해도를 그대로 일본어로 옮긴 경우가 적지 않았다.

『한국수산지』에는 이러한 해도를 바탕으로 한 여러 장의 지도가 실려 있다. 예를 들어 『한국수산지』 3집에 실려 있는 「여수군도」는 현재 우리가 생각하는 지도가 아니라 해도를 바탕으로 한 것이다.[40] 내륙의 정보는 거의 보이지 않고, 바다의 갯벌이나 수심이 기재되어 있다. 「전라남도서연안」 역시 해안과 도서 지역 그리고 연안, 수심 등의

---

40) 『한국수산지』 제3집, 64~65면 사이 삽도.

정보는 자세하지만, 내륙은 해안에서 관측가능한 산지의 형상과 높이 정보만 나타난 다.[41] 연안과 수로의 상황이 대단히 복잡한 「목포항도」 역시 일본인 거주지 등의 정보를 제외하면 갯벌, 수심, 수로 등이 기재되어 있는 해도에 지리정보를 보완한 것임을 알 수 있다.[42]

그 밖에도 『한국수산지』 제3집의 「돌산군도」, 「진도군전도」, 「지도군전도」, 「제주도도」, 「전라북도전연안도」, 「군산항부근도」, 「전라남도연안도」 1·2·3 등이 모두 해도에 바탕을 둔 지도이다. 특히 「제주도도」의 경우는 대경도(對景圖)라고 하는 해도에 첨부되는 형식으로 제주도를 보여주고 있다. 이처럼 『한국수산지』는 조선의 지리와 연안의 상황을 보여주기 위해서 해도와 지도를 적극적으로 사용하고 있다. 조선 연안의 수로 상황을 보여주는 『조선수로지』에는 해도가 사용되지 않았다. 왜냐하면 해도는 해군의 기밀사항이기 때문이다. 그럼에도 불구하고 『한국수산지』에 해도가 다소 간략화된 형태이기는 하지만 수십 장이 게재되어 있는 것은, 그만큼 명치정부로서는 일본인들이 조선에 진출할 수 있는 여건을 조성하고 싶었기 때문일 것이다. 한편 지도에 보이는 영문 명칭은 일본 해군 수로부에서 조선 해도를 제작하면서 구미 각국의 해도에 기록된 영문 명칭 중에 알 수 없는 지명 또는 바위섬(암초) 등은 영어 음가를 그대로 가타카나로 바꾸어 기록한 것으로 추정된다. 그렇지만 조선 연안임에도 어떻게 영문 명칭이 붙은 것일까? 당시 근대 유럽의 세계 질서였던 만국공법이라는 국제법과 무관하지 않은 것으로 생각할 수 있다. 구미의 열강은 자국은 문명국(문명개화국)이고 아프리카를 비롯한 문명이 뒤떨어진 나라를 야만국(미개화국)으로 간주하여 먼저 야만국을 점유하는 문명국(열강국)이 그 소유권을 가질 수 있다는 무주지 선점(先占) 논리를 만들었다. 이 논리에 의해 각 열강국은 해군 함정을 이끌고 해양으로 진출하여 남의 나라 연안을 무단 측량한 후 해도를 제작할 때 측량국가, 측량일자, 간행일자 등을 반드시 기록해서 다량 인쇄하여 매우 싼값으로 판매하였다고 한다.[43] 또한 무단으로 실측하여 제작한 해도에는 실측 船名(또는 船長名)이나 자국의 주요 인물명 등을 기록한

---

41) 『한국수산지』 제3집, 112~113면 사이 삽도.
42) 『한국수산지』 제3집, 112~113면 사이 삽도.
43) 미아자키 마사카츠 저, 이근우 옮김, 『해도의 세계사』, 어문학사, 2017, 303면.

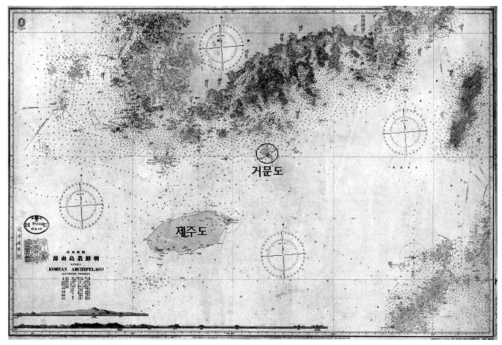

〈그림 1〉해도 320호(朝鮮叢島南部): 거문도와 제주도

명칭이 있다. 해도를 제작하면서 수로나 암초 그리고 정박지 등의 명칭을 잘 파악하지 못한 것이 있어서 편의상 기록한 것이라고 생각할 수도 있겠지만, 이 명칭들은 만국공법의 부수지 선점 논지에 입각해서 의도적으로 기록했을 가능성이 있다고 할 수 있다. 명치21년(1888) 12월 일본 해군 수로부에서 간행한 해도 320호(朝鮮叢島南部)에는 거문도에 해밀턴항(ハミルトン港)과 사마랑암(サマラング岩)이 기록되어있다.44) 이것은 1845년 영국 해군 함정 사마랑(Samarang)호가 제주도와 거문도의 일내를 무단 측량하고 해도를 제작할 때 기록한 것으로 추정된다. 이 해도에 보이는 해밀턴항의 위치는 현재의 거문도 여객터미널의 진입로 일대이며, 사마랑암은 동도(거문도의 세 섬 중 동쪽 섬)의 북단에 떠 있는 간여45)라는 바위섬으로 추정된다. 그런데 흥미로운

---

44) 「海圖320號(朝鮮叢島南部)」에는 '測量機關國:英海軍'이라고 명시되어 있다.
45) '거문도 전도 포인트'라는 지도에는 '바깥간여'라고 표기되어 있다.

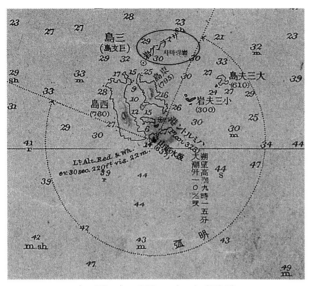
〈그림 2〉 거문도와 사마랑암

것은 이 해도에는 사마랑암이 또 한 곳이 있는 점이다. 제주도 남안의 서쪽 끝에 발로도(バルロ-島)라고 기록된 섬의 서쪽에 사마랑암(サマラング岩)이 있다.[46]

「해도 320호」(朝鮮叢島南部)에 기록된 사마랑암(サマラング岩)의 위치는 다음과 같다.

〈그림 1〉은 거문도와 제주도이고 〈그림 2〉는 거문도와 사마랑암의 위치, 〈그림 3〉은 제주도와 사마랑암의 위치를 나타낸 것이다. 동그라미 부분이 사마랑암(サマラング岩)이다.

이것은 1845년 사마랑호가 조선연안의 제주도에서 거문도까지 무단 측량하고 해도를 작성하면서 무주지 선점 논리를 갖고 의도적으로 기록해 둔 것으로 유추할 수 있다. 사마랑호

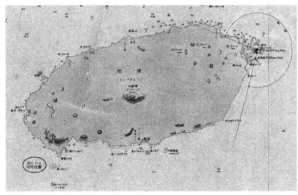
〈그림 3〉 제주도와 사마랑암

가 무단 측량하고 돌아간 뒤 수십 년이 지난 뒤에 영국 해군이 1885년부터 1887년까지 거문도를 무단 점령한 사건이 있다. 러시아 남하정책에 대한 방어책으로 거문도를 주둔지로 삼았다는 것이다. 그러나 주둔지로 삼은 이유가 이것뿐이었을까? 1845년 영국 해군이 사마랑호를 이끌고 조선 연안의 서남해 일대를 무단 측량하고 제작했던 해도와

---

46) 현재 バルロ-島는 '가파도', サマラング岩은 '목그친여'로 추정된다.

연관이 있는 것은 아닐까? 이 해도로 영국 해군은 거문도 일대의 연안 정보를 사전에 파악할 수 있었기 때문에 손쉽게 점령할 수 있었을 것이다. 더욱이 이 해도에 영국 군함 사마랑(사마랑암)과 당시 영국 해군성 차관인 해밀턴의 이름을 딴 해밀턴항이라는 명칭이 기록되어 있기 때문은 아닐까? 이 명칭을 무주지 선점 논지의 근거로 삼아 점령하였을 가능성이 있다.

1888년 일본 해군 수로부에서 「해도 320호」(朝鮮叢島南部)를 간행할 때 이 해도의 원도를 그대로 가져와서 영문으로 된 지명 등을 한자로 수정 보완하면서 알 수 없는 지명 등의 명칭은 영문음을 그대로 가져와서 가타카나로 기록하였던 것이다.[47]

『한국수산지』 1권에는 1908년 일본 정부에서 항운업 보조사업을 시행하고 있음을 언급하였는데 한남기선주식회사(韓南汽船株式會社)의 경우에는 보조금 9만원(매년 3년간 3만원씩 교부)을 받았다. 보조금을 지원받은 회사는 운항 횟수, 기항지, 운임·정관변경·주주배당금 등 운영에 관한 일체에 대하여 일본 정부의 인가를 받아야 하며, 매 결산기마다 재산목록·대차대조표·영업보고서·손익계산서·준비금·이익배당에 관한 서류를 정부에 제출하여야 한다. 또한 일본정부는 보조금을 수령한 회사의 금고·장부·문서·물건 등을 언제라도 검사할 수 있는 권한을 가지며, 항해 횟수, 선박 총톤수, 항해 노선 등의 명령권과 동시에 비상사태가 발생하면 각 항로의 선박(선원 포함)에 대한 지휘권을 가진다는 것을 명시해 두었다.[48] 일본 정부는 사전에 이런 조항까지 명시하여 전쟁에 대한 대책을 주도면밀하게 세워두고 있었다는 것을 알 수 있다.

3. 근대적인 분류와 유통 정보

『한국수산지』 제1집 제2편의 수산물 일반에 기록된 유용수산물 분류 방법은 「일본유용수산분류표(日本有用水産分類表)」를 근거로 분류한 것으로 추정된다. 「일본유용수산분류표」는 일본수산지 편찬 총괄을 맡은 다나카 요시오(田中芳男)[49]가 교열하고

---

47) 日本 海軍 水路部, 「海圖320號」, 1888(明治 21) 12월 발행.
48) 앞의 책 1-1, 181, 186~188면.
49) 田中芳男(1838 - 1916)은 幕末에서 明治時代에 활동한 博物學者이다. 伊藤圭介에게 난학과 박물

농상무성 기수인 야마모토 요시가타(山本由方)가 편집[編選]한 것을 1889년 대일본 수산회에서 간행하였다. 수산물을 동물문과 식물문으로 분류하여 동물문 아래로 어부(漁部)-연체부(軟躰部)-갑각류(甲殼類)-수충부(水蟲部)-수수부(水獸部)-파충류(爬蟲類) 6개 부문으로, 식물문 아래로 수약부(水藥部) -수초부(水草部) 2개 부문으로 분류하였다.[50] 조선의 유용수산물과 일본의 유용수산물을 몇 가지만 대조하면 〈표7〉과 같다.

〈표7〉 조선 유용수산물 분류와 일본유용수산분류

구분	수산물	朝鮮 有用水產分類	日本 有用水產分類
동물	고래	海獸類	水獸部
	조기, 명태, 정어리 · 멸치	魚類	魚部
	전복	貝類	軟躰部-單殼類
	해삼	其他類	水蟲部-棘皮類
	새우	其他類	甲殼部-蝦部
식물	김	海藻類	水藥部-淡水苔類

『한국수산지』는 포유류에 속하는 고래 등의 해수류를 처음에 두고, 다음은 어류→패류→조류(藻類)→기타류(극피류 · 갑각류)[51] 등으로 배열하고 있다. 이러한 배열순서는 근대적인 분류법에 의거한 것이라고 할 수 있다. 『한국수산지』는 근대적 분류법에

학을 修學하였으며 大日本水產會 設立에 공헌하였고, 우에노공원의 박물관과 동물원 설립에 진력하였다. 오스트리아와 아메리카 등 만국박람회 사무관을 역임, 1881(明治 14)년에 농상무성 농무국장이 되었고, 다음해 박물관장을 겸하였다(日本國立國會圖書館日本人名大辞典).

50) 「日本有用水產分類表」, 農商務省水產局, 大日本水產會, 1889(明治 22).「日本有用水產分類表」에 보이는 분류는 伊藤圭介에 의한 것이다. 그는 지볼트에게 蘭學을 배워 린네의 식물분류체계를 일본 최초로 번역하였다. 교정은 伊藤圭介로부터 난학과 박물학을 배운 田中芳男에 의한 것이며, 린네의 분류형식에서 영향을 받은 것으로 추정할 수 있다.

51) 기타류로 묶은 것은 항목이 10종밖에 되지 않기 때문에 어종 특성과 관계없이 하나로 분류한 것으로 생각된다.

의거하여 수산물을 분류한 한국 최초의 문헌이라는 점에서 주목할 만하다.

조선 후기에 저술된 수서 생물에 관한 전문서인『우해이어보(牛海異魚譜)』(1803), 『자산어보(玆山魚譜)』(1814),『난호어목지(蘭湖漁牧志)』(1820) 등은 전문 생물학 문헌의 본격적인 시작이라고 평가하는 견해가 있다.52) 그러나『자산어보』를 근대적인 분류방법에 의거한 문헌이라고 보기는 어렵다.『자산어보』의 분류방법은 동아시아의 전통적인『본초강목』등의 분류법을 그대로 따르면서, 근대의 분류방법은 변형(진화) 과정을 고려한 것이기 때문이다.53)『자산어보』에서 인류(鱗類)·무린류(無鱗類)· 개류(介類)·잡류(雜類)로 수서생물을 분류하고 있으나, 개류로 분류된 조개와 게는 근대적인 분류법에 따르면 연체동물과 절지동물이라는 전혀 다른 종류이다. 전통적인 분류에서는 고래와 상어가 같은 무린류에 속하겠지만, 고래는 척추동물 중 포유류이고, 상어는 척추동물 중 연골어류이다. 즉 전통적인 분류는 형태적인 유사성에 바탕을 두고 있기 때문에, 근대적인 분류방법과 차이가 나는 경우가 적지 않다. 이에 대해서『한국수 산지』에서는 고래를 해수류로 일반적인 수서생물과는 전혀 다르게 분류하고 있다. 이 처럼『한국수산지』는 우리나라에서 간행된 문헌으로서는 최초로 근대적인 분류법을 도입하였다.

그리고 각종 어획 수산물의 조업 상황 및 판로 등도 자세히 소개하고 있다. 예를 들어 고래와 상어잡이는 대부분 일본 출어자가 독점하였으며, 상어는 처음에는 지느러미만 수출품으로 쓰고 나머지는 버렸지만 조선인들이 상어고기를 식용한다는 것을 알게 되 면서 조선 시장에 내다팔게 되었다. 그렇지만 1908년부터는 염장하여 어묵 등의 재료 로 쓰이게 되어 일본 하카다(博多)·시노모세키(下關, 馬關) 등에 수송하였다고 하였

---

52) 정종우,「『자산어보』: 현대적 형식을 갖춘 생물분류 문헌」,『지식의 지평』21, 2016, 1-11면.

53) 山田慶兒編,「本草における分類の思想」,『東アジアの本草と博物学の世界』上, 思文閣出版, 1995, 40~41면.『大和本草』가 나타난 이후 본초와 자연에 대한 많은 저작이 집필되고 또한 출판되었 다. 그중에는 예를 들어 神田玄紀의『日東本草圖纂』12권(1780)처럼『大和本草』의 분류를 채용 한 것도 있고 後藤光寧의『随觀寫眞』20권(1757)처럼 草部에 百合·小菊·蘭·菊이라는 전통적인 本草書에 전혀 없었던 類를 새로 만들기도 하고 한편 魚部를 15類로 나누는 등, 매우 독창적인 분류를 한 것도 있었다. 그러나 대부분의 경우는 간단한 분류이면『證類本草』, 상세한 분류이면 『本草網目』의 분류에 따르지만, 때로는 그 변형을 사용했다. 그러한 상황은 린네 체계의 수용에 의해 처음으로 깨뜨려졌던 것이다.

다.54) 이러한 기록은 일본 어부들이 조선 연안에서 어떤 수산물을 잡아서, 어떻게 팔수 있는지를 보여주기 위한 것이 분명하다.

그 밖에도 미끼가 되는 어획물은 낙지·새우·해삼·곰치·개불·갯가재 등이며 이중에 낙지가 미끼의 으뜸이라고 한다. 매입할 때에 어선들이 한꺼번에 몰려들어 개인이 직접 구입하기 곤란하여 미끼판매 중개자도 있다고 하였다.55) 이 또한 조선 연안으로 출어하려는 일본 어부에게 조업에 필수적인 미끼를 어떻게 확보할 수 있는지를 소개하고 있는 것이다.

그리고 어획된 수산물을 어떻게 판매·운송되는지에 대하여는 먼저 조선 어선의 경우는 성어기가 되면 조업 어선 1척에 출매선 2~3척이 몰려드는데 이 출매선은 어선에 선대금을 지불한 수산업자와 중개인 또는 소매상인의 운반선으로 대부분 냉장시설을 갖춘 선박이며 조선 내륙 판매가 목적이다. 어획물의 독점권 또는 전매권을 가진 어장 유권자 및 객주는 중개인으로 선상에서 중매인(소매상인 포함)에게 매도하는데, 얼음이 빨리 녹는 주간을 피해 야간에 거래가 이루어졌다고 한다. 이것은 일몰 후 불을 밝히면 어획물의 색과 윤기가 좋아 보이는 이점이 있기 때문이라고 하며, 매입자의 입장에서도 다음날 아침 시장에 내다 팔기 편하기 때문이라고 하였다.56)

한편 일본어선의 경우에도 모선(母船)이 여러 척의 조업 어선과 선대금을 지불한 후 계약을 맺고 어획물 전량을 매수한다. 모선에는 염절모선(鹽切母船)과 활주모선(活州母船)이 있는데, 염절모선도 선어는 가까운 부산과 인천시장에 내다팔고, 염어는 시모노세키, 모지, 하카타 등지에 운송하였다. 활주모선은 수조를 설치한 후 물고기를 산 채로 운송·판매하는 것을 목적으로 한다. 남해안(부산 중심)의 어획물은 대부분 부산수산주식회사에서 매수하여 부산시장 또는 일본 오사카로 수송하였고, 서해안(인천 중심)에서 매수한 어획물은 주로 인천과 군산시장에 운송하였으며, 일본으로 운송한 것은 극히 적었다고 한다.57)

---

54) 앞의 책 1-1, 236면.
55) 앞의 책 1-1, 214면.
56) 앞의 책 1-2, 19, 25~26면.
57) 앞의 책 1-2, 31~33면.

당시 조선에서 규모를 제대로 갖춘 어시장은 거의 일본인이 운영하였으며, 부산 어시장과 인천 어시장이 가장 번성하였고 다음이 군산·마산·진남포라고 하였다. 판매기관은 부산수산주식회사·인천수산주식회사·군산수산주식회사·마산수산주식회사 등이 있었다.

부산수산주식회사의 「어시장매상 및 단가 월차표」에는 명치 38~40년 사이에 각 월별로 어획 어종에 대하여 총 매상금액과 발송지 등을 자세하게 기록되어 있어서 당시 판매된 주된 어종이 무엇인지, 계절별로 주요 어획 장소는 어디인지, 어획물 시세와 매상총액은 대략 얼마나 되는지, 어느 곳으로 주로 운송 판매되었는지 파악할 수 있다.[58]

이는 실제 조선 연안에서 일본어부들이 어떤 시기에는 어느 지역에서 어떤 수산물을 목적으로 조업하였고, 또 조업한 해역에 따라서 어느 곳으로 운송해야 하는지를 극명하게 보여주는 사료라고 할 수 있다.

4. 근대적 통계와 색인

1905년 11월 한일 을사늑약 체결 후 일본정부는 통감부 및 이사청 관제를 공포하고 개항지를 비롯한 항만지역 13개소에 이사청을 설치한 후 조선에 대한 전반적인 통계조사를 실시하여 『통감부통계년보(統監府統計年報)』(1908~1911)를 간행하였다. 『통감부통계년보』는 특히 호구에 대하여 매우 세밀한 조사가 이루어졌는데 조선인인 경우는 현 주소를 기준해서 연령별·본적지별·직업별로 구분한 각각의 통계표가 있으며, 일본서류자인 성우는 거류민단별·일본인회별 등으로 구분한 각 통계표가 있다.[59] 그리고 조선 연안 조사는 1908년 2월 농상공부 수산국에서 추진하였으며 조선 연안을 14구로 나누고 구별 담당조사원을 두어 신속하게 조사를 수행하였다.[60] 그 결과물이

---

58) 앞의 책 1-2, 45~57면.
59) 『統監府統計年報』는 제1차(1908년 1월, 총 289면), 제2차(1909년 3월, 총 453면), 제3차(1910년 3월, 총 625면), 제4차(1911년 3월, 총 1,027면) 모두 4차례 간행되었다(日本國立國會圖書館).
60) 이근우, 「『韓國水産誌』의 編纂과 그 目的에 대하여」, 『동북아문화연구』 27, 2011, 105면.

『한국수산지』이며, 총 4권 가운데『한국수산지』제1집이 같은 해 12월에 간행되었다.

『통감부통계년보』는 조선 내륙을 중점으로 한 조사라고 한다면『한국수산지』는 조선 연안을 중점으로 한 조사라고 할 수 있으며, 두 서적을 편찬하는 과정에서 상호 정보 교환이 이루어졌을 것으로 생각된다. 또한『한국수산지』는 일본 정부가 조선에 대한 식민지 통치기반을 구축하기 위하여 조사 편찬한『통감부통계년보』와 같은 연장선상에서 조사 편찬된 것으로 조선 연안 식민지 사업의 출발점이라고 할 수 있다.

이뿐만 아니라,『한국수산지』전체에 걸쳐서 많은 통계표가 실려 있다. 제3집의 경우를 보면, 전라남북도의 논밭의 면적 및 일본 단위인 정보(町步)로 환산한 면적을 보여주는 통계, 일본인으로서 농사경영에 종사하는 자에 대한 통계 등이 실려 있다. 이들 통계에는 경영자의 수, 소유지의 면적, 투자 금액, 해당 토지에 생산되는 생산량의 가격, 농업경영자의 지역별 구입 가격이 나타나 있다. 앞에서 언급한 바와 같이『한국수산지』는 '수산지'의 성격만 가지고 있는 것이 아니라 '지리지'인 성격도 함께 가지고 있다. 그 밖에도 해안선의 길이를 연안과 소속 도서로 나누어 파악하여 합산하였다. 이러한 정보는 전통시대에는 전혀 주목하지 않았던 요소라고 할 수 있다.

그 밖에도 목포측후소가 설치된 이후, 기온 풍속 강우량 습도와 같은 각종 기상 현상에 대한 평균치와 최대치를 비롯하여 조석의 삭망고조에 대한 정보도 실려 있다. 조석 현상에 대해서는 연안의 어민들은 알고 있었지만, 국가적인 차원에서 파악된 것은 이때가 처음이었다.

또한 제2집부터 제4집의 말미에는 각 군별 「어사일람표(漁事一覽表)」 1과 2가 첨부되어 있다. 「어사일람표」 1에는 군면리의 이름, 총호구, 어업자 호구, 망 종류 및 수, 어살 등의 소재지가 파악되어 있다.[61] 특히 연안 마을의 총호구 및 어업 호구에 대한 통계자료 역시 우리나라에서 최초로 작성된 것이다. 「어사일람표」 2는 마을 별로 어채물의 종류, 어채물생산액, 판매지, 군읍까지의 거리, 부근 시장까지의 거리, 부근 시장의 개설일 등이 기록되어 있다.

2~4권에는 마지막에 지명 색인도 첨부되어 있다. 조선의 지명에 익숙하지 않은 일본

---

61) 郡에 따라서 일부 정보가 누락되어 있는 경우가 있다.

인에게는 어떤 지명이 어느 지역에 있는지 알지 못하는 경우가 많았을 것이므로, 색인은 대단히 유용하였을 것이다. 색인은 전통시대에는 없었던 새로운 요소이다. 중국에서는 이를 인득(引得)이라고 하는데 이는 영어 index의 번역어로 근대에 만들어진 것이다. 이 시기에 발간된 문헌 중에도 색인이 마련되어 있는 경우는 많지 않으며, 수해양 분야에서 국한한다면, 영어와 번역어를 대조한 색인표가 붙어 있는 일본 해군 수로부가 도쿄에서 출간한 『조선수로지』가 있다.[62] 따라서 『한국수산지』는 우리나라에서 발간된 문헌 중에서 최초로 색인이라는 기법을 활용한 사례라고 할 수 있다.

V. 결론

『한국수산지』 제1집 서문에는 『한국수산지』 편찬 목적을 조선 수산업을 개발하여 국민의 경제적 이익과 국가 재원을 확보하는 데 있다고 주장하고 있다. 그러나 조선의 수산 개발을 구실로 하여 일본 제국주의가 조선의 내륙을 장악하기 위한 출발점으로 조선 연안을 먼저 장악하고자 하였으며 이에 일본 자국민에 대한 조선연안 진출 장려사업 및 일본 출어자의 근거지 구축사업을 본격화하면서 일본 어업자를 위한 조선연안 지리정보지가 무엇보다 시급했던 것이다.

이와 같이 『한국수산지』는 일본 제국주의의 식민지개척이라는 시책의 연장선상에서 탄생한 것이라는 점을 본 논문에서 개략적으로 살펴보았다. 『한국수산지』의 전체적인 구성은 각 권마다 권두에 사진을 배치하고 있으며, 곳곳에 지도와 해도를 삽입하였으며, 각종 통계자료를 제시하였다. 또한 제2집부터 제4집의 말미에는 「어사일람표(漁事一覽表)」를 첨부하였다. 마지막으로 지명 색인을 마련하였다. 이러한 『한국수산지』의 체재는 여러 가지 근대적인 새로운 기법을 활용한 결과라고 할 수 있다.

제1집은 인문지리정보라고 할 수 있는 제1편, 수산정보라고 할 수 있는 제2편으로 구성되었고, 제2집에서 4집까지는 함경도에서 강원도, 경상도, 전라도, 충청도, 경기도, 황해도, 평안도를 순서로 하여 각 도별로 연안의 정보, 어업과 관련된 정보를 중심으

---

62) (日本海軍)水路部, 『朝鮮水路誌』「朝鮮水路誌地名總索引」, 東京, 東京製紙分社, 1894, 1~26면.

로 정리되어 있다. 이러한 구성은 어업을 목적으로 조선 연안에 출가(出嫁)하는 일본 어민들뿐만 아니라, 조선에 대한 전반적인 정보 특히 자세한 지리정보와 통계자료를 제공하여 일본인의 조선 정착을 권장하려는 의도를 갖고 있는 것이다.

『한국수산지』는 일본의 제국주의적 식민지 침탈의 산물이지만, 근대적인 인식과 기법 그리고 다양한 새로운 요소를 담고 있는 문헌이다. 한편으로는 근대적인 수산교육을 받은 수산전문가들이 자신들의 조사와 조선이 만들어놓은 기존의 자료, 그리고 조선의 행정조직을 통해서 제공받은 보고 등을 기초로 편찬한 수산과 종합적인 문헌이라는 점에서도 종래의 '어보(魚譜)'과 구별된다.

참고문헌

단행본

이근우·김문기·신명호·조세현·박원용,『19세기 동북아 4개국의 도서분쟁과 해양경계』, 동북아역사재단, 2008.

연구논문

이기복,「1910~1930년대 어청도의 수산업과 다케베시즈오(武部靜雄)」,『역사민속학』24, 2007. 263-310.

강재순,「韓國水産誌 편찬단계(1908)의 전통어업과 일본인 어업」,『동북아문화연구』27, 2011.

김수희,「일제시대 고등어어업과 일본인 이주어촌」,『역사민속학』제20호, 한국역사민족학회, 2005.

김수희,「근대 일본식 어구 안강망의 전파와 서해안 어장의 변화과정」,『대구사학』104, 대구사학회, 2011.

이근우,「수산전습소의 설립과 수산교육」,『인문사회과학연구』11-2, 인문사회과학연구소,

2010.

이근우, 「明治時代 일본의 朝鮮바다 조사」, 『수산경영론집』 43, 2012.

이근우, 「『韓國水産誌』의 編纂과 그 目的에 대하여」, 『동북아문화연구』 27, 2011.

이근우, 「『韓國水産誌』의 조사방법과 통계자료의 문제점」, 『수산경영논집』 45-3, 2014.

김문기, 「海權과 漁權: 韓淸通語協定 논의와 어업분쟁」, 『大丘史學』 126, 2017.

번역서 및 외국논저

大韓帝國 統監府 農商工部 水産局, 『韓國水産誌』 第1輯・第2輯, 1908.

朝鮮總督府農商工部, 『韓國水産誌』 第3輯, 1910. 第4輯, 1911.

農商務省 水産局編纂, 『日本水産捕採誌』(全), 東京水産社, 1935.

農商務省 水産局編纂, 『日本水産製品誌』(全), 東京水産社, 1935.

『統監府統計年報』 第1次, 統監府, 1908.

『監府統計年報』 第2次, 統監府, 1909.

『統監府統計年報』 3(明治41年), 統監府, 1910.

『統監府統計年報』 4(明治42年), 統監府, 1911.

吉田敬市, 『朝鮮水産開發史』, 朝水會, 1954.

二野瓶德夫, 『日本漁業近代史』, 株式會社 平凡社, 1999.

大日本水産會, 『大日本水産會報告』 79・80, 1881.

河原田盛美, 『清國輸出日本水産圖說』 上卷, 農商務省 水産局, 1886.

『日本有用水産分類表圖書(大日本水産会報告號外)』, 大日本水産會, 1889.

關澤明清・竹中邦香 同編, 『朝鮮通漁事情』, 團々社書店, 1893.

大日本水産會, 『大日本水産會水産傳習所報告』, 1897.

松井 魁, 『書誌學的水産学史並びに魚学史』, 鳥海書房, 1983.

片山房吉, 『大日本水産史』, 有名書房, 1983.

『韓國水産誌』의 조사방법과 통계자료의 문제점[*]

이근우

I. 서 론

『한국수산지』는 1908년부터 1911년에 걸쳐 간행된 조선 수산업에 대한 조사보고서이다. 일본에 의한 조사이기는 하지만 조사내용이 다양하고 그 양도 방대하며, 1910년을 전후한 시기의 조선의 수산업 현황을 보여주는 중요한 자료라고 할 수 있다. 1907년에 통감부의 관제 개편이 이루어졌고, 대한제국의 농상공부에 수산국이 설치되었다. 이때부터 5개년에 걸쳐 전국의 수산업 현황을 면밀하게 조사하였다. 『한국수산지』는 일본에 의한 조선의 수산업 현황을 종합 정리한 완결판이라고 할 수 있다.[1] 일제는 이것을 통하여 조선 수산업의 현황을 파악하고 일본어민으로 하여금 조선 연해에 진출하게 하고, 나아가 조선 어업을 통제할 수 있었다.[2] 따라서 우리 학계에서는 『한국수산지』를 이용하여 당시의 수산업을 복원하기 위한 여러 가지 연구를 수행해 왔다.[3]

이 글에서는 우선 『한국수산지』의 내용을 통하여 구체적인 조사작업이 어떻게 수행

---

[*] 이근우(2014), 「『한국수산지(韓國水産誌)』의 조사방법과 통계자료의 문제점」, 『수산경영론집』 45권 3호, 한국수산경영학회.

[1] 이근우(2012), 「명치시대 일본의 조선 바다 조사」, 『수산경영론집』 43-3, pp.1~22.

[2] 이영학(2011), 「통감부의 조사사업과 조선침탈」, 『역사문화연구』 39, p.242.

[3] 조창연·김학태(2005), 「『한국수산지』를 통해 본 1910년경 충남 서해안 지역 수산업에 관한 경제지리학적 고찰」, 『한국경제지리학회지』 8-1, pp.153~169; 강재순(2011), 「『한국수산지』 편찬단계(1098년)의 전통어업과 일본인 어업」, 『동북아문화연구』 27, pp.129~149; 심민정(2011), 「『한국수산지』 편찬시기 부산 지역 일본인 거류와 수산활동」, 『동북아문화연구』 28, pp.573~595; 신보배(2010), 「『한국수산지』를 통해 본 부산 경남지역의 어업 현황」, 『부경대학교인문사회과학연구』 11-2; 이예지(2010), 「『한국수산지』의 통계자료와 문제점」, 『부경대학교 인문사회과학연구』 11-2, pp.85~107.

되었는지를 살펴보고, 나아가서 인구 및 어업 관련 통계자료의 문제점을 지적해 보고 자 한다.『한국수산지』라는 방대한 자료가 편찬되었지만, 구체적인 조사과정에 대한 정보는 극히 부족한 실정이다. 한편『한국수산지』의 자료는 여러 가지 문제점을 안고 있다. 방대한 조사사업의 결과이고 또한 1910년을 전후한 조선 수산업의 실상을 생생 하게 보여주는 자료이기는 하지만, 한편으로는 대단히 불완전하고 부정확한 측면도 간과할 수 없다.[4]『한국수산지』를 연구자료로 쓰고자 할 경우 자료가 갖는 특징과 한계 점을 분명히 인식할 필요가 있다. 그래서『한국수산지』에 보이는 통계자료의 문제점을 지적해 보고자 한다.

Ⅱ. 한국수산지의 군별 기재와 조사방법

『한국수산지』는 1908년에 1권이 출간되었고, 1910년에 2권과 3권, 1911년에 4권 이 각각 출간되었다. 조사를 수행한 핵심적인 인물은〈표 1〉에서 보는 바와 같이 대부분 일본 최초의 수산교육기관이라고 할 수 있는 水産傳習所[5] 출신들이었다.[6] 이들이 각 구역을 분담하여 집필하고 이를 편집하여『한국수산지』로 출간한 것이다(〈표 1〉). 조 선의 연안 전 지역에서 이루어지고 있었던 수산업의 실태를 단기간에 정밀하게 조사하 는 것은 불가능에 가까운 작업이었을 것이다.

『한국수산지』의 서문에 의하면 조사에 착수한 것은 1907년(隆熙 원년, 明治 40)이 고, 1908년(隆熙 2)과 1909년(隆熙 3)에 본격적인 조사가 이루어졌음을 알 수 있다. 함경북도부터 평안북도에 이르는 해안의 실태를 담은『한국수산지』2권과 3권이 출간 된 것이 1910년이므로, 실제로 조선 해안의 현지 조사작업이 수행된 것은 불과 2년 정도의 기간이었음을 알 수 있다.[7]

---

4) 이예지, 앞의 논문, pp.85~107.
5) 후에 水産講習所로 개칭하였고, 東京水産大學을 거쳐 현재는 東京海洋大學이 되었다.
6) 이근우(2011),「한국수산지의 편찬과 그 목적에 대하여」,『동북아문화연구』27, pp.105~120.
7) 『한국수산지』3권의 서문에서 한국정부 시대에 조사한 자료에 의거하였다고 하였다(『한국수산 지』3권 例言, p.1). 한편 일본의 수산지에 해당하는『日本水産捕採誌』는 明治 19년(1886)에 착 수하여 明治 28년(1895)에 탈고되었다(『일본수산포채지』, 1912, 서문). 일본의 수산지는 그 밖

아울러서 조사자에 의한 편차, 조사여건의 편차 등 다양한 이유로 판단해 봐도『한국수산지』에서 전체적인 통일성을 기대하기란 애초부터 무리였다고 할 수 있다.

〈표 1〉『한국수산지』도별 조사자

도별	지역	조사자	구역	
함북		佐藤周次郎[8]	경흥 등	
		許斐兵治[9]	경흥 등.	
		小島省吾[10]	성진~어대진	
함남		大坪與一[11]	단천 등	
		小島才一[12]	영흥만 연해	
강원[13]		正林英雄[14]	강릉 등	
		中西楠吉[15]	간성 등	
경북		林駒生	전역	
경남	동부	林駒生		
	중부 및 도서	木村廣三郎[16]	창원 등	
	서부	遠山龜三郎[17]	남해 등	
	동부	富樫恒[18]	동부	정어리
전남	남동부	遠山龜三郎	광양 등	
	남서부	富樫恒	완도 등[19]	
	제주	吉崎建太郎[20]	제주도	
	북서부	大庭弘雅		
전북		大庭弘雅		
충남		大野潮[21]	태안 등	
		高妻政治[22]	서천 등	
경기		河村省三		
황해도		正林英雄		
		松生猪三男		
	북서부	樋口律太郎		
평남		樋口律太郎		
평북		池內猪三郎		
			군별 보고서	

에도『日本有用水産誌』『日本水産製品誌』로 구성되어 있다.

1. 군별 기재방식

이제 실제로 조사된 내용을 비교해 보고자 한다. 『한국수산지』 2권 경상북도 영일군과 경상남도 울산군, 『한국수산지』 3권의 전라남도 해남군과 충청남도 당진군을 비교의 대상으로 삼았다. 네 군은 각각 동해안, 남해안, 서해안에 위치하며 어업이 활발한 곳이었다. 행정구역상으로도 경상북도, 경상남도, 전라남도, 충청남도에서 각각 한 군씩 선정한 것이다. 수록 내용에 있어서 4개의 군은 거의 비슷한 분량이다.

『한국수산지』의 이들 군에 대한 『한국수산지』의 각각의 차이점을 지적해 보면 다음과 같다. 첫째, 군 별 기재의 일관성이 결여되어 있다. 〈표 2〉에서 확인할 수 있는 것처럼, 각 군마다 첫머리에 연혁 경역 하천 장시 호구 물산 구획을 기록하고 읍면 별로 연안 마을의 조사 결과를 기록하는 대략적인 원칙을 가지고 있다. 그러나 세부로 들어가서 보면 각 항목이 모두 기록되지 않은 경우가 적지 않음을 알 수 있다. 영일군에서는 하천과 호구에 대해서 군의 개략에 자세히 기록하였으나 다른 군에서는 전혀 확인되지

---

8) 조사자는 佐藤周次郞이고 조사구역은 慶興 鍾城 富寧 會寧 鏡城 明川 吉州 城津으로 되어 있다. 『한국수산지』 2권 자료 p.2. 『한국수산지』 제1권에서는 함경북도 조사자가 佐藤周次郞으로 나와 있지만, 2권에서는 許斐兵治와 小島省吾가 함경북도 조사에 참가하였음을 밝히고 있다.
9) 조사자는 許斐兵治이고 조사구역은 慶興 富寧 會寧 鏡城이다.
10) 조사자는 小島省吾이고 조사구역은 城津 梨洞에서 鏡城 漁大津이다.
11) 조사자는 大坪與一이고 조사구역은 端川 北靑 洪原이다.
12) 조사자는 小島才一이고 조사구역은 永興灣 연해이다.
13) 강원도 관찰도청이 올린 通川 高城 襄陽 三陟 蔚珍 平海에 대한 조사보고서와 울진군수 劉漢容이 제출한 「江原道蔚珍郡輿地略論」도 참고하였다(『한국수산지』 2권 자료, p.6.).
14) 조사자는 正林英雄이고 조사구역은 江陵 襄陽 杆城 高城 通川이다.
15) 조사자는 中西楠吉이고 조사구역은 杆城 巨津에서 平海까지이다.
16) 조사자는 木村廣三郞이고 조사구역은 昌原 巨濟 鎭海 龍南 泗川 固城이다.
17) 조사자는 遠山龜三郞이고 조사구역은 南海 昆陽 河東이다.
18) 조사자는 富樫恒이고 조사구역은 順天 麗水 突山으로 於蘭浦에서 南海에 이르는 지역이다.
19) 조사구역은 莞島 珍島 務安 및 南西岸이다.
20) 조사자는 吉崎建太郞이고 조사구역은 제주도이다.
21) 조사자는 大野潮이고, 조사구역은 泰安 唐津 沔川 牙山 海美 瑞山 鰲川이다.
22) 조사자는 高妻政治이고 조사구역은 舒川 庇仁 藍浦 保寧 鰲川 結城 瑞山이다.

않으며, 반대로 영일군에는 물산에 대한 내용이 없는 반면 다른 군에서는 비교적 상세하게 주요 물산을 기록하였다. 특히 경상북도와 경상남도 동부 즉 강원도 이남의 해안 지역은 林駒生[23]이 조사책임자였는데, 군 별로 기재방식이 반드시 일치하지 않음을 알 수 있다.

둘째, 군 별로 조사의 精度에서 큰 차이가 난다. 당진군처럼 각 마을의 戶口를 정확히 파악한 경우가 있는가 하면, 전라남도 해남군처럼 호구는 전혀 기재하지 않은 경우가 있다. 이에 대해서 해남군에서는 설망의 설치방법 등에서 대해서는 자세히 설명하고 있지만, 당진군에서는 어살(魚箭) 등에 대한 설명이 기재되어 있지 않다.

이러한 경향은 경상북도 경상남도 전라남도 충청남도에서 샘플로 뽑은 군 사이에서만 확인되는 것이 아니라, 같은 도 안의 군별 기재에서도 확인된다. 예를 들어 영일군의 경우는 읍면 아래 연안의 마을 하나하나 대해서 항목을 설정하고 그 마을의 정황을 기술하고 있지만, 같은 경상북도에 속하는 영해군과 영덕군에서는 면 단위까지만 기록하였고 영해군에서는 유일하게 丑山을 독립 항목으로 설정하였고, 영덕군에서는 마을 항목을 아예 설정하지 않았다.

셋째, 『한국수산지』의 본문에서 다루어진 내용이 2권 이하의 말미에 있는 「어사일람표(漁事一覽表)」와 서로 유기적으로 대등하지 않는 점에서 본문의 조사자와 「漁事一覽表」의 조사자가 서로 달랐음을 보여준다. 또한 「漁事一覽表」 내에서도 군 별 조사내용이 서로 다르다. 이는 「漁事一覽表」의 조사자가 군 별로 독자적으로 조사하였음을 보여주는 것이다. 이는 연안의 각 군이 제출한 어촌포어업 사항 조사보고서에 의거한 것으로, 개별적인 사항이나 수치에 있어서도 차이를 보이는 경우가 대부분이며, 서로 일치하는 경우가 예외적이다.[24]

아울러 『한국수산지』가 조선의 수산업 상황을 조사하려는 목적을 가진 것이기는 하였지만 실제로는 地理誌의 성격이 강하다는 점도 주목할 필요가 있다. 전체적으로 해안

---

23) 이근우(2011), 「한국수산지의 편찬과 그 목적에 대하여」, 『동북아문화연구』 27, pp.112~113.
24) 구체적인 예를 들면, 평안남도 안주군의 경우 본문에서는 沙五浦 老江浦 元造浦 公三浦를 언급하고 있으나 「어사일람표」에서는 公三浦 元造浦 鶴市浦 新設里 西興里의 총호구와 어호구에 대해서 자세히 기록하고 있다(『한국수산지』 제4권 pp.478~481 및 「어사일람표」 p.23.).

의 형상, 해저의 토질, 포구의 위치 등에 대해서는 자세하게 기술하고 있지만, 어호 어업 및 제염 등 수산업 일반의 정보는 반드시 풍부하다고 할 수 없다. 오히려 농업 현황, 농작물의 종류 및 생산량, 포구의 수출입 품목과 물량까지 기록한 경우도 있어서 조사가 수산업에 한정된 것이 아님을 알 수 있다.

즉 『한국수산지』의 기본조사는 군별로 기초 조사를 수행한 담당자가 있었고 다시 도별로 통감부 혹은 조선해수산조합의 기수 및 기사인 책임자가 현지를 조사하는 한편 군 별 조사보고서를 수합하는 형태로 진행되었음을 알 수 있다.

도 별 책임자가 직접 현지를 조사한 사례로는 강원도의 경우 강릉 양양 간성 고성 통천은 농상공부 기수 正林英雄이 조사하였고, 같은 강원도의 간성군 거진에서 평해군 지경까지는 통감부 기수 中西楠吉이 조사하였다. 한편으로 통천 고성 양양 삼척 울진 평해 각 군은 강원도 觀察道廳의 어업조사보고에 의거하였다.[25] 그러나 도별 조사책임자가 군 별로 조사된 내용을 반드시 도 단위로 통일해서 정리하려는 노력을 기울이지 않은 것으로 생각된다. 특히 그중에서도 『한국수산지』의 가장 기본적인 편찬목적이라고 할 수 있는 수산업의 현황에 있어서도, 어업에 종사하는 戶口에 대한 조사는 소홀한 편이다. 이를 표로 정리해 보면 〈표 2〉와 같다.

〈표 2〉 『한국수산지』 군별 기재의 차이

내용	경북 영일	경남 울산	전남 해남	충남 당진
연혁	○	○	○	○
경역	○	○	○	○
하천	○	×	地勢·沿岸	地勢·沿岸
장시	○	×	○	○
호구	3476호 16,931인	일본인만 언급	海南邑, 交通	唐津邑 위치, 交通
물산	×	농산물 수산물	주요산물, 魚情	농산물 수산물
구획	전체 면과 연해 면	전체 면과 연해 면	구획 및 임해면	×

---

25) 『한국수산지』 2권 자료, p.6.

읍면	북면	강동면	해남읍	高山面
마을	포항	정자포	三汀里	唐津浦
호수	400호	68호	×	21호
어호수	×	×	×	×
어선	7척	9척	×	×
낚시도구	×	그물 낚시	設網설치방법 낚시	×
그물	자망 예승	지예망 수조망	設網	×
정치망	죽렴			魚箭
어류	청어 삼치 담수어	갈치 상어 정어리	우럭 전어 상어	새우·뱅어 갈치 농어 숭어 등
해초	×	미역 김 파래 진두발	×	×
조업		×	×	조기(內孟面)
염업	염전	×	鹽幕 55座	제염(內孟面)
소금 생산량	2만석, 가격 및 시세	×	500만근	×

이러한 차이를 수산 관련 정보라는 측면에서 좁혀서 살펴보도록 하자.『한국수산지』에서 최소 기재단위는 마을(촌락)이라고 할 수 있다. 마을과 관련된 내용을 망라하면 상대적인 위치, 주변 지형, 해안 지형, 해저지형, 인접 마을과의 거리, 총호수, 인구, 어호수, 어선, 그물, 수산물의 종류 등 실로 다양한 정보를 다루고 있다. 그러나 각 마을의 기재는 반드시 이러한 내용을 다 갖추고 있지 않다. 이를 구체적으로 정리해 보면 〈표 3〉과 같다.

개별 항목으로 선택한 서수라, 주문진, 법성포, 가의도, 대연평도 등은 가장 기재가 충실한 사례를 뽑은 것이다. 그럼에도 불구하고 군별 기재와 마찬가지로 마을 별 기재에서도 내용의 차이가 상당히 심한 사실을 확인할 수 있다. 예를 들어 서수라와 주문진에서는 해저의 상태에 대해서 언급하지 않았는가 하면, 주문진과 법성포에서 인구나 어로 형태를 다루지 않았다. 서수라에서는 어기 어획량 및 어가 등의 정보가 결락되어 있으며, 농업과 관련된 정보도 일정하지 않다. 법성포와 가의도에서는 그물 설치에 관한 정보가 없다.

〈표 3〉『한국수산지』의 마을 별 기재 내용

지역	함남 서수라	강원 주문진	전남 법성포	충남 가의도	황해 연평도
위치	서면 突角	-	七山灘	馬島 서 2浬 安興鎭 3浬	海州灣
경역	저습한 평지	서북 구릉		둘레 20里	둘레 30里
육로	慶興 110里		군읍 가까움	-	-
해로	雄基 10浬		선편 편리	항로 설명	仁川 45浬
해안 지형	-	灣入 南面	前面 彎曲	斷崖,砂濱	간석지
해저	-	-	물길로 통행	암초,수심	진흙,모래
정박지	帆船風待	汽船 정박	小汽船[26) 정박	小汽船 통행	
호수	45호	83호	500여 호	35호	170호
인구	273인			100인	550인
어호	-	20여호	7호	어업 위주	겸업 70호[27)
어민	-			100인	
어선	8척	8척	7척	5척	23척[28)
조업방식	延繩	-	-	외줄낚시,채집	碇船網 등
조업 구역	남방 20里	앞바다 4~5浬	-	해저 砂礫	앞바다
깊이	10~20길	140~150길	-	12길	8~17길
그물	종류, 위치, 어종	지예망, 자망	大網 7統(350幅)	-	碇船網,中船,建干 網 등
어기	-	대구10월 ~2월	음력 3~4월 중순	음력 5~8월	조기 4~6월
어획량	-	2천~1만마리	3500圓	하루 20마리	중선 1어기 1500~3000원
가공	가자미 乾製	-	조기 乾製[29)	홍합 鹽藏	鮮魚 加鹽
가격	-	-	조기 1000마리 8圓, 건제품 15~16圓	김 100매 8錢	조기 1同 14~18원[30)
농경지	120耕	-		밭 80斗落	-
작물	보리, 피, 콩	-	-		보리,밀,콩,조,쌀

해산물	연어,대구,명태,청어,홍어,다시마 등	대구,방어,삼치,정어리 등	조기	조기,홍합, 굴,김	조기를 비롯한 다양한 어종
토산물	다시마	-	조기	조기	
기타	-		어선 상선 집합지역, 간석지	帆船 寄泊 일본인 혐오 음료수 풍부	어선 집결 일본 어선 현황

2. 조사방법

『한국수산지』의 조사방법은 무엇보다도 『한국수산지』각 권의 서문을 통해서 알 수 있다. 특히 『한국수산지』2권의 경우에는 서문에 자료를 열거하고 있는데, 그 자료는 크게 4가지로 나눌 수 있다. 우선, 〈표 1〉에서 확인할 수 있는 농상공부 기수 및 통감부 기수 및 기사들이 직접 현지를 조사한 자료, 다음으로 연해 각 군수가 제출한 「어촌포어업사항조사보고서」, 셋째 참고서류, 넷째 참고지도가 있다. 특히 셋째로 든 참고서류는 34종에 이르는데, 그중에서 직접 수산업에 관련된 것으로는 『한해통어지침』, 『한국염업조사보고』, 『조선해수산조합보고』가 있다.

그러나 전체적으로 보면 군 별 조사와 수산업관련 기수 및 기사가 직접 조사한 두 가지 내용이 중심을 이루고 있음을 짐작할 수 있다. 군 별 기재에서 현저한 차이를 보이는 것도 군수들이 제출한 「어촌포어업조사보고」자체가 균질적이기 않았기 때문임을 짐작할 수 있다

---

26) 100톤 미만의 기선이 정박할 수 있다고 하였다(『한국수산지』3권, p.171).

27) 농업과 어업을 겸업하는 戶가 70호이고, 船乘業이 100호라고 하였다(『한국수산지』4권, p.315).

28) 소연평도의 배를 포함한 수치이다(『한국수산지』4권, p.314)

29) 한 乾場에서 7만 마리의 조기를 건조하며 그 기간은 출하하는 장소에 따라서 가감하지만 짧게는 5~6일, 길게는 20일이라고 하였다. 건조 방법 및 건장의 모습을 자세히 설명하고 있다(『한국수산지』3권, p.173)

30) 1同은 1,000마리이다. 최저는 14원이고 평균적으로는 16~18원이라고 하였다(『한국수산지』4권, p.319).

『한국수산지』3권의 경우 각 지역의 조사를 분담한 통감부 및 농상공부, 조선해수산 조합의 技手들이 조사하여 제출한 자료 이외에도 新義州理事廳이 제출한 평안북도 수산조사보고, 연안 각 군수가 제출한 「어촌포어업조사보고」 등을 활용하고 있다.31) 『한국수산지』의 본문과 「어사일람표」의 편집 과정을 정리하면 〈표 4〉와 같다.

<표 4> 『한국수산지』편찬과정

	『한국수산지』		
총괄	편찬책임자		
내용	본문		어사일람표
도	기수	편찬자	편찬자
군	조사기록	순회기록32)	문헌자료33)	이사청 군청 보고

또한 『한국수산지』의 내용을 통해서 당시 조사방법의 일단을 엿볼 수 있다. 예를 들어 간조 시에 갯벌에 남아있는 물길을 통해서 어느 정도의 거리를 항해할 수 있다든지, 해남에서 완도까지 얼마라는 등의 수치는 직접 배를 타고 다니면서 얻은 비교적 신뢰할 수 있는 수치이다. 그러나 모든 지역에서 직접 연안 마을에 상륙하여 각 마을의 수산업의 실상을 조사하지는 않은 것으로 보인다. 즉 호수는 자세히 기록하였으나, 어업에 종사하는 인구는 언급하지 않은 경우가 적지 않다. 이는 배 위에서 마을을 관찰하였기 때문에 그 마을에 몇 가구가 있는지는 정확히 알 수 있으나 그중 어업에 종사하는 호구가 얼마인지는 파악할 수 없기 때문이다. 이 때문에 서해와 동해에서 실제 조사방법이 다를 수밖에 없었고, 결과적으로 그 내용의 차이가 커진 것이다. 한편으로는 서해는 갯벌이 넓기 때문에 배를 부리는 것도 어렵고 또 갯벌에 어패류 등을 채집할 수 있는

---

31) 『韓國水産誌』3권·4권 資料, p.3.
32) 편집자의 순회기록으로는 『한국수산지』2권에서 편집주임인 熊田幹之介의 경상북도 장기군 구룡포로부터 압록강까지의 순회기록을 참고하였음을 밝혔고, 3권과 4권에서도 편찬자의 이름을 밝히지는 않았지만 순회기록을 참고하였음을 밝히고 있다.
33) 참고한 문헌 자료로는 『東國輿地勝覽』『高麗史』『三國史』『大韓地誌』『東國文獻備考』『東國通鑑』『東國史略』『邑誌』『日韓交通史』『韓海通漁指針』 등 33종에 이르고, 지도로는 『海圖』『大韓輿地圖』『郡圖』『通信線路圖』『燈臺年報附圖』 등이 있다(『한국수산지』2권, pp.7~10).

경우도 적지 않으므로, 동해안과 비교하여 가시적으로 확인할 수 있는 어선의 수나 어민의 수가 적었던 것도 그 원인일 수 있을 것이다.

또한 당시 특히 서해의 연안 마을에 직접 상륙하여 수산업 현황을 조사할 만한 충분한 시간도 없었고, 당시 일본인 조사자가 살해당하는 등의 사건도 있어서 상륙해서 조사하는 일을 용이하지 않았던 것으로 보인다.[34]

특히 전라도나 충청·경기도 해안과 같이 갯벌이 넓게 펼쳐져 있는 곳은 더욱 조사가 어려웠을 것으로 보인다. 예상과 달리 전라도 충청도 등의 수산업이 극히 저조한 것으로 보고한 것은 당시의 실상이라기보다는 조사방법의 한계에 기인한 것으로 보아야 할 것이다.

이는 함경도 및 강원도와 같이 해안이 단조롭고 연안 마을에 접근이 쉬운 곳에서는 어호뿐만 아니라 어획량까지 자세히 기록한 경우가 많은 것으로 보면, 동해안에 비하여 서해안의 조사가 어려웠음을 짐작할 수 있다. 그렇기 때문에 충청도 등지에서는 면 단위만 기록하고 개별적인 연안 마을을 다루지 않은 경우가 적지 않다.

구체적인 조사 방법을 보면, 주로 군함이나 조선해수산조합 소유의 순시선(순라선), 어선 등을 타고 연안을 다니면서 해안 지형 등을 관찰하고 수심을 재고 큰 배를 댈 수 있는 항구인 경우에는 타고 간 배로 직접 접안 상륙해서 호구 조사 등의 작업을 수행하고 사진을 촬영하였다.[35]

그래서 『한국수산지』각 권의 첫 머리에는 수십 장의 포구 및 조업 현황 등에 대한 사진이 실려 있는 것이다. 직접 접안할 수 없는 포구인 경우에는 해상에서 망원경 등으로 관찰하거나 작은 배를 내려 접안하는 경우가 있었던 것으로 보인다. 작은 포구인 경우에도 포구의 뒷산에서 아래를 내려다보면서 찍은 사진들이 종종 보이기 때문이다.[36]

---

34) 朝鮮海水産組合 技手이자 육군 보병 예비역 중위였던 松生猪三男이 延安郡 甑山島에서 살해당하는 사건이 있었다(『韓國水産誌』1권, 서문).
35) 조사방법이 비교적 잘 나타나 있는 경우는 葛生修亮의 『韓海通漁指針』(黒龍會, 1903)이다. 그는 부산에서 원산까지 육로로 어업 현황을 관찰하였는가 하면, 朝鮮漁業協會에 적을 두고 협회의 巡邏船을 이용하여 당시 일본인들이 조업할 수 있던 四海를 모두 관찰하였다(『韓海通漁指針』緒言, 1~4).
36) 『韓國水産誌』각 권의 첫머리에는 당시 포구의 풍경, 조업 광경, 염전, 등대, 시장, 조선해수산조합 본부 등을 촬영한 사진들이 게재되어 있다.

또한 해상에서 만난 일본 어선으로 부터 어황 등을 물어 확인하는 경우도 있고, 직접적인 조사 이외에도 군의 행정 계통을 통해서 파악·보고되는 내용을 기재한 경우도 확인된다.

Ⅲ.『한국수산지』통계자료의 문제점

1910년대 초반까지는 아직 조선의 호구를 정확하게 파악하지 못한 단계였다. 여러 기관이 조선의 호구를 파악하였으나 각 조사는 상당한 차이를 보이고 있다.[37] 특히 1904년에서 1906년 사이의 조선의 인구통계는 정확한 수치가 아니고 추정치이다. 이후에도 각종 통계에서 근사한 수치이기는 하지만 서로 다르게 파악한 경우가 적지 않다. 이처럼 호구 통계자료가 불안정한 시기였기 때문에『한국수산지』의 자료를 이용하고자 하면,『한국수산지』가 어떤 호구자료를 사용하였는지 또한『한국수산지』자체의 자료는 정확한지를 먼저 판단할 필요가 있다. 이제『한국수산지』의 호구자료가 갖는 특징과 어호 어선 등의 수산 관련 통계자료는 정확한 것인지를 조사과정과 연관시켜 알아보고자 한다.

1. 호구자료

먼저『한국수산지』에 보이는 도별 호구자료에 대해서 살펴보자. 조선의 인구를 본격적으로 조사한 것은 1907년이며 그 결과가『韓國戶口表』이다. 조선의 호구에 대한 자료를 연도순으로 정리해 보면 〈표 5〉의 「조선의 호구 변화」와 같다.[38] 〈표 5〉에서 보는 바와 같이, 특히 통감부 시기에 조선 호구에 대한 조사가 이루어지기는 했지만,

---

37) 政府財政顧問本部(1907),『韓國戶口表』,「호구조사비교표」, p.2.
38) 이 표에 제시된 시기의 인구에 대해서도 다른 자료들이 있다. 예를 들어『最近朝鮮事情要覽』은 명치 44년(1911년) 6월 말의 조사치로 2,972,105호 13,539,218명이라고 하였다.『國民年鑑』(國民新聞社(1917), 民友社)에서는 1912년 말의 호수 및 인구는 각각 2,964,113호 15,169,923명이라고 하였다.

극히 불완전했고 서로 다른 자료가 통용되던 상황이었다. 다만 이는 호구조사의 결과이기는 하지만 실제로는 조사에서 누락된 인구가 적지 않았던 것으로 보고 있다.

1910년의 조선의 호수 및 인구는 자료마다 다르게 나타나고 또한 어느 정도로 정확히 파악하였는지 알 수 없다. 1911년 6월 말에 조사한 통계자료를 이용한『最近朝鮮事情要覽』(조선총독부, 1912)에서는 호수 2,792,105호, 인구 1,3539,218인으로 나타나 있다.[39]

가까운 시기의 통계치임에도 불구하고 큰 차이를 보이고 있으나,『最近朝鮮事情要覽』의 통계치는 조선총독부에서 직접 조사한 자료이므로 실제 상황을 가장 잘 보여주고 있는 것으로 생각된다.『한국수산지』의 통계치도 호수에서 약 40만, 인구에서 약 500만의 차이를 보이기는 하지만, 인구 약 970만이라는 수치는 1910년대 초까지 일반적으로 일본에서 인식하고 있던 조선의 인구로 생각된다. 또한 1910년 조선의 실제 인구는 최소 1,500만 이상에서 최대 1,750만 정도로 추정하고 있다.[40]

〈표 5〉 조선의 호구 변화

연도	호구	인구	변화	자료
1904	2,350,000	8,000,000		『朝鮮移住案內』[41]
1904		10,530,000		『韓國地理』[42]
1907	2,333,087	9,781,671		『韓國戶口表』[43]
1909	2,787,679	12,489,621	+2,707,950	『朝鮮大邱一斑』[44]
1910	2,749,956	13,128,780	+639,159	『朝鮮經濟年鑑』[45]
1911	2,813,925	13,832,376	+703,596	『世界年鑑』[46]
1912	2,885,404	14,566,783	+734,407	『新撰世界地理』[47]
1913	2,964,113	15,169,923	+603,140	『朝鮮經濟年鑑』
1914	3,033,826	15,620,720	+450,797	『朝鮮經濟年鑑』
1915	3,027,463	15,957,630	+336,910	『朝鮮經濟年鑑』
1916	3,072,092	16,309,179	+351,449	『朝鮮經濟年鑑』

39) 조선총독부(1912),『最近朝鮮事情要覽』, pp.37~38.
40) 박이택(2008),「식민지기 조선인 인구추계의 재검토 1910~1940」,『대동문화연구』 63.

『한국수산지』1권의 개관에서 제시한 호구수(〈표 6〉)는 1907년 5월의 조사에 의거한『한국호구표』[48]와 가장 근접한다. 그렇지만 정확하게 일치하지는 않는다.[49] 우선 전자에서는 2,322,230호, 9,638,578인으로 되어 있으나, 후자에서는 2,333,078호, 9,781,671인으로 되어 있다. 전체 호구수는 10,848호, 143,093인이 차이가 난다. 그러나 도의 경우에도 함경북도 72,925호 390,045인, 함경남도는 127,076호 582,463인으로 되어 있으며, 영일군[50]의 호구도 3,476호, 인구 16,931인이다. 이 수치는 모두『한국호구표』(政府財政顧問本部, 1907)와 같다.[51]

즉『한국수산지』는 전체 호구에 대한 정보는『한국호구표』와 차이를 보이지만, 개별적인 수치는 일부 도 및 군의 호구는『한국호구표』에 의거하고 있다. 일치하는 곳은 함경북도, 함경남도, 강원도, 전라북도, 충청북도, 평안남도, 평안북도이고 나머지 도는 호구수가 다르다.[52] 이는 1907년 5월 이후 1909년 12월『한국수산지』1권이 간행될 때까지 각 도별로 새롭게 파악된 정보를 반영한 결과로 볼 수 있을

41) 山本庫太郎(1904),『朝鮮移住案內』, 民友社, pp.13~14.
42) 矢津昌永(1904),『韓國地理』, 丸善, pp.43~45.
43) 정부재정고문본부(1907),『한국호구표』, 탁지부인쇄국. 이 통계치는『통감부통계연보-제1차』(조선총독부, 1911) 등에도 동일한 내용이 실려 있다. 이를 통해서 보면 1908년에는 새로운 호구조사가 이루어지지 않았음을 알 수 있다.
44) 三輪如鐵(1911),『朝鮮大邱一斑』, 杉本梁江堂, 大阪, pp.241~242.
45) 京城商業會議所編(1917),『朝鮮經濟年鑑』, pp.440~441. 1910년의 호구수를『조선총독부통계요람』은 2,750,012호, 13,115,449인이라고 하였다. 같은 해의 조사 자료도 월별 혹은 작성기관에 따라 편차를 보이고 있다.
46) 伊東祐穀(1914),『袖珍世界年鑑』第8回, 博文館, pp.268~269.
47) 東洋拓植株式會社(1915),『改正朝鮮移住手引草』, 東洋拓植, pp.126~127.
48) 政府財政顧問本部(1907),『韓國戶口表』, 度支部, pp.1~2. 이 조사 역시『韓國水産誌』가 사용한 호구수와 마찬가지로 1907년 5월에 조사한 것이다.
49)『韓國水産誌』1권에서 사용한 호구수는 1907년 5월의 조사에 의거한 것이라고 하였다(『韓國水産誌』人口, pp.5~6).
50)『한국호구표』에서는 延日郡으로 되어 있다.
51) 이예지(2010),「『韓國水産誌』의 통계자료와 문제점」,『인문사회과학연구』11-2, pp.85~107.
52)『韓國戶口表』의 戶數는 경상북도 274,338호, 경상남도 283,817호, 전라남도 235,530호 충청남도 164,965호, 황해도 208,456호이다. 경상남도는 줄어든 반면 다른 도는『한국수산지』의 호수가 많다.

것이다.

이처럼 『한국수산지』의 호구는 『한국호구표』를 기준으로 하면서 조사과정에서 새롭게 파악된 호구는 부분적으로 수정한 것임을 알 수 있다. 그러나 〈표 5〉에서 알수 있는 것처럼, 1907년의 호구수는 대한제국 정부재정고문본부가 최초로 시행한본격적인 호구 조사의 결과이지만 1909년의 호구수가 현격한 차이를 보이고 있는점에서 대단히 불완전한 것이었다고 할 수 있다. 따라서 『한국수산지』의 통계자료를분석하고자 할 때 과연 『한국수산지』의 호구자료를 그대로 사용할 수 있는지가 문제가 된다.

〈표 6〉 『한국수산지』의 도별 어호 통계

도	호구	인구	해안		어로	
			호구	인구	호구	인구
함북	72,925	390,045	4,288		1,082	
함남	127,076	582,463	14,653		3,258	
강원	138,974	627,833	2,696		553	
경북	272,730	1,061,902	5,951		1,538	
경남	294,783	1,268,100	26,131		4,060	
전남	229,945	766,890	71,538		5,405	
전북	157,412	597,393	1,717	6,355	119	447
충남	162,723	641,116	4,871	17,878	1,114	3,248
충북	115,929	491,717	0		0	
경기	256,833	1,067,297	7,376		1,010	
황해	195,985	854,686	6,550		1,160	
평남	158,144	689,017	1,105		135	
평북	138,971	600,119	4,374	18,076	387	1,359
합계	2,183,459[53]	9,038,459	146,876		19,434	

---

53) 원문에는 합계가 2,322,430호로 되어 있으나 항목별 합은 2,322,230호이다. 다만 『한국수산지』 2권의 함경남도의 호구수와 『韓國戶口表』에 의하면 72,925호로 되어 있어서, 『韓國水産誌』 1권의 오기로 생각된다. 이에 72,925호로 수정해 둔다.

한편 『한국수산지』 호구자료의 특징은 연해 군의 호구 및 어업자 호구를 중심으로 파악한 점이다. 『한국수산지』 2권부터 4권까지 말미에 「漁事一覽表」(其一)이라는 제목으로 표가 게재되어 있다. 각 표에서는 郡面里洞까지 구분하여 총호구 어업자 호구 등의 통계자료를 제시하였다. 이를 군 단위로 요약한 것이 〈부록〉의 각 도별 표이고, 이를 단위 도 별로 정리한 것이 〈표 6〉이다.

「어사일람표」에서는 咸鏡北道 慶興府 安和面의 총호구 어업자호구를 각각 114호 772 인 41호 224인이라고 하였다. 『한국호구표』의 慶興府 安和面을 살펴보면, 호구가 129호 811인으로 되어 있다. 다른 경우도 이와 마찬가지여서, 『한국수산지』의 군 별 총호구는 해당 군의 전체 호구수가 아니라, 연안에 위치한 마을의 호구만을 조사한 것임을 알 수 있다. 그런 점에서 『한국수산지』는 조선 연안의 호구와 漁戶에 대한 최초의 조사결과라고 할 수 있으며, 1910년 단계의 漁戶에 대한 유일하고 종합적인 자료라고 평가할 수 있다.

2. 통계자료의 문제점

한편 「어사일람표」의 호구 통계자료를 통해서도 조사과정에서 지적한 군 단위 기초 조사의 비통일성을 확인할 수 있다. 예를 들어 총호구와 어업자호구 항목에는 다시 하위 항목으로 호수와 인구가 설정되어 있지만, 각 군이 보고한 결과는 총호구의 호와 어업자호구의 호만 파악하고 각각의 인구는 파악하지 않은 경우가 적지 않다. 함경북도의 경우를 보면, 富寧郡, 明川郡, 吉州郡, 城津府는 총호수와 어호수만 기재되어 있다. 따라서 「漁事一覽表」에서는 총호수와 어호수, 어선수, 그물수, 어전어장수만 도 별로 합계를 내고 나머지는 공란으로 두었다. 즉 총인구와 어업인구는 다 갖추어지지 않았기 때문에 합계를 낼 수 없었던 것이다.

또한 총호수 및 총인구수는 연안의 마을 전체를 대상으로 파악하는 것이 원칙이었던 것으로 생각되지만, 실제로는 연안 마을 전체를 파악한 군도 있는가 하면 한 면에서 대표적인 한 마을만 파악한 경우도 있다. 예를 들어 慶興府의 경우 西面은 西水羅, 海面은 雄基浦만을 대상으로 하였고, 富寧郡의 경우 海面은 板津, 三里面은 沙津, 東面은

雙津과 같이 한 마을만을 대상으로 하였다. 이에 대해서 鏡城郡의 경우는 龍城面은 鹽盆洞 浦項洞 五柳洞[54], 梧村面은 長淵洞 獨津洞 元鄕洞, 朱乙湯面은 錢山洞 執三洞 溫大津洞 南夕津洞 鹽盆津과 같이 연안 마을을 모두 조사한 경우도 있다. 따라서 부령군과 같은 경우는 해당 군 연안 마을의 온전한 통계치가 아닌 것이 분명하다.

경상남도의 사례를 통해서『한국수산지』의 총호구가 연안 마을만을 대상으로 하였다는 사실을 확인해 보자.『한국수산지』의 경상남도 호구 자료인 〈표 7〉과『경상남도도세요람』(이하『도세요람』)의 호구자료인 〈표 8〉을 비교해 보면 알 수 있듯이,『한국수산지』의 총호구는 연안 마을만을 대상으로 한 것이다. 나아가서 〈표 7〉은 연안에 위치한 면리동을 단위로 호구와 어호구를 조사한 것이고 〈표 8〉은 연안에 위치한 군의 전체 호구와 어호구를 보여 주는 것이다. 그러나『한국수산지』의 경우 그 연안 마을도 전부 조사한 것은 아니다. 두 표를 비교해 보면, 어호구의 수가『한국수산지』쪽이 많다.『한국수산지』의 조사 과정과 통계자료에 많은 문제가 있음에도 불구하고,『도세요람』의 조사보다 어호는 500호, 어구는 적어도 1,000명 정도가 많은 것은 후자가 더 정확하게 파악한 결과라고도 볼 수 있을 것이다. 농업과 어업을 겸업하는 경우『한국수산지』에서는 어호로 파악하는 경우가 있었다면,『도세요람』에서는 당사자의 주장이나 조사자의 판단에 따라 어호가 아닌 것으로 간주한 경우가 발생했을 수 있다. 어선수는『도세요람』쪽이 더 많은 것을 보면 그러한 추정이 가능하다.

〈표 7〉『한국수산지』경상남도 어호(1910)

지역	통계		어로		선박	그물	어살
	호구	인구	호구	인구			
울산	1,722	7,406	487	1,950	159	212	59
기장	1,125	4,960	424	1,911	132	206	14
양산	494	1,919	33	133	43	27	
동래	4,418	19,812	588	1,855	240		
김해	308	1,522	43	136	27	16	

---

54) 조선총독부의 5만분의 1지도에는 吾柳洞으로 되어 있다.

창원	3,354	14,693	622	1,937	416	211	135
거제	3,808		216		180	232	94
고성	2,376	11,471	193	795	146	111	47
사천	1,024	3,072	160	320	102	32	10
진주	141	594	5	23			
곤양	1,257	5,115	318	892	42		80
하동	148		86		21		5
남해	5,054	21,444	405	1,216	167	186	67
울도	902	4,995	480	2,095	230		
(계)	25,229	97,003	3,580	13,263	1,675	1,233	511
합계	26,131		4,060		1,897		

<표 8> 『경상남도도세요람』(1911)의 어호와 어선

지역	호구	인구	어호	어호인구	어선	비율1	비율2
울산	5,695	27,968	255	802	225	4.48	88.24
양산	552	3,039	35	237	40	6.34	114.29
기장	2,708	14,514	424	1,911	107	15.66	25.24
부산	13,793	71,114	306	1,833	158	2.22	51.63
김해	2,933	14,969	33	182	27	1.13	81.82
마산	11,469	60,755	302	1,244	357	2.63	118.21
고성	7,338	36,185	218	1,090	161	2.97	73.85
용남	10,009	45,622	679	1,328	500	6.78	73.64
사천	2,911	14,654	308	478	114	10.58	37.01
진주[55]	473	2,477	3	6	0	0.63	0.00
곤양	3,783	19,155	48	77	42	1.27	87.50
하동	699	3,254	40	107	48	5.72	120.00
남해	10,151	43,264	461	1,457	158	4.54	34.27
거제	8,310	43,303	299	1,266	278	3.60	92.98
울도	998	5,855	62	183	230	6.21	370.97
밀양	5,411	25,453	40	85	0	0.74	0.00
합계	87,233[56]	431,581	3,513	12,286	2,445	4.03	69.60

다음으로 『한국수산지』 본문의 기재와 말미의 표의 내용이 일치하지 않는 경우도 적지 않다는 점도 짚고 넘어갈 필요가 있다. 차이를 정리해 보면, 1) 본문의 기재와 표의 통계치가 다른 경우, 2) 본문에는 기재되어 있으나 「어사일람표」에는 자료가 없는 경우, 3) 본문에는 기재되지 않았으나 「어사일람표」에는 자료가 있는 경우로 나눌 수 있다.

예를 들어 1) 吉州郡 日下津의 경우 총호수가 53호라고 하였는데 표에는 50호라고 하였고, 어호 및 어선에 대한 기재는 없는데 표에는 어호 18호 어선 5척으로 기재하였다. 明川郡 三達津의 경우 본문에서는 총호가 39호라고만 하였으나, 표에서는 총호 29호 어호 4호 어선 2척이라고 하였다. 앞에서 제시한 영일군의 경우도 본문에 北面 浦項의 경우도 전체 호구 400호 어선 7척이라는 내용이 있지만 표에는 총호 397호 어선은 2척이라고 하였다. 蔚山郡 江東面의 경우도 본문에서는 亭子浦에 인가 68호 어선 9척이라고 하였는데, 표에서는 총호수 85호 어선 2척이라고 하였다. 2) 明川郡 國津의 경우, 인가 120호 명태의 1개년 생산액 70태 가격으로 27관 200문이라고 하였으나, 「어사일람표」에는 아예 國津이 들어 있지 않다. 앞에서 제시한 당진군의 경우도 본문에서는 高山面의 九老之里와 長項, 下大面 등도 언급하고 있지만 「어사일람표」에는 들어있지 않다. 外孟面의 경우도 通丁 油峙 松洞 讚洞 外倉 三串의 총호구와 熊浦 德巨도 연안 마을로 언급하였지만, 「어사일람표」에서는 高山面은 다루지 않았고, 外孟面에서는 松洞(松堂) 油峙 德巨 通丁만 다루었다. 즉 본문과 「어사일람표」가 서로 긴밀하게 연관되어 있는 것이 아니라 전혀 다른 방향으로 조사되었음을 알 수 있다. 3) 吉州郡의 洋島의 경우, 본문에는 전체 호 및 어호에 대한 기록이 없으나 「어사일람표」에는 양도진에 총 19호 어호 9호 어선 3척이 있는 것으로 되어 있다. 길주군 대포진의 경우는 본문에는 전혀 기재되지 않았으나, 표에는 총호 12호 어호 8호 어선 2척으로 되어 있다. 해남군의 경우에도 여러 마을에 대해서 지리적인 정보나 그물을 설치하는 방법 등에 대해서는 자세한 설명이 있으나 정작 호구나 어선에 대한 기록은 없다. 그렇지만 「어사

---

55) 적화곡면의 호구만을 기록한 것이다.
56) 원문에는 87,413호로 되어 있으나 합산 결과는 87,233호였다. 『한국수산지』는 면 단위로 집계된 것이고, 『경상남도도세요람』은 군 단위로 집계된 것이므로 양자 사이의 차이가 크다.

일람표」에서는 어호과 어선의 수를 여러 마을에 대해서 기록하였다.[57]

한편 明川郡 下古面의 예를 보면, 본문에서는 葛麻浦, 國津, 佳湖, 黃岩津, 厚生津의 5개 마을을 다루었으나, 「어사일람표」에서는 葛麻津 東湖津 治宮津 露績津 佳湖津 仙倉津 新津 黃岩津 厚里津 井湖津의 10개의 마을에 대한 통계치가 제시되어 있다.

본문 내용의 조사와 표의 조사가 구체적으로 어떻게 진행되고 정리되었는지는 정확히 알 수 없으나, 함경북도의 경우 본문은 도 별 책임자가 직접 조사한 것을 바탕으로 하고, 「어사일람표」는 군 별로 보고된 내용을 바탕으로 한 것으로 볼 수 있을 것이다. 「어사일람표」에 보이는 총호수 어호수 어선수가 군 별로 일관성을 가지고 있을 뿐만 아니라, 본문이 다루고 있는 마을보다 많으며 총호수 등의 정보가 자세하므로 군이 충분한 시간을 가지고 조사한 것으로 보인다.

이에 대해서 도 별 책임자가 현지에 가서 조사할 경우는 정확한 총호수와 어호수 어선수를 파악하기는 어려웠을 것이다. 따라서 앞 장에서 제시한 울산군 해남군 등의 내용에서 볼 수 있듯이, 현지에서 조사할 수 있는 내용 즉 직접 관찰할 수 있는 지리적 정보 및 어업현황 및 농업현황, 현지 주민에게 물어서 알 수 있는 어획고나 漁稅의 납부 실태 등이 자세한 특징을 보인다. 특히 농업과 관련된 정보가 자세한 것은 어촌 마을로 판단하고 상륙해서 조사한 결과 대다수가 농업에 종사하고 여가에 해안에서 漁採를 행하는 경우가 적지 않았기 때문일 것이다. 군 별 보고서는 당연히 어업과 관련된 조사였기 때문에 어업과 관련된 내용만 조사하였을 것이므로 농업과 관련된 내용은 전혀 언급되어 있지 않은 것이다.

이처럼『한국수산지』의 통계자료는 불완전한 자료이지만『한국수산지』부록의 자료로 일부 보완하여 작성한 전체 호구 및 연안 호구, 연안 호구 중의 어호의 비율을 개략적으로 제시하면 〈표 9〉와 같다. 총호 중 어호가 차지하는 비율은 전체적으로 3% 미만이며, 어호 3호가 어선 1척 정도를 보유하고 있었음을 확인할 수 있다.[58]

---

57) 해남군의 경우에는 총호구수는 전혀 조사하지 않았고 어호와 어선수만 기록하였다. 이를 통해서 군 별 조사에서 가장 중점을 두었던 것은 어호와 어선수 그중에서도 어선수는 반드시 파악하도록 한 것으로 보인다.

58) 다만 연안호와 어호 및 어선이 제대로 파악되지 않은 자료에 근거한 것이므로 일정한 오차를 고

<표 9> 지역별 어호수 통계

지역	총 호수	연안 호수	어업		비율1 59)	비율2 60)	비율3 61)	비율4 62)
			어호	어선				
함북	72,925	4,288	1,028	402	5.88	23.97	1.41	39.11
함남	127,076	14,653	3,258	923	11.53	22.23	2.56	28.33
강원	138,974	3,657	994	246	2.63	27.18	0.72	24.75
경북	272,730	5,951	1,538	623	2.18	25.84	0.56	40.51
경남	294,783	25,229	3,580	1,897	8.56	14.19	1.21	52.99
전남	229,945	43,582	5,409	1,092	18.95	12.41	2.35	20.19
전북	157,412	1,717	119	90	1.09	6.93	0.08	75.63
충남	162,723	4,871	1,114	205	2.99	22.87	0.68	18.40
충북	115,929	0	0	0	0.00	0.00	0.00	0.00
경기	256,833	7,376	1,010	384	2.87	13.69	0.39	38.02
황해	195,985	6,550	1,160	543	3.34	17.71	0.59	46.81
경남	158,144	1,105	135	87	0.70	12.22	0.09	64.44
평북	138,971	4,374	387	188	3.15	8.85	0.28	48.58
합계	2,322,430	151,250	19,821	6,680	6.51	13.10	0.85	33.70

Ⅳ. 결론

이 글에서는 『한국수산지』의 조사 방법과 통계 자료의 문제점에 대해서 살펴보고자 하였다. 조사는 크게 두 축을 가지고 있는데, 바로 도 별 책임자(技手)와 군의 조사자이다. 도 별 책임자는 현지에 직접 가서 조사를 수행하여 이를 편집자에게 제출하였다.

려해야만 한다.
59) 총호수 중 연안호수의 비율이다.
60) 연안호수 중 어호수의 비율이다.
61) 총호수 중 어호수의 비율이다.
62) 어선수를 어호수로 나눈 비율이다.

군에서는『한국수산지』2권부터 그 말미에 게재되어 있는「어사일람표」의 자료를 작성하여 편집자에게 제출한 것으로 보인다. 이들 자료를 받은 편집자는 도 별 책임자가 조사한 내용과 군이 제출한 조사자료를 수합하였지만, 이 두 가지 자료를 정밀하게 대조하거나, 군 별 기재의 차이를 통일하려는 노력을 크게 기울이지 않았다. 군이 조사한 내용은 가장 충실한 것은 漁戶와 漁船의 수이다.

『한국수산지』1권의 호구자료는『한국호구표』를 바탕으로 하면서 새로운 자료를 보완한 것이다. 그러나 각 권의 호구자료는 연해 마을의 호구를 중심으로 한 것이지만, 모두 망라한 것이 아니다. 특히 현지 조사에서 제대로 파악할 수 없는 내용을 군의 조사를 통해서 보완해 줄 것을 기대한 것으로 생각되지만, 군의 조사도 일관성이 없고 빠진 부분이 적지 않다. 또한 본문의 내용과 표의 내용이 서로 다른 경우가 적지 않다는 점도 확인되었다. 따라서『한국수산지』의 자료를 통계적으로 이용하려고 할 경우에는 반드시 본문과 표의 내용을 대조하여 보완하여야 한다.

그렇지만 한편으로는 1910년을 전후한 조선 수산업의 현황과 연안 마을들의 생생한 모습을 보여주는 유일한 자료임은 분명하다. 당시 조선의 총호 중 어호가 차지하는 비율은 3% 미만이며, 어선은 어호 3호가 1척 정도의 비율로 보유하고 있었음을 알 수 있다.

참고문헌

Bureau of Fishery(1909~1911), *The Chronicle of Korea Fishery*(vol. 1~4), Seoul, Korea.

Bureau of Fishery(1911), *The Chronicle of Japan Fishery and Collecting*, Tokyo, Japan.

Conference of Commerce in Seoul ed.(1917), *Yearbook of Korean Economy*, Seoul, Korea, 440~441.

Head Office of Financial Advisor of Government(1907), *Table of Households in Korea*,

Seoul, Korea, 1~2.

Ito Yukoku(1914), *Pocket World Yearbook 8*, Tokyo, Japan, 268~269.

Japanese Government General of Korea(1912), *The Newest General Survey of Korean Situation*, Seoul, Korea, 31~32.

Jo C. Y. & Kim H. T.(2005), "The Economic-Geographical Consideration of Fisheries of the West Coast Area, Chungnam in the 1910s in 「Hangooksusanji」", *Journal of the Economic Geographical Society of Korea*, 8(1), 153~169.

Kang J. S.(2011), "The Traditional Fishery and Japanese Fishery at the Stage of the Publication of The Chronicle of Korean Fisheries(1908)", *Journal of North-East Asian Cultures 27*, pp.129~149.

Kokumin Newspaper(1917), *Yearbook for Citizen*, Tokyo, Japan, 561.

Kuzu Shusuke(1903), *The Guide for Fishing in Korean Sea*, Tokyo, Japan, 1~4.

Lee, Y. H.(2011), "The Residency-General's survey and invasion on Joseon", *Journal of History and Culture Studies*, 39 .242.

Lee. Y. J.(2010), "Statistics of The Chronicle of Korea Fishery and Problems", *Journal of Human and Social Studies*, 11(2), 85~107.

Miwa Nyotetsu(1911), *A Point of Daegu in Korea*, Osaka, Japan, 241~242.

Oriental Colonial Company(1915), *Revised Brief Guide for Immigration to Korea*, Seoul, Korea, 126~127.

Park I. T.(2008), "Reconsideration of Population Estimates in Colonial Korea1910~1940", *Journal of Eastern studies*, 63, 331~373.

Provincial Government of Gyungnam(1911), *The General Survey of Gyungsangnamdo*, Jinju, Korea.

Rhee K. W.(2011), "The Compilation and the Aims of The Chronicle of Korea Fishery", *Journal of North-East Asian Cultures*, 27, 105~120.

Rhee K. W.(2012), "On the Japanese Investigations for the Korean Sea during Meiji

Period", *Journal of Fisheries Business Adminstration*, 43-3, 1~22.

Sim M. J.(2011), "The Japanese Living and Fishery Campaign at Pusan Area in Compilation Time of The Chronicle of Korea Fishery", *Journal of North-East Asian Cultures*, 28, 573~595.

Sin B. B.(2010), "Situation of Fishing in Busan Gyungnam Area through The Chronicle of Korea Fishery", *Journal of Human and Social Studies*, 11(2)

Yamamoto, K. (1904), *The Guide of Immigration to Korea*, Miyusya, 13 - 14.

Yazu, M. (1904), *The Geography of Korea*, Maruzen, 43 - 45.

『한국수산지』의 해도와 일본 해군의 외방도(外邦圖)*

서경순

1. 머리말

『한국수산지(韓國水産誌)』[1]는 근대 한국[2]의 수산분야를 총망라한 문헌으로, 근대 수산백과사전이라고 할 수 있다. 전체 4권으로 구성되었으며, 제1집(1908)은 한국의 연혁, 지리, 위치, 면적, 구획, 인구, 지세, 하천, 연안, 기상, 해류, 조석(潮汐), 수온, 수색(水色), 수심, 수산, 해운, 통신 등을 조사한 총론에 해당되며, 제2집~제4집은 행정 구역에 따라서 제2집(1910)은 함경도·강원도·경상도, 제3집(1910)은 전라도(제주도 포함)·충청도, 제4집(1911)은 경기도, 황해도·평안도로 구분하였다. 서술체계를 도(道)-부군(府郡)-면(面)으로 하고 조사 구역별 연혁·지리·위치·면적·인구, 교통 통신, 수산경제 등 면밀한 조사가 이루어졌다. 특히 일본인 근거지에 대해서는 정주자의 출신지 및 소속단체명, 어선·어구·어법·어종·어획 물량·유통 경제 등 보다 구체적인 조사가 이루어졌다.

『한국수산지』의 각 권에는 사진·해도(지도, 평면도, 부근도 등 포함)·통계자료·

---

* 서경순(2024), 「『한국수산지』의 해도와 일본 해군의 외방도(外邦圖)」, 『한일관계사연구』 제84 집, 산일관계사학회.

1) 『韓國水産誌』는 4권으로 구성하여 1908년~1911년에 걸쳐서 순차적으로 편찬 간행하였다. 편찬 주최는 통감부, 편찬종사자는 총 23명이다. 이 중 한국인 엄태영(嚴台永)을 제외하고, 22명은 일 본인이며, 모두 일본 수산전습소(이후 수산강습소) 출신(교사 2명, 졸업생)이며, 근대학문을 익 힌 수산전문가였다.

2) 19세기 말~20세기 초는 조선과 한국을 혼용하였다. 이글에서는 조약 등에서 조선과 한국을 혼용 하지만 대부분 편의상 한국으로 기록한다.

부록(어사일람표)·지명색인 등이 첨부되어 있다. 이 자료들은『한국수산지』의 방대한 내용을 쉽게 이해할 수 있도록 도움을 준다. 특히 권두 사진과 본문 곳곳에 삽입된 해도는 현장을 이해하는 특급 정보가 아닐 수 없다.

해도는 제2권~제4권에 삽입되어 있으며, 해도에 표시되어 있는 수심 및 저질(底)을 나타낸 숫자·분수·영어 알파벳·방위표시·정박지·모래톱·암초 등의 위험 요소 등을 알리는 수많은 숫자와 다양한 기호·그림 등은 실제 측량에 의해 제작된 것을 의미한다. 흥미로운 것은 이 해도 중에는 일련번호가 기록된 것이 있는 점이다. 당시 일본에서는 해군 수로부(이후 수로국)에서 해도 제작을 전담하였으므로 곧 해군 수로부 해도의 일련번호라고 할 수 있다. 그렇다면『한국수산지』에 군사용 해도를 삽입한 까닭은 무엇일까? 이글은 이 의문에서 시작하였다.

1871년 일본 병부성은 군사조직을 육군과 해군으로 분리하였다. 해군을 창설한 것은 유럽식 군사체계를 그대로 수용한 결과이며, 유럽의 군대와 같이 수로부를 설치하였다. 그러나 수로부를 설치한 초창기는 측량 도구도 없었을 뿐만 아니라 측량술과 해도(지도)제작술을 갖춘 인력조차도 없었다.[3] 이런 여건임에도 불구하고 수로부는 외방도(外邦圖)라는 외국 지도 제작을 비밀리에 착수하였다. 당시 동양권의 대부분의 국가는 지도를 군사 기밀로 매우 엄격하게 다루고 있었는데 어떻게 외방도를 제작할 수 있었을까?

외방도가 제작된 배경과 외방도가 당시 어떤 역할을 하였는지를 알기 위하여 먼저 유럽의 외방도에 대하여 살펴볼 필요가 있다. 그리고 일본 군부의 초기 외방도의 제작 배경과 역할에 대하여 살펴볼 것이다. 다음으로『한국수산지』에 삽입된 해도와 일본 해군 수로부에서 제작한 외방도를 비교 분석해 보고자 한다.

2. 외방도(外邦圖)

외방도는 외국의 지도를 말하며, 근대 유럽에서는 대항해시대에 포르투갈을 필두로

---

3) 서경순(공저),『환동해의 중심 울릉도·독도』(이후는『환동해』), 도서출판 지성人, 2023, 79~80쪽.

유럽 각국에서 바닷길 개척 탐험에 나서서 항로를 표시한 외국의 지도, 곧 외방도를 제작하였으며, 이는 독점항로의 수단으로 작용하였다.

근대 과학의 발전은 곧 해도의 발전을 가져왔으며, 측량술, 해도제작술이 상승되면서 해도가 점차 표준화되어 갔다. 근대 해도의 특징은 무엇보다 실제 측량을 바탕으로 제작된 점이다.

1) 근대 유럽의 해도(지도)

18세기 유럽 각국의 수로부에서는 근대과학을 기초로 한 측량을 실시하였다. 대부분 국가는 육군에 수로부를 두는 한편, 영국은 해군에 두었는데 섬나라인 지정학적 특성에 따라 해군에 역점을 둔 것으로 보인다. 이후 일본도 해군에 수로부를 둔 것은 영국과 같은 이유로 보인다.[4] 해군의 창설은 근대화의 상징 중 하나이다. 증기 기관이 출현으로 조선(造船)분야에서는 범선에서 기선으로의 교체기를 맞이하였으며, 이와 더불어 기선의 운용술 및 항해술을 겸비한 인력의 필요성이 요구되면서 해군사관들은 근대 군사조직의 매우 주요 요소가 되었다.[5]

영국의 해군 수로부는 수로부장 채용, 측량선 구비, 측량술과 해도제작술을 익힌 해군사관을 갖추고 실제 현장 측량을 반복한 결과 정확도가 뛰어난 표준적인 해도를 제작하기에 이르렀다. 그리고 주변국의 수로부에 자유무역주의 활성화를 명목으로 해도 공유를 요청한 결과. 유럽 각국의 호응을 받게되어 유럽의 해도 공유는 쉽게 이루어졌다. 당시 유럽의 선원들에게 가장 인기가 높았던 해도는 정확도가 뛰어난 영국 해도로, 판매량 1위를 차지하였다. 1884년 10월, 제1회 국제자오신회의가 개최되있을 때 영국의 그리니치 천문대를 지나는 자오선을 세계 본초자오선으로 결정된 사실은 영국 해도의 우수성과 관계가 없지 않을 것이다.[6] 본초자오선의 일원화는 해도의 표준화는

---

4) 미야자키 마사카츠 저, 이근우 역, 『해도의 세계사』, 도서출판 어문학사, 2017, 103~108, 228~231, 295 ; 앞의 책, 『환동해』, 81~85쪽.
5) 박영준, 『해군의 탄생과 근대 일본』, 그물, 2014, 28~29쪽.
6) 앞의 책, 『해도의 세계사』, 286~288쪽, 295~298쪽, 304~306쪽 ; 앞의 책, 『환동해』, 85~86쪽

물론이고, 표준화된 해도 공유는 국제 무역의 네트워크를 형성하는 데 큰 원동력이 되었던 것은 물론이다.

그런데 범선에서 증기선으로의 교체에는 항해 중 연료를 보급할 수 있는 장소가 필수적이다. 이에 구미 각국에서 앞을 다투어 연료보급지 확보에 나섰다. 즉 무인도 및 무주지 선점 경쟁이 시작된 것이다. 그러나 구미 각국은 그들이 규정한 국제질서법이 있어 이를 반드시 지켜야 했다. 이 국제질서법에는 동양권의 나라는 납득할 수 없는 규정이 있는데, 기독교 국가였던 구미 각국을 문명국으로 설정해 둔 점이다. 문명국 아래에 반문명국(반개국). 비문명국(미개국)으 구분하고, 비문명국은 주권이 미치지 않는, 즉 주권을 포기한 영토로 간주하여 무주지로 보았으며, 더욱이 문명국은 비문명국을 문명개화라는 미명 하에 점령할 수 있다는 논리를 설정해 두었다. 이것은 약소국에 대한 식민지화의 정당성을 부여하는 방편이 아닐 수 없다.

구미 열강국에서 외국의 연안을 실측하고 제작한 해도에는 측량 국가명, 측량 일자 및 발행 일자가 기록되어 있다. 이것은 구미 열강국 간의 무주지 선점을 결정짓는 중요한 근거가 되어 식민지를 구축하는 결정적인 수단이 되었다.[7]

구미의 국제질서법은 1864년 중국에서 『만국공법(萬國公法)』이란 제목으로 번역 출판되었는데 중국에서는 별 호응을 받지 못하였지만 1868년 일본어 번역서가 출판되자 일본에서는 베스트셀러가 되었다.[8]

(1884년 제1회 국제자오선회에 참가한 국가는 25개국이었다. 영국 그리니치 본초자오선에 대하여 찬성 24개국, 반대 1개국(프랑스)인데, 프랑스도 27년 후, 그리니치 본초자오선을 인정하였다. 그리니치 본초자오선을 설정한 것에는 당시 항해 선박의 70%가 영국 선박이며, 이 선박에서 사용한 해도가 그리니치 표준시를 기준으로 하고 있었던 점이 크게 좌우했을 것이다).

7) 앞의 책, 『환동해』, 86쪽.

8) 앞의 책, 『환동해』, 86~87쪽 ; 김용구(2008), 『만국공법』, 도서출판 소화, 57~ 68쪽, 93~124쪽〈『만국공법』(1864)은 중국에 선교사로 갔던 마틴(W.A.P.Martin)이 중국주재 미국공사 벌링게임의 의뢰로 휘튼(H.Wheaton)의 저서 『국제법 원리』(1836)를 한역한 서적으로 동아시아에 본격적으로 구미의 국제법을 소개한 최초의 서적이다. 『만국공법』은 중국에서 출간된 다음, 일본에 전해져 후쿠자와 유키치의 『서양사정』과 함께 당시 베스트셀러가 되었으며, 메이지유신에도 큰 영향을 주었다. 『만국공법』이 한국에 언제 전해졌는지는 정확하지 않지만, 한국에 만국공법을 적용시킬 수 없다는 주장을 야기했던 사례가 있다. 1875년 일본 군함 운요호가 중국으로 가는 해로를 측량한다는 명분으로 조선 연해에서 무단 측량하던 중 강화도에서 조선수군과 교전이 발생하였다. 이 사건에 대하여 중국의 이홍장은 『만국공법』의 3해리 영해규정을 적용시켜

2) 근대 일본의 해도

근대 유럽의 측량술 및 해도 제작술은 어떻게 동양에 전해졌을까?

동양권에서는 유럽의 측량법과 해도 제작을 시도한 국가는 일본이 대표적이다. 그 단서는 나가사키해군전습소(長崎海軍傳習所)에서 찾을 수 있다.

1850년대, 일본 연안에 구미 각국의 군함들이 몰려와 무단 측량을 하고 있는데도 막부는 강력한 무력 앞에서 속수무책이었다.[9]

막부는 이에 대한 강구책으로 먼저 군함을 발주한 후 1855년 해군사관을 양성하기 위하여 나가사키에 해군전습소를 설립하였다. 네덜란드에서 초빙한 교사단들은 항해술, 조선학, 측량학, 선구학, 기관학, 포술(砲術) 등 이론 교육과 실제 항해 실습을 병행하였다. 1기 졸업생 중 야나기 나라요시(柳楢悦)[10]와 오노 토모고로(小野友五郎)[11]는 일본의 측량술, 항해술, 해도제작술을 견인한 선구자이며, 야나기 나라요시는 일본

서 일본이 조선의 영토에 불법 침범한 것이므로 조선 수군이 선제 발포한 것에 대한 정당성을 주장하였는데 일본의 모리 아리노리(森有禮) 공사는 조선은 당시 구미와 조약을 체결한 바가 없기 때문에 『만국공법』을 적용시킬 수 없다는 반론을 제기하였다. 이 논리를 두고 조선의 종주국인 중국이 나서서 일본과 담판하였지만 적용되지 못하고 결국 1876년 강화도조약을 체결하는 결과를 맞이하였다〉.

9) 小林 茂,「外邦図 帝国日本のアジア地図」,『中央公論新社』, 2011, 30쪽(1845년 나가사키 연안에서 영국 군함 사마랑호(サラマング號)가, 1849년에는 에도만과 시모다항에서 마리나호(マリナー號)가, 1855년에는 대마도해협을 비롯한 규슈 지역 일대에서 사라센호(サラセン號) 등 무단 측량이 이루어졌다).

10) 柳楢悦(1832.10.8.~1891.1.15.), 수학자, 측량학자, 정치가 해군(海軍少将), 대일본수산회 간사장, 元老院議官, 貴族院議員 역임, 1853년 伊勢湾沿岸 측량, 1855년 나가사키해군전습소에 파견되어 항해술과 측량술 습득, 1870년 해군에 출사, 영국 해군과 공동으로 해양측량 경험을 쌓았다. 당시 일본에서 해양측량의 일인자로 측량체제 정비, 일본 각지의 연안, 항만을 측량하고 해도 작성하였다, 현재 '수로측량의 아버지'로 불린다.

11) 小野友五郎(1817.12.1.~1898.10.29.), 수학자, 해군, 재무관료 역임, 1855년 에도막부의 명령으로 나가사키해군전습소에 들어가 16개월간 천측 및 측량술을 익혔다. 츠키치군함조련소(築地軍艦操練所)를 신설할 때 교수방(教授方)이 되었다, 1861년에는 군함행장이 되어 에도만을 측량하였고, 이어서 함림환(咸臨丸)에 승선하여 태평양을 횡단하면서 경위도를 측정하였다, 1861년 함림환 함장으로 오가사와라 제도에서 측량 임무를 완수하였는데, 이것은 오늘날 오가사와라 제도의 일본 영유권에 큰 단서가 되었다.

인들에게 수로측량의 아버지로 불린다.[12]

일본에서 지형도 및 학습교재용 지도첩 등 근대 지도가 출현하기 시작한 것은 메이지 정부가 수립된 이후이다. 행정부서에는 1869년 민부성 호적지도과(戶籍地圖課)에서 근대지도 제작을 처음 시도하였고, 1875년 내무성에서 삼각측량법을 수용하였으며 1877년 일본 전역의 지적도를 완성하였다.

근대 해도는 야나기 나라요시가 1869년 병부성에 어용계(御用掛)[13]로 임명되어 수로사업 업무를 담당하며 병행해서 제작을 시도하였다. 그러나 측량술과 해도제작술을 겸비한 기술자가 없었기 때문에 야나기는 1870년 직접 제일정묘함(第一丁卯艦)[14]에 승선하여 영국 해군의 측량함, 실비아호(HMS Sylvia)로부터 협력과 자문을 받으며 현장에서 측량술과 해도 제작술을 익혀야 했다. 그리고 1871년 해군 수로국(水路局)[15]의 권두(水路權頭)로 임명되었을 때는 그동안 습득한 측량술 및 해도 제작술의 경험을 토대로 본격적인 측량에 나섰다.[16]

---

12) 矢吹哲一郎,「日本による近代海図刊行の歷史(明治5~18年)」,『海洋情報部研究報告』, 2020, 58쪽; 앞의 책,『환동해』, 87~88쪽.

13) 明治時代에 宮内省 및 기타 관청의 명령을 받은 용무 담당자의 직책.

14) 日本海軍의 軍艦이다. 원래 長州藩이 영국 로이든社에 발주한 목조기선이며 丁卯란 1867년을 의미한다. 이 해 건조된 것이 第一丁卯와 第二丁卯인데 長州藩이 명치 3년(1870년) 정부에 헌납하여 병부성 소관이 되어「제일정묘함」이라고 개명하여 명치 6년(1873년)까지 측량 임무를 하였다.

15) 1871년 설치된 병부성 해군부 수로국이 1872년 2월 28일에 해군성 수로국으로, 1872년 10월 13일 해군성 수로료로, 1876년 9월 1일 해군성 수로국으로 1886년 1월 29일에는 해군 수로부로 명칭이 변경되었으며, 현재 명칭은 해상보안청 해양정보부이다. 1871년 야나기 나라요시의 계급은 해군 소좌이었다.

16) 남영우,「日帝 參謀本部 間諜隊에 의한 兵要朝鮮地誌 및 韓國近代地圖의 작성과정」,『문화역사지리』제4호, 1999, 78쪽 ; 舩杉力修,「分縣地圖의 草分け『大日本管轄分地圖』에 대하여(1)」,『淞雲』19, 2017, 4쪽 ; 서경순,「『韓國水産誌』에 보이는 군산지역 海圖에 관하여」,『2017년 제8회 전국해양문화학자대회 자료집』, 2017, 263쪽 ; 앞의 책,『환동해』, 89쪽 ; ja.wikipedia.org/wiki/水路部_(日本海軍) - キャッシュ.

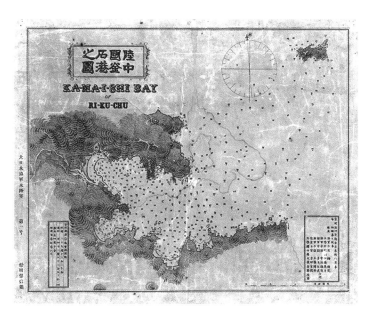

〈그림 1〉 陸中國釜石港之圖(1872년)

    1872년에 일본 군함,「春日艦」[17])의 함장이 되어, 북해도 및 동북 연안에서 실측하여 「陸中國釜石港之圖」〈그림 1〉[18])라는 일본 최초의 근대 해도를 제작하는 성과를 거두었다. 영국 실비아호가 동행하였는데도 야나기는 일본 해군의 독자적인 기술로 실측을 감행하였다고 한다.[19])

---

17) 慶応3年(1867) 사쓰마번이 영국에서 구입한 군함이다. 사쓰마번은 明治 3年(1870) 이 군함을 메이지 정부에 헌납하였는데 明治 5年(1872) 해군성이 창설되면서 일본 해군의 군함이 되었다. 春日艦은 1875年 강화도사건이 있었을 때 부산에 파견된 바 있으며, 1884년 갑신정변이 일어났을 때도 조선에 파견되었던 군함이다.

18) https://www1.kaiho.mlit.go.jp/KIKAKU/kokai/kaizuArchive/birth/index.html (검색일:2023.02.02.).

19) 柳楢悦은 1870년부터 영국의 측량함 실비아호 함장 및 측량사관으로부터 수로측량기술 및 측량도구를 원조받아 塩飽諸島 측량을 하여 일본 최초의 수로 측량의 결과물인「鹽飽諸島實測原圖」를 완성할 수 있었다. 그러나 1872년 화재와 1923년 관동대지진으로 인하여 원도가 소실되었다. 1871년에는『양지괄요(量地括要)』를 저술한 후 부하들의 학습 교재로 활용하였으며, 같은 해에 北海道 연안의 수로 측량을 실시하여 해양의 여러 현상, 항로, 연안지형, 항만시설 등의 정보를 모아서 4권으로 구성한『春日記行』을 집필한 후 천황에게 바쳤다. 1873년 일본 최초의 수로지『北海道水路誌』는『春日記行』을 기초로 한 것이라고 한다(https://www1.kaiho. mlit.go.jp/KIKAKU/kokai/kaizuArchive/birth/index.html)-검색일 2023.02.02 ; 1872년 간행된「陸中國釜

이후 야나기는 이러한 경험을 바탕으로 구미 열강국과 같이 외방도 제작을 비밀리에 추진하였다.

3. 일본 초기 외방도(外邦圖)

19세기 구미에서는 자유무역을 위해 해도 공유가 쉽게 이루어졌지만, 동양권에서는 여전히 지도는 국가 간 극비였다. 이러한 여건에서 일본은 어떻게 외방도를 제작할 수 있었을까?

일본 최초의 외방도는 1875년 일본 육군참모국에서 제작한 조선전도라고 알려져 있다.[20] 그러나 1873년 10월 일본 해군수로료가 제작한 「조선전도」[21]가 있다. 이는 육군참모국보다 2년이나 앞서 있다. 이 사실에서 최초의 외방도는 해군 수로료의 조선전도가 분명하다. 그리고 초기 외방도는 일본의 육군과 해군에서 각각 제작했던 사실을 알 수 있다.

조선의 경우는 지도를 매우 엄중하게 관리하였으며, 더욱이 외국이 조선 내륙을 측량한다는 것은 거의 불가능하였는데도 일본의 육군과 해군은 어떻게 조선전도라는 외방도를 만들었을까? 「조선전도」에는 지도 제작에 대한 설명이 고스란히 남아 있다.

石港之圖」는 일본 최초의 해도 제1호로 일본 해군 水路寮가 독자적으로 측량 간행하였다. 釜石港은 당시 東京과 函館 사이의 중간 보급지점으로 매우 중요한 항구였다. 釜石港을 대상으로 측량한 것은 관영 부석제철소(1875년 건설 시작, 1880년 조업 개시, 1883년 폐산)와도 관계가 있다.
20) 한철호, 「대한(조선)해협의 명칭 변화 및 그 의미」, 『도서문화』 44, 2014, 82쪽; 일본에서 최초 제작한 외방도는 「조선전도(朝鮮全圖)」와 「청국북경전도(淸國北京全圖)」라고 한다. https://www.pref.shimane.lg.jp/admin/pref/takeshima/web-takeshima/takeshima04/kenkyuukai_houkokusho/takeshima04_01/takeshima04d.data/1-3-2-2.pdf(검색일:2022.09.19.); https://www.let.osaka-u.ac.jp/geography/gaihouzu/earlymap/views/84697511/84697511_001.html?agree=agree(검색일:2022.12.26.); 김기혁, 『釜山古地圖』, 부산광역시, 2008, 254쪽.
21) https://www.pref.shimane.lg.jp/admin/pref/takeshima/web-takeshima/takeshima04/kenkyuukai_houkokusho/takeshima04_01/takeshima04d.data/1-3-1-2.pdf(검색일:2022.09.19.).

1) 조선전도(해군 수로료, 1873년)

이 외방도는 한반도의 지형이 가로로 옆으로 길게 누운 형태로 그려져 북쪽 방위가 오른쪽에 있다. 상단 중앙에 조선전도(朝鮮全圖)라는 명칭의 왼쪽으로 조선전도에 대한 제작설명·제작년월·제작기관이 밝혀져 있으며, 바로 옆에 범측(凡測) 항목을 통하여 경(서울), 대동, 평안, 부산의 위도·경도 수치가 나타나 있다.[22] 지도에도 이 4곳의 지명에 네모형의 박스로 표시해 두어서 쉽게 찾을 수 있다. 경(서울), 대동, 평안, 부산은 한국의 주요 도시이며 대동과 부산은 연안에서 내륙으로 진입하는 군사적·상업적 요충지이다. 또한 이 조선전도에는 해안지역을 따라서 수영(水營)·병영(兵營) 등 조선의 수군기지가 그려져 있다.

그리고 조선전도의 왼쪽 가장자리에 '대일본해군 수로료(大日本海軍 水路寮) 제1호, 이다 도쥬(井田道壽) 刻'이라는 기록이 있다. 이 조선전도는 해군 수로료에서 최초 제작한 1호 외방도이며, 그리고 각(刻)이라는 한자는 다량 인쇄할 수 있는 해도를 말한다. 해군 수로료는 어떻게 조선전도를 만들었는지, 해군 수로료의 제작 설명을 살펴보자.

---

22) 1873년 조선전도에는 제작기관은 대일본해군수로료(大日本海軍水路寮), 제작년월은 명치 6년 (1873) 10월이라고 기록되어 있다. 범측(凡測)에 서울, 대동, 평안, 부산 4곳의 경도·위도를 기록하였다.

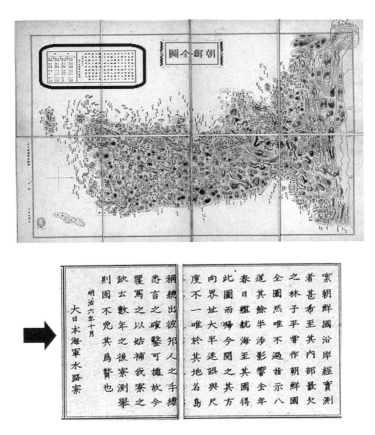

〈그림 2〉 조선전도(해군 수로료, 1873)

 "조선국 연안을 살펴보건대, 실측을 거친 자료가 극히 드물다. 그 내부(내륙)에 이르러서는 더욱 결여되어 있다. 하야시 시헤이(林子平)가 일찍이 조선국의 전도를 만들었는데 단지 (조선)팔도를 나타낸 것에 불과하지만 그 나머지의 어느 정도는 하야시 시헤이의 지도의 영향을 받은 것이다. 지난 해 춘일함(春日艦)이 그 나라에 이르러 이(조선) 지도를 얻어서 돌아와 지금 살펴보니, 그 방향과 영역이 대체로 잘못되었고 척도 또한 일치하지 않았다. 다만 그 지명이나 섬 이름은 모두 그 나라 사람의 손에서 나온 것이며 거듭 말하기를, 확실해서 의거할 만하다고 하였다. 그래서 지금 복제하여 임시로 수로료의 부족함을 보완한다. 수년 후 수로료가 측정하게 된다면, 진실로 그 군더더

기임을 면하지 못할 것이다.”

명치 6년(1873) 10월

대일본해군수로료

〈그림 2〉와 같이 해군 수로료는 조선전도를 제작하기 위하여 한국인을 매수하여 조선국의 지도를 입수하고 조언을 받았다. 그렇다고 해도 이 조선전도는 조선국의 지도를 그대로 복제한 수준이다. 그러나 경도, 위도, 방위표 등은 근대 해도의 요소를 일부 갖추고 있는 것은 분명하다.

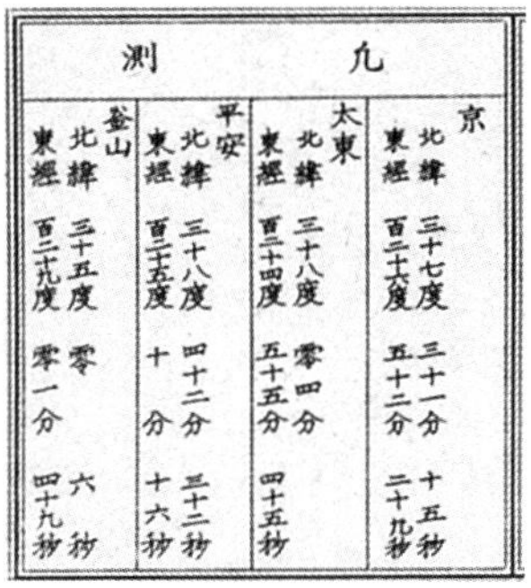

凡測			
京	大東	平安	釜山
北緯 三十七度 三十一分 十五秒	北緯 三十八度 零四分	北緯 三十八度 四十二分 三十二秒	北緯 三十五度 零 六秒
東經 百二十六度 五十二分 二十九秒	東經 百二十四度 五十五分 四十五秒	東經 百二十五度 十分 十六秒	東經 百二十九度 零一分 四十九秒

〈그림 3〉凡測

〈표 1〉 범측(凡測)

범측(凡測)		
	동경(東經)	북위(北緯)
京(서울)	126도 52분 29초	37도 31분 15초
大東	124도 55분 45초	38도 4분
平安	125도 10분 16초	38도 42분 32초
釜山	129도 1분 49초	35도 6초

그리고 ‘이다 도쥬(井田道壽) 刻’이라는 기록에서 외방도의 조각가를 알 수 있다. 외방도에 조각가의 이름이 기록되어 있어도 조각가들의 정보를 잘 알 수 없다. 그러나 이다 도쥬는 1872년 해군에 1등 측량생으로 입대하여 1873년 1월에 동판조각과에 배속되어 일본 동판조각의 창시자, 마츠다 류잔에게 해도 동판조각술을 전수받은 후 1887년에 ‘해도동판인쇄직각법’을 창시할 정도로 그의 실력은 동판제작계에서 선두에 올라섰던 조각가이다. 그가 제작한 외방도 중에는 「대만도다구항지도(臺灣島多口港之圖)」, 「대만전도지도(臺灣全島之圖)」, 「대만남부지도(臺灣南部之圖)」, 「대만도청국속지부(臺灣島淸國屬地部)」, 「대만부속팽호제도(臺灣府屬澎湖諸島)」 등이 있

는데, 당시 대만의 외방도는 그가 거의 독보적으로 조각한 것으로 보인다.[23] 이다 도쥬는 해군의 동판조각가로 식민지 구축을 위한 외방도 제작에 공헌한 셈이 된다.

해군 수로료에서 해도를 제작하고 다량 인쇄를 시도한 것은 유럽 각국의 해도 공유 및 근대 국제질서인 만국공법을 의식한 것으로 생각된다.

2) 조선전도(육군 참모국, 1875)

육군 참모국의 조선전도는 해군 수로료의 조선전도 보다 훨씬 진보된 양상을 보인다. 한반도의 윤곽선이 제대로 갖추어져 있으며, 조선의 행정구역을 각기 다른 색으로 표시하여 도계(道界)를 분명히 하였다. 바다에 떠 있는 도서(島嶼)도 관할 도(道)와 동일 색상으로 하여 그 소속을 분명히 알 수 있다. 흥미로운 점은 이 조선전도에는 축척비례(縮尺比例)를 표시하여 일본의 1리(里)는 조선의 10리와 같다는 거리 단위를 이해시킨 것과 또 하나는 한반도를 중심으로 양쪽 여백에 부분도를 배치한 점이다. 육군 참모국에서는 조선전도라는 외방도를 어떻게 제작할 수 있었는지 예언을 살펴보도록 하자.

---

23) 佐藤 敏,「明治初期の腐蝕法による海図銅版作製者」『海洋情報部研究報告 第58号, 2020, 1~7쪽.

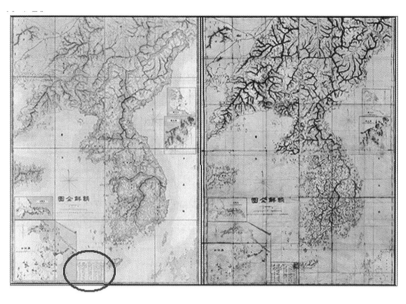

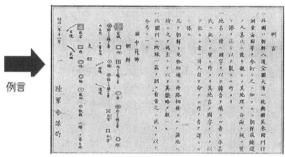

例言

〈그림 4〉 조선전도(육군 참모국, 1875)

예언(例言)

"이 지도는 「조선팔도전도(朝鮮八道全圖)」, 「대청일통여도(大淸一統輿圖)」, 영국 미국이 측량 간행한 해도 등을 참고 수정하고, 이에 추가해서 조선 함경도 사람 아무개에게 직접 조선의 지리를 자문받아, 의심스러운 곳을 묻고 오류를 바로잡아 제작하였다.

- 지명 옆에 國字(가타카나)로써 한국 음가를 붙인 것 또한, 아무개에게 질문한 것에 의한 것이거나, 그 지명에 가타카나만으로 기록한 경우는 서양인들이 스스로 명명

한 것을 그대로 옮긴 것이다.

　- 무릇 조선과 지맥(지리)이 상통하고 뱃길이 서로 접한 여러 지역은 특히 이를 드러내어(揭出) 대략을 분명하게 하였다

　- 이 해도에 별도의 부록 1편을 붙이니, 보는 사람(看者)은 이에 참고하기 바란다."

〈圖中符號〉

명치 8년(1875) 11월

육군 참모국

〈그림 4〉에서 확인한 바와 같이 육군참모국에서도 조선전도를 제작하기 위하여 조선, 청국, 구미 등 외국의 지도를 입수하는 한편 한국인을 매수하였다. 해군 수로료에서는 한국의 지도와 매수인에 대한 정보를 드러내지 않았던 반면에 육군참모국에서는 예언에 참고 지도 및 한국인 매수자가 함경도 사람이라는 것을 밝혀두었다.

함경도 모씨의 단서는 『블라디보스토크 견문잡지』에서 찾아볼 수 있다. 이 책은 세와키 히사토(瀬脇壽人)라는 일본 외무성의 관료가 1875년 4월 7일부터 6월 14일까지 블라디보스톡 출장 내역을 일기형식으로 기록한 글이다. 여기에 세와키와 김인승의 필담 내용이 있다. 두 사람은 5월 17일, 다케후지 헤이키치(武藤平吉)의 주선으로 처음 만났다. 다케후지는 김인승과 같이 그곳에 이주 정착한 일본인으로 김인승과는 의형제를 맺은 각별한 사이였다. 세와키가 블라디보스톡에 출장갔을 때 안내원으로 고용되었다.

『블라디보스토크 견문잡지』에는 대부분 세와키가 묻고 김인승이 대답하는 형식이다. 그중 몇 가지를 살펴보면 우선 세와키는 조선의 지형, 풍속, 인구 등 조선 내부 상황을 묻고, 김인승은 조선은 8도이며 361군이 있으나 인구는 잘 알 수 없다고 하였다, 두 번째는 세와키가 조선지도를 어디서 입수하였는지 알 수 없지만 김인승에게 조선지도를 꺼내 보이며 임나(任那)의 위치를 묻었고 김인승이 곧바로 모른다고 하자, 다시 죽도가 조선에서 몇 리 떨어졌으며, 일본과는 얼마나 떨어졌는지를 물었다. 이에 김인

승은 죽도는 강원도 삼척부 소속인데 땅은 비옥하지만 금도(禁島)로 정해져 가보지 못해서 몇 리인지 모른다고 성의있게 대답하였다. 이같은 세와키의 질문들은 친교가 아니라 한일 외교 상의 민감한 질문들이다. 사실 세와키의 블라디보스톡 출장에는 당지인(當地人)을 고용하여 조선 내륙을 정탐하는 임무가 있었다.[24]

이 명령에 따라서 세와키는 김인승을 매수할 목적을 갖고 접근하였으며, 외무성에 출장보고서로 제출하기 위해서 김인승을 매수하는 과정을 자세하게 기록한 결과물이 『블라디보스토크 견문잡지』이다. 세와키는 블라디보스톡을 떠나기 며칠 전인 5월 25일에 김인승을 완전 매수한 것을 기록해 두었다. 그날 세와키는 김인승에게 조국을 떠나 이주한 까닭을 물었고 김인승은 고국으로 돌아갈 수 없는 자신의 처지를 비관하면서 세와키가 일본으로 귀국하면 자신을 일본에 동행할 수 있도록 부탁하였다. 그리고 그때 함께 있던 다케후지가 김인승에게 "귀국의 신발, 버선, 갓 등 상품이 되는 것을 저희에게 주시면 저희가 그 가격을 해 드리면 어떻습니까"라고 말하였다고 하였는데 다케후지는 김인승과 같은 이주민 처지인데, 저희라고 한 것은 세와키를 대변하는 말로 이해해야 한다. 또한 조선의 신발, 버선, 갓 등의 물품이 왜 필요했을까? 이는 다케후지가 김인승의 처지를 누구보다 잘 알고 있는 의제(義弟)였으므로 김인승의 일본 여비 마련을 위한 명목상 구실로 보인다. 이에 김인승은 일본에 가게 되면 선비 의관을 갖추겠다고 하면서 덧붙여서 일본 방문(견학)을 마치고 돌아올 때는 일본 물건을 가져와 이곳에 와서 팔면 일본 여비를 충당할 수 있다는 말을 하였고 세와키에게는 평생 모시겠다는 말까지 하였다고 기록하였다.[25] 세와키의 『블라디보스토크 견문잡지』에 기록된 이 내용들을 그대로 신뢰하기엔 무리가 있다. 세와키는 처음부터 김인승을 매수할 목적으로 만났으며, 김인승의 자질을 필담으로 여러 차례나 시험하였다. 김인승이 먼저 일본으로 가겠다고 부탁한 것이 아니라 세와키가 일본 동행을 유도한 것으로 생각된다. 이를 반영하

---

24) 具良根, 「日本外務省 七等出仕 瀨脇壽人과 外國人顧問 金麟昇」, 『한일관계연구』 7, 한일관계사학회, 1997, 136~137쪽 ; 세와키 히사토(瀨脇壽人) 저, 구양근 역, 「블라디보스토크 견문잡지」, 『한일관계연구』 9, 한일관계사학회, 1998, 213쪽, 258쪽, 263~268쪽(외무성의 출장명령서에는 모두 7항으로 작성되었다).
25) 위의 책, 「블라디보스토크 견문잡지」, 273~274쪽

는 것은 세와키는 블라디보스톡에서 김인승과 다케후지를 데리고 귀국하자 두 사람을 외무성에 공식 채용하도록 주선한 점이다.26) 김인승에게 조선 선비 전통 복장을 요구한 것도 일본 외무성에 조선 유학자를 매수한 사실을 보여주기 위한 것이 아닐까? 세와키는 다케후지를 매개로 조선의 지식인, 김인승을 매수하는데 성공하였다.

김인승의 외무성 고용기간은 8월 1일부터 10월 31일(3개월)까지이며, 업무는 '만주지방 및 조선 지지(地誌) 및 기타 요구사항에 대한 자문'이었다. 그러나 임기가 종료되었지만 김인승은 1년을 더 연장하였다. 김인승이 일본 외무성에 고용된 기간은 1875년 8월 1일부터 1876년 10월 31일까지 총 15개월인데, 이 기간에 1875년 9월 운양호사건, 1875년 11월 육군참모국의 조선전도 제작, 1876년 2월 강화도조약 등 한일 외교사에서 매우 중대한 사건들이 발생하였다. 김인승은 육군참모국의 조선전도라는 외방도를 완성하는데 결정적으로 협력을 하였으며, 하물며 강화도조약 체결 시에는 통역·자문역으로 가서 일본 정부가 유리한 조건으로 조약을 이끌 수 있도록 적극 협력하였다. 현재 친일파 1호이다.

다음은 이 조선전도에 배치된 5개의 부분도에 대하여 살펴보자. 오른쪽에는 부산포와 ユンヒン灣,27) 왼쪽에는 한강 어귀(漢江口), 대동강, 청국산동성(淸國山東省)을 배치하였다. 청국 산동성을 제외한 4곳은 조선의 주요 관문이다. 부분도에 수심 또는 저질(底質) 등 나타낸 숫자(분수) 및 영어 알파벳이 표기되어 있는 점에서 실측이 이루어진 해도라는 것을 알 수 있다. 예언에 영국과 미국의 해도를 참고한 사실이 밝혀져 있는 점에서 이 부분도는 양국의 해도 중에 부분 복제해서 배치한 것으로 생각된다.28) 그리고 이 조선전도에는 조선과의 접경인 청국(淸國)의 지명·역(驛), 하천, 산 등이 그려져 있으며, 하단에는 일본의 나가사키, 후쿠오카, 히라도, 쓰시마, 고도, 이키 등이 그려져 있다. 조선전도에 청국과 일본의 일부 지역에 대한 정보까지 자세하게 나타낸

---

26) 위의 논문, 「日本外務省 七等出仕 瀨脇壽人과 外國人顧問 金麟昇」, 131~132쪽.
27) ユンヒン灣은 어디인지 알 수 없으나 원산이 개항지였던 것에서 원산만으로 추정된다.
28) 小林 茂, 近代日本の地圖作製とアジア太平洋地域, 大阪大學出版會, 2009, 2~4쪽(구미 각국에서 제작 판매하는 해도를 구입한 후 이 해도를 토대로 일본 해군 수로부에서 재측량하여 수정 보완하여 일본제로 복제 간행하였다).

이유는 무엇일까? 게다가 부분도에 청국 산동성(淸國山東省)을 배치한 이유는 무엇일까? 이 부분도는 조선에서 해로를 통한 청국 루트를 암시한다. 이 정보는 김인승으로부터 입수한 것은 아닐까?

3) 한국전도(육군 참모국, 1887년)

1887년 육군 참모국에서 한국전도[29]라는 외방도를 제작하였다. 이 외방도에는 한반도의 지형에 69개의 격자형으로 구획되어 모습이 매우 흥미롭다. 또한 구획한 각 네모에 1에서 69의 숫자를 기록하였는데 이것은 외방도의 가장자리에 표기된 위도 경도와 맞추면 각 네모에 해당하는 지역의 경도 위도를 파악할 수 있도록 한 것이다.

---

29) アメリカ議会図書館蔵(初期外邦測量原図データベース, 朝鮮全圖 2007630239)
https://www.let.osaka-u.ac.jp/geography/gaihouzu/earlymap/views/2007630239/200763
0239_001.html?agree=agree(검색일:2023.09.20.)

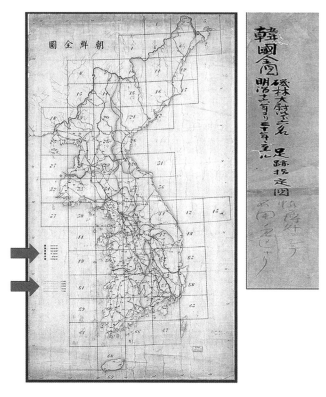

〈그림 5〉 한국전도(육군 참모국, 1887년)

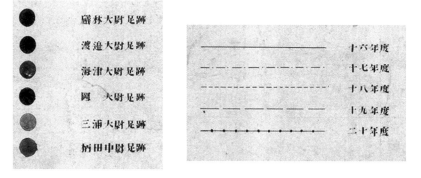

〈그림 6〉 한국전도(1887년)

한국전도에는 앞에서 살펴보았던 외방도에 대한 제작 설명이 없다. 그러나 이를 대신하는 6명〈이소바야시(礒林)대위·와타나베(渡邊)대위·카이즈(海津)대위·오카(岡)대위·미우라(三浦)대위·가라다(柄田)중위)〉의 일본 장교가 기록되어 있으며, 흥미로운 것은 6명의 장교의 성(姓)앞에 각기 다른 색의 동그라미가 그려져 있으며, 계급 뒤에는 모두 족적(足跡)30)이라는 기록이 있다(〈그림 6〉). 그리고 바로 아래에 연도(1883~1887년)를 나타낸 점선, 직선+점선, 철도선 등이 그려져 있다. 다시 말하면 색깔은 6명의 각 장교를, 여러 모양의 선은 임무를 수행한 연도를 나타낸 것이며, 이것은 한국전도에 그려져 있는 노선도에서 누가 언제 어느 곳을 정탐하였는지를 구분하기 위한 것이다. 복잡한 노선도는 서울(지도에는 漢城이라고 표기되어 있다)에 집중되어 있으며, 이북지역은 역시 평양에 집중되어 있다.

6명의 장교 중 카이즈 미츠오(海津三雄)는 1883년부터 1886년에 걸쳐서 원산을 중심으로 원산거류지, 함경도, 강원도, 경기도 일대를 정탐하였다. 이소바야시 신조(礒林真三)는 1883년부터 1884년에 걸쳐서 평양, 김포, 제물포거류지, 마포 등을 정탐하고 일본영사관으로 복귀하던 중 살해되었다고 하며 지금은 야스쿠니신사에 위패가 있다고 한다.

와타나베 고타로(渡邊鐵太郎)는 1883년부터 1885년에 걸쳐서 경상도 일대, 서울, 블라디보스톡, 원산 등을 정탐하였으며, 오카 야스코(岡泰鄉)는 1884년부터 1886년에 걸쳐서 함경노·병안도 일대를 정탐하였다. 미우라 지타카(三浦自孝)는 1885년부터 1887년에 걸쳐서 부산, 한성(서울), 평양 등 정탐 범위의 폭이 상당히 넓다. 가라다 칸지로(柄田鑑次郎)는 1887년 늦게 정탐 임무에 합류한 자로 순천, 나주, 무주, 대구, 창원 일대 및 부산 근교의 김혜, 옹친, 다대포일대를 징딤하였다. 이들은 비밀리에 즉량을 감행해야 했으므로 나침반·보측·목측만으로 측량하여 한국전도라는 외방도를 만들어냈다.31)

---

30) 한국전도를 검색하면 '족적지정도(足跡指定圖)'와 나란히 검색되며, 족적지정도에 '이소바야시(礒林) 대위 이하 6명·명치 16년(1883)부터 20년(1887)까지'라는 기록이 있다.

31) 남영우·이호상, 「日帝 참모본부 장교의 측량침략과 朝鮮 目測圖의 특징」, 『한국지도학회지』 10-1, 2021, 1~7쪽

한국전도에 그려져 있는 노선도 중에는 육지로 바로 잠입하지 않고 바다를 거쳐서 육지로 잠입한 노선도가 있다. 황색의 ----- 로 그려진 노선도인데 부산에서 출발하여 남해안의 여러 섬을 지나 순천으로 잠입하였다. 〈그림 5〉을 확인하면 황색은 미우라 대위를, ----- 로 표시된 선은 1886년을 말한다. 즉 1886년 미우라대위가 수행한 정탐 루트이다. 미우라는 1885년에 경상남북도와 전라남도를 정탐한 경험이 있다. 먼저 황색의 ----- (1885년) 노선도를 살펴보도록 하자.〈표 2〉

〈표 2〉 三浦自孝의 足跡(1885)

김해 → 웅천 → 창원 → 함안 → 진주 → 하동 → 구례 → 남원 → 장수 → 거창 → 고령 → 성주 → 선산 → 상주 → 용궁 → 예천 → 안동 → 청송 → 진보 → 영양 → 영해 → 영덕 → 청하 → 흥해 → 연일→ 경주 → 언양

〈표 2〉에서 살펴보았듯이 미우라는 김해에서 출발하여 경남, 전남, 경북 일대를 정탐하였다. 그리고 이어서 1886년에는 부산에서 배를 타고 남해안의 여러 섬을 정탐한 후에 순천으로 잠입하였다. 1886년 미우라의 정탐 노선도는 매우 복잡해서 3개로 구분하여 제시한다.[32]

〈표 3〉 三浦自孝의 足跡(1886)

①	- 부산 → 거제 → 통영 → 남해 → 좌수영(여수) → 순천 → 곡성 → 남원 → 임실 → **전주** → 진안 → 장수 → 운봉 → 함양 → 산청 → 진주
②	- **전주** → 여산 → 은진 → 용안 → 함열 → 익산 → 전주 → 은진 - **은진(右)** → 노성[33] → 공주 → - 천안 → 진위 - **은진(左)** → 석성 → - 부여 → 청양 → 대흥 → 청양 → 신창 → 평택 → 진위 - **진위** → 수원 → 과천 → **한성(서울)** - **진위** → 수원 → 안산 → 시흥 → **한성**
③	- 한성 → 이천 → 음죽[34] → 음성 → 괴산 → 보은 → 청산(옥천군) → 상주 → 선산 → 칠곡 → 대구 → 경산 → 청도 → 밀양 → 김해[35]

---

32) 1886년 미우라의 정탐 노선 중 〈표 3〉의 ①과 ②에 기록된 정탐 순서는 전주, 은진, 진위 등의 지역을 중심으로 오가며 정탐하여 정탐 순서가 다소 다를 수 있다.

33) 현재의 논산군 노성면 지역을 말한다.

〈표 3〉과 같이 미우라는 부산에서 거제 → 통영 → 남해 → 좌수영(여수) 등 해안 지역을 정탐 임무를 수행한 후 육지로 잠입하였다. 이 해안 루트에는 조선수군기지가 배치된 군사상 매우 중요한 곳이다. 또한 〈표 3〉의 ② · ③의 노선도는 전남 또는 경남에서 한성(서울)에 이르는 군사적인 측면이 강한 노선이다. 1886년의 정탐 노선에는 1885년에 정탐한 지역과 중복된 곳이 다소 있다.

다음은 1887년 미우라가 수행한 노선도는 이북지역이다. 그런데 미우라가 어디에서 출발해서 어디에서 임무를 마무리했는지 파악하기 어렵다. 〈표 4〉는 필자가 평양을 출발지점으로, 개성을 종료지점으로 임의 설정하여 정리한 것이다.

〈표 4〉 三浦自孝의 足跡(1887)

①	평양 → 자산 → 순천 → 개천 → 희천 → 강계 → ?36) → 강계 → 영원 → 영흥
②	평양 → 중화 → 수안 → 서흥 → 토산 → 개성 → 교하 → 개성
③	평양 → **대동강** → 운률 → 송화 → 해주 → 백천 → 개성

〈표 4〉에서 ③의 루트를 보면 평양에서 대동강을 따라 바다에 이르는 곳까지 이어진다. 이를 반대로 하면 바다에서 대동강을 통해 평양까지 내륙 진입루트이다. 미우라는 1885년부터 1887년의 정탐에는 해안 루트 정탐이라는 공통점이 있다. 1885년은 동해의 경북 연해지역을, 1886년에는 남해의 경남 · 전라 연해지역의 군사요충지를, 1887년에는 서해의 대동강을, 즉 한반도의 동해 남해 서해의 내륙으로 진입하는 주요 관문지역을 정탐하였다.37) 한국진도의 동해 · 남해 · 서해의 연안 지역에는 해안선을 따라

---

34) 음죽군(陰竹郡)은 경기도 이천시의 옛 행정구역으로, 지금의 장호원읍 설성면 율면에 해당된다. 1895년 충주부 관할 음죽군은 1910년 북면과 서면이 각각 원북면과 근북면으로 개칭되었다가 1914년 일제에 의한 행정 폐합으로 이천군에 합병되면서 일부 마을이 음성군에 분할 편입되었다.

35) 서경순, 「『韓國水産誌』에 보이는 군산지역 海圖에 관하여」, 『2017년 제8회 전국해양문화학자대회 자료집 2분과회의』, 2017, 263~265쪽

36) 지명을 기록하지 않아서 ? 로 표시하였지만 만포로 추정된다.

서 여러 색깔의 노선도가 그려져 있는데 특히 도계(道界) 연안지역에 빠짐없이 그려져 있는 것을 확인할 수 있다.

한국전도에 그려진 6명의 일본 장교들이 정탐한 노선도는 조선의 군사적 특급 기밀이다. 육군참모국에서 한국 식민지화를 위하여 얼마나 철저하게 준비하였는지를 극명하게 보여주는 외방도이다.

일본 군부가 외방도를 제작한 것은 구미열강국에서 해도를 제작했던 목적과 다르지 않다.[38] 조선전도와 한국전도에서 보여주듯이 일본 군부가 외방도를 제작한 목적은 한국의 식민지화를 위한 결과물이었던 점은 피해갈 수 없다.

4. 『한국수산지(韓國水産誌)』의 해도

1905년 11월 17일 을사늑약이 체결된 이듬해 2월, 통감부는 본격적인 한국조사를 실시하였다. 수산조사는 1908년 『한국수산지』 편찬사업으로 대대적으로 이루어졌다.

일본 어부들이 한국의 연안에서 법적인 보호까지 받으며 조업을 시작한 근거는 1883년 조일통상장정이며, 일본 정부는 이 장정을 구실로 삼아서 한국해출어시책을 마련하고 일본어부들을 한국 연안에 대거 출어시켰다. 또한 농상무성 수산국장, 세키자와 아케키요(關澤明淸)는 한국수산조사단을 이끌고 1892년 11월 말경에서 1893년 3월 초까지 약 100일에 걸쳐서 한국 수산조사를 면밀하게 조사하고 돌아가 바로 그해 10월 23일 『조선통어사정(朝鮮通漁事情)』(關澤明淸 竹中邦香 공저, 1893)이라는 제목의 책을 간행하였다. 한국연안조사는 세키자와 조사단을 이어서 계속되었고, 다양한 한국연안조사보고서가 간행되어 한국출어자들에게 수산정보지 역할을 하였다.[39]

일본정부는 1897년에는 원양어업장려법을 공포하여 한국출어를 보다 본격적으로

---

37) 남영우・渡辺理繪・山近久美子・이호상・小林 茂, 「朝鮮末 日帝 參謀本部 장교의 한반도 정찰과 지도제작」, 『대한지리학회지』 44-6, 2009, 772~773쪽.

38) 渡辺信孝, 「東北大學で所藏している外邦図とそのテータベースの作成」, 『季刊地理學』 50, 1998, 154쪽.

39) 서경순・이근우, 「한국수산지의 내용과 특징」, 『인문사회과학연구』 20-1, 부경대학교 인문사회과학연구소, 2019, 128쪽 ; 앞의 책, 『환동해』, 95~96쪽.

추진하였는데, 1905년 3월에는 이 법안을 개정 공포하여 출어시책에서 한국이주시책에 중점을 두었다. 이 시책에 따라서 반관반민단체인 조선해수산조합이 앞장서 한국의 영토 및 어장을 매입하는 등 한국에 일본인 이주지역이 확장되었다. 더욱이 1908년에는 한일어업협정이 제정되어 일본 어부들이 한국의 바다만이 아니라 강과 하천 등 내륙부에서도 조업할 수 있게 되면서 일본인 정주자 수가 대폭 증가하는 한편 이주지가 더욱 활발하게 건설되었다.[40]

1908년 『한국수산지』 편찬사업은 일본인 이주지건설과 무관하지 않다. 『한국수산지』가 전체 일본어로만 기록된 점, 그리고 수산지인데 수산 정보보다 조사 지역에 대한 연혁, 지리, 경계, 면적, 호구(인구), 교통, 통신, 장시(場市) 등의 다양한 정보를 면밀하게 조사하여 정리한 점, 그리고 일본 어부의 근거지는 그들의 출신지, 소속 단체명, 어업활동 및 어획물 유통 경제 등 매우 구체적인 내용까지 정리해 둔 점 등은 한국 어부에게 필요한 정보가 아니라 한국 내에 이주 정착한 일본 어부들에게 필요한 정보이며, 향후 한국이주를 희망하고 있는 일본인들에게도 중요 정보들이 아닐 수 없다.

『한국수산지』의 내용은 매우 방대하여 전체를 다 본다는 것은 쉬운 일이 아니다. 그런데 『한국수산지』에는 주요 내용을 압축한 자료들이 있다.

『한국수산지』의 각권에 권두 사진을 비롯하여 본문에는 풍속 · 강우량(강설량) · 조석(潮汐) · 수온 등의 연간통계표, 어획물 연도별 통계표 그리고 지도(해도)가 지역 곳곳에 삽입되어 있다. 책의 말미에는 부록으로 어사일람표를 첨부하여 각 지역 어업 내역을 요약하여 쉽게 파악할 수 있도록 하였으며, 지명색인을 첨부하여 『한국수산지』에 기록된 수많은 지역을 쉽게 찾을 수 있도록 하였다. 이 자료들은 당시로는 흔치 않은 근대의 상징적인 요소들이다. 특히, 사진의 경우는 일본어부들의 조직체인 조선해수산조합본부 건물을 필두로 각 지역별, 주요 어장의 형태 및 어업활동 모습, 정박지, 어물전, 등대, 염전, 일본인 이주지에 설치된 학교 등의 생생한 현장의 모습을 이해할 수 있다. 이 자료는 한국 이주희망자들에게는 한국 생활을 이해하는 데 큰 도움이 되었을

---

40) 서경순, 『메이지시대의 수산진흥정책과 일본수산지(日本水産誌)의 편찬에 대한 연구』, 박사학위 논문, 부경대학교, 2021. 206~212쪽 ; 앞의 책, 『환동해』, 96쪽.

것이다.

그리고 제2권~제4권에 삽입된 해도는 각 연안 상황을 이해할 수 있는 자료이다. 해도 중에는 일련번호가 기록된 것이 있다. 『한국수산지』 제2집의 범례 6항에는 "삽입한 지도의 지형 중, 해도에 근거한 것은 란(欄) 바깥에 그 뜻을 부기하였다"는 기록이 있다. 당시 해도는 일본 해군에서 전담하였으므로 해도라고 하면 일본 해군에서 제작한 해도를 말한다. 즉 『한국수산지』에 삽입된 해도에 기록된 번호는 해군 해도의 일련번호를 말한다.

일련번호가 없는 해도는 어떤 해도를 차용하였는지 그 출처를 정확히 알 수 없지만 해도에 수심, 저질(底質)을 나타낸 알파벳과 숫자(분수 포함)와 경도, 위도, 방위표, 항로, 등대, 항구, 사변(海邊) 등의 다양한 기호, 그림들은 실제 측량을 한 정보이다. 이 또한 해군의 해도를 차용한 것으로 생각된다. 『한국수산지』에 삽입된 해도는 다음과 같다.[41]

---

41) 『한국수산지』 제2집~제4집; 国立国会図書館 https://dl.ndl.go.jp/pid/802155)(검색일 2023. 01.12)

<표 5> 『한국수산지』에 첨부된 해도(지형도 포함)

순서	구분	도별	해도 명칭	해군 해도	첨부 위치
1	제2집	함경도	조산만(造山灣)		함북 慶興府 81쪽
2			경성만(鏡城灣)	해도 312호	함북 鏡城郡 108쪽
3			성진포(城津浦)	해도 318호	함북 城津府 122쪽
4			차호만(遮湖灣)	해도 318호	함남 梨元郡 136쪽
5			신창항 부근(新昌港附近)	해도 318호	함남 北青郡 143쪽
6			신창 및 마양도(新昌及馬養島)	해도 321호	함남 北青郡 149쪽
7			서호진(西湖津)		함남 咸興郡 165쪽
8			원산진(元山鎮)		함남 德源府 191쪽
9		강원도	강원도 其1		강원 歙谷郡 227쪽
10			장전동 정박지(長箭洞錨地)		강원 通川郡 235쪽
11			강원도 其2		강원 高城郡 239쪽
12			강원도 其3		강원 襄陽郡 255쪽
13			강원도 其4		강원 三陟郡 265쪽
14			죽변만(竹邊灣)	해도 312호	강원 蔚珍郡 277쪽
15		경상도	축산포(丑山浦)	해도 312호	경북 寧海郡 313쪽
16			영일만(迎日灣)		경북 迎日郡 325쪽
17			울산항 부근	해도 312호	경남 蔚山郡 333쪽
18			부산항만 설비평면도		경남 東萊府 364쪽
19			용남군(龍南郡)구역도		경남 龍南郡 405쪽
20			통영전도(統營全圖)		겨남 龍南郡 415쪽
21			삼천포항		경남 泗川郡 441쪽
22			울릉도(鬱陵島)		경북 울진군 450쪽
23	제3집	전라도	여수군(麗水郡)		전남 麗水郡 83쪽
24			전라남도 서연안		전남 羅州郡 106쪽
25			목포항(木浦港)	해도 339호	전남 務安府 112쪽
26			목포항시가 및 부근도		전남 務安府 117쪽
27			돌산군 전도(郡界·面界)		전남 突山郡 146~147쪽
28			돌산군(突山郡)	해도 304호	전남 突山郡 148~149쪽
29			나로도(羅老島)		전남 突山郡 167쪽
30			완도군(郡界·面界)		전남 莞島郡 179쪽
31			완도군(莞島郡)		전남 莞島郡 180쪽
32			진도군 전도(珍島郡全圖)		전남 珍島郡 208쪽

33		지도군 전도(智島郡全圖)		전남 智島郡 227~228쪽
34		제주도(郡界·面界)		전남 濟州島 262쪽
35		전라북도 전연안		전북 310쪽
36		군산항 부근(群山港附近)	해도 333호	전북 沃溝府 329쪽
37		군산항 시가도		전북 沃溝府 333쪽
38	충	충청남도연안 其1(道界·郡界·面界)		충청도 388쪽
39	청	충청남도연안 其1(道界·郡界)		충청도 465쪽
40	도	충청남도연안 아산만(牙山灣)		충남 秦安郡 487쪽
41	경	경기도 전도 其1		경기도 60~66쪽
42	기	제물포정박지(濟物浦錨地)		경기도 仁川府 98쪽
43	도	경기도 전도 其2		경기도 富平郡 117쪽
44	황	황해도 其1		황해도 191~192쪽
45	해	황해도 其2		황해도 219쪽
46	도	황해도 其3		황해도 237쪽
47		평안남도 其1		평남 268쪽
48	평	진남포항 평면도		평남 鎭南浦府 275쪽
49	안	평안남도 其2		평남 288~289쪽
50	도	평안북도 其1		평북 299쪽
51		평안북도 其2		평북 308쪽

〈표 5〉에 제시한 대로 제2집에 22개, 제3집에 18개, 제4집에 11개로, 지형도를 포함한 해도는 총 51개이다. 이 중에 해도 번호가 확인된 것은 11개이며, 제2집에 8개(해도 312호, 해도 318호, 해도 321호), 3집에 3개(해도 304호, 해도 333호, 해도 339호)이며, 제4집에는 없다. 해도 가운데 일련번호가 기록된 사례와 기록되지 않은 사례를 살펴보도록 하자.

1) 일련번호가 있는 해도

『한국수산지』에 삽입된 해도 중에 제3집의 사례를 들어보도록 하자. 일련번호가 기록된 해도는 ①'목포항(木浦港)' ②'돌산군(突山郡)' ③'군산항부근(群山港 附近)'이 있다.

이 3개의 해도의 왼쪽 여백에는 '해도 000호에 근거(海圖000號ニ據ル)'라는 기록이 있다.

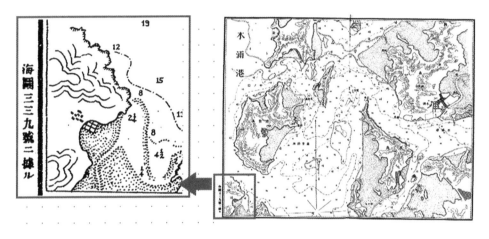

〈그림 7〉① 木浦港〈海圖三三九號ニ據ル(해도339호에 의거)〉
※ 출처 : 『韓國水産誌』3輯

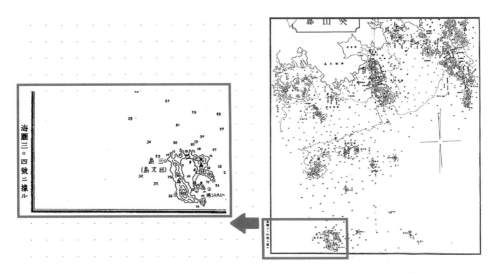

〈그림 8〉② 突山郡〈海圖三0四號ニ據ル(해도304호에 의거)〉

※ 출처: 『韓國水産誌』 3輯

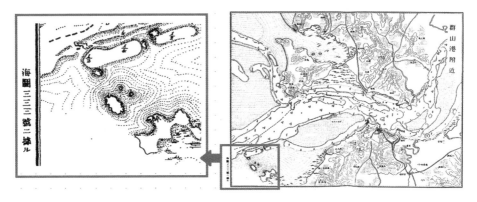

〈그림 9〉③ 群山港附近〈海圖三三三號ニ據ル(해도333호에 의거)〉

※출처: 『韓國水産誌』 3輯

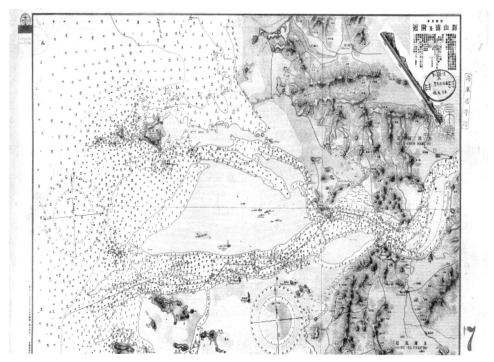

<그림 10> 군산항 및 부근(群山港及附近)

※출처: 外邦図デジタルアーカイブ

이 중에 군산항 부근(群山港附近)〈그림 9〉에 기록된 해도 333호를 해군의 외방도에
서 검색하면 군산항 및 부근(群山港及附近)〈그림 10〉[42]이다. 두 해도는 명칭이 일치
하며 전체 윤곽선도 별 차이가 없다.

〈그림 9〉와 〈그림 10〉을 비교해 보면 『한국수산지』에 삽입된 해도는 해군의 해도를
차용한 사실이 명백하게 확인된다. 그러나 두 해도는 얼핏 보아도 연안부에 극명한 차
이가 드러나 있다. 해군의 해도를 보면 내륙부와 연안부에 나침반이 각각 배치되어 있으

---

42) 〈그림 10〉의 群山港及附近은 2017년 7월경 필자가 '外邦図デジタルアーカイブ' 사이트에서 검
색한 것이다. 그런데 2023년 7월 이후 이 사이트가 열리지 않는다. 당시 이 해도의 상단 우측에
서 명치 39년 수로부에 의해 인쇄·발행하였으며, 해도에 관여한 측량 함선, 측량 군인의 성명과
직위 그리고 "내륙부의 전망산(前望山)은 북위 36도 0분 28초, 동경 126도 40분 8초, 연안부의
죽도(竹島) 동쪽은 삭망고조 3시 57분, 대조승 23¾피트, 소조승 16피트, 소조차 8¾피트"라는
기록을 확인할 수 있었다. 이 정보는 일본 해군의 측량 사실을 확인시켜 준다.

며, 연안부에는 마치 점을 찍은 놓은 것처럼 보이는 영어 알파벳, 숫자, 분수가 빽빽하게 기록되어 있다. 이것은 바다의 수심, 저질 등을 나타낸 수치들인데『한국수산지』의 해도는 이 정보들을 거의 생략하고, 정박지, 항로, 간출(干出)[43], 모래톱 등 안전 항해에 필요한 정보만을 남겨두어 빈 여백이 드러나 있다. 그러나 내륙부는『한국수산지』의 해도가 좀 더 자세한 양상을 보인다. 주거지역을 비교해 보면 검고 작은 네모 모양의 수가 마을마다 다르다. 아마도 각 마을의 호수를 나타낸 것으로 보인다. 그리고 조계지인 군산은 큰 직사각형에 네모반듯하게 잘 구획된 모습으로 그려서 일반 주거지와는 차별화하였다.[44] 이러한 것은『한국수산지』에 삽입된 해도는 해군의 외방도를 그대로 차용하지 않았다는 사실을 말해준다. 편찬자들은 해군의 해도를 차용했지만 군사적 정보는 삭제하고, 어업자의 안전한 조업과 생활의 편익을 돕는 정보는 추가하여 제작하였다.

『한국수산지』제3권에 의하면 조기 성어철이 되면 군산 앞바다에는 구마모토, 사가현, 후쿠오카 등지에서 일본 출어선이 1천여 척이 넘게 폭주하였으며, 군산항 일대의 전망산 부근, 장암리(長岩里)는 나가사키현 어업근거지, 용당(龍堂)은 후쿠오카현 어업근거지였다.

『한국수산지』에 첨부된 군산항부근이라는 해도는 군산항 일대에서 조업하는 어부들에게 그 역할을 톡톡히 하였을 것이다.

2) 일련번호가 없는 해도

2-1) 영일만(迎日灣)

『한국수산지』제2집에는 영일만이라는 해도가 삽입되어 있다. 이 해도에는 일련번호가 없지만 영어 알파벳, 숫자, 분수 등이 표시되어 있으므로 실측 해도라는 것을 단서로 해군의 외방도에서 영일만이 그려져 있는 해도를 검색해 보았다.

---

43) 간조(干潮) 시에, 해수면 위에 드러나는 암초 등을 말한다.
44) 앞의 책,『환동해』, 120~122쪽 ; 앞의 발표문,「韓國水産誌에 보이는 군산지역 海圖에 관하여」, 262~269쪽.

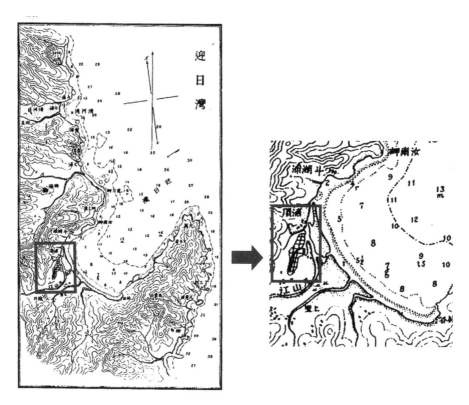

〈그림 11〉 영일만(迎日灣)

※ 출처: 『韓國水産誌』 2輯(네모박스로 표시한 곳은 포항시가지이다).

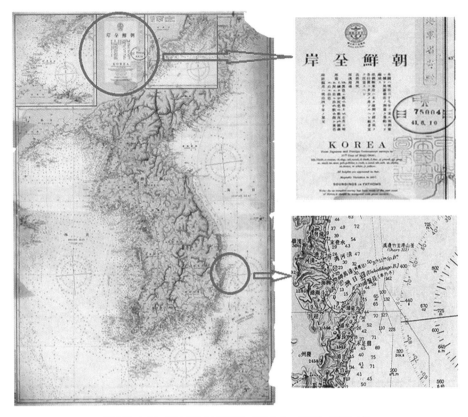

〈그림 12〉 조선전도(해도 301호, 일본 해군성)

　해도 301호, 조선전안(朝鮮全岸)[45]은 해도의 명칭과 같이 한국의 전 연안이 나타나
있는 외방도이며 앞에서 살펴보았던 조선전도 및 한국전도와 같이 한반도가 중앙에
배치되어 있지만 확연하게 다른 것은 동해・남해・서해의 연안부에 각각 나침반이
배치되어 있고, 수심, 조류, 갯벌, 저질(底質), 위험표시 등을 알리는 수많은 숫자, 알파
벳, 기호, 그림 등이 있다. 즉 실제 측량이 이루어진 해도가 분명하다. 그런데 이 조선전
안에는 다음과 같이 주의를 요하는 경고문이 있다.[46]

---

45) 外邦図デジタルアーカイブ/海図(검색일:2019.08.26.):현재 검색되지 않음.
　　http://chiri.es.tohoku.ac.jp/~gaihozu/ghz-list.php?lang=ja-JP&search=&pl2=201&p=6(해
　　도 301호는 일본 해군성에서 명치 37년(1904)까지 측량하여 명치 39년(1906) 3월에 발행한 해도
　　이다.)

"본 해도는 명치 37년(1904) 우리 해군의 측량에 근거하며, 영국·러시아의 최근 측량을 참고해서 편성했다. 단 조선의 동해안은 아직 확측(確測)을 거치는 중이므로 명칭의 위치가 다소 차이가 있으니, 항해자는 아무쪼록 주의해야 한다."

이 내용은 조선전안은 아직 미완성 단계라는 것을 해군 수로부가 시인하는 것이다. 『한국수산지』에 삽입되어 있는 영일만 해도의 연안부와 비교해 보아도 많은 차이가 없다.

그러나 내륙부에는 『한국수산지』에 삽입된 영일만 해도가 훨씬 자세하게 그려져 있다. 포항이라는 지명이 기록된 곳을 보면 우선 구획이 잘 조성된 신시가지라는 것을 보여준다. 『한국수산지』 2집에 의하면 포항에는 당시(1908~1909년 기준 추정) 일본인이 357명(95호) 거주하였는데, 오카야마현(岡山縣)의 이주 어업인 5호를 제외하면 모두 상업인이며, 포항 주변에는 각 현(縣)에서 이주지로 선정해 둔 곳도 있다고 하였다.[47] 영일만 일대에 일본인 이주지가 확장되었던 배경에는 1905년 원양어업장려법에 따른 한국 내 일본인 이주지건설과 관계가 있으며, 특히 포항은 상업중심지로 구룡포는 어업중심지가 되었다. 영일만 일대의 연안에는 크고 작은 암초와 바위섬이 여기저기 산재되어 있어서 조업 중에 매우 조심하지 않으면 안된다. 『한국수산지』에 삽입된 영일만 해도는 당시 어업자들의 안전한 조업과 항해에 필수 정보가 되고도 남았을 것이다.

2-2) 어수군(麗水郡)

『한국수산지』 제3집에 삽입된 '여수군(麗水郡)'이라는 해도는 일련번호가 없다〈그

---

46) 서경순, 「『韓國水産誌』의 海圖와 일본 해군 수로부의 海圖 비교」, 한국지방자치학회 하계학술대회 제1권, 2019, 635~640쪽.
47) 이근우·서경순, 『한국수산지』 Ⅱ-2, 산지니, 2023, 66~67쪽 ; 서경순(공저), 『울릉도·독도의 인문과 자연』(이하는 『울릉도·독도』), 도서출판 지성人, 2024, 200~202.

림 13〉. 해군의 외방도 중에 '조선총도
남부(朝鮮叢圖南部)'와 '조선남동안
(朝鮮南東岸)'에는 여수군이 그려져 있
다.[48]

'조선총도남부(朝鮮叢圖南部)'〈그
림 14〉는 해도 제320호이다. 이 해도에
는 원도(原圖)를 1886년 개정한 영국
해군의 해도 104호를 바탕으로, 일본
해군에서 측량 보완하여 1888년 최초
간행하였는데, 다시 1900년~1901년
대개정하여 1901년 인쇄·발행한다는
사실을 해군 수로부에서 밝혀두었다.

그리고 '조선남동안(朝鮮南東岸)'

〈그림 13〉 여수군(麗水郡)
※출처: 『韓國水産誌』 3輯

〈그림 15〉에도 이 해도는 해군 수로부에서 명치28~32년(1895~1899)에 걸쳐서 측량
(수정 포함)하였으며, 명치 35년(1902) 7월에 제판(製版)·인쇄 발행한다고 기록을
하였다.

그런데 이 외방도에는 번호 대신에 '海圖 ?'라고 표기되어 있다.

---

48) '조선총도남부(朝鮮叢圖南部)'와 '조선남동안(朝鮮南東岸)'는 '外邦図デジタルアーカイブ'에서
검색하였는데, 주석 40)에서 언급한 바와 같이 현재 사이트가 열리지 않는다.

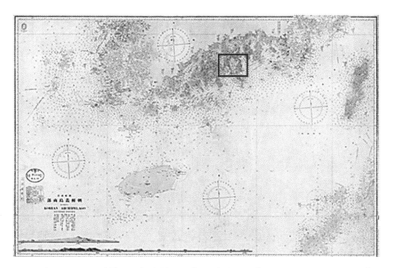

〈그림 14〉 조선총도남부(朝鮮叢圖南部, 해도 320호, 1888년)
※ 네모박스로 표시한 곳이 여수군이다.

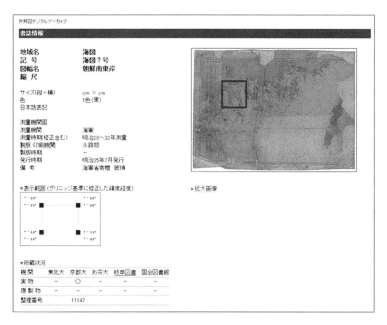

〈그림 15〉 조선남동안(朝鮮南東岸) : 교토대학 소장
※ 네모박스로 표시한 곳이 여수군이다.

조선남동안〈그림 15〉을 자세히 보면 가장자리가 여기저기에 훼손되었다. 아마도 해도 번호를 기록했던 곳이 훼손되어 번호를 알 수 없었기 때문에 '海圖?'로 기록한 것은 아닐까?

해군의 외방도, 조선총도남부(朝鮮叢圖南部)와 조선남동안(朝鮮南東岸)에 그려져 있는 여수군 일대를 『한국수산지』에 삽입된 여수군 해도와 비교해 보았다. 여수군 지형의 윤곽선이 마치 나비가 날개를 펼친 형태 및 여수군 일대의 연안부의 모습이 모두 일치하였다.

물론 『한국수산지』에 삽입된 여수군 해도가 일본 해군의 어떤 외방도를 근거로 하였는지 명확하게 알 수 없지만 연안부에 표기된 분수, 숫자, 알파벳 기호 및 모래톱 등의 정보들은 실제 측량이 이루어진 해도로 이 또한 해군의 외방도를 근거로 제작한 것이다.[49] 여수군에는 일본 어부들의 어획물을 매입부터 유통까지 일체를 관리하는 조선해수산조합의 출장소가 설치되었을 정도로 당시 일본 어부들이 많이 정주했던 곳이다. 『한국수산지』에 삽입된 여수군 해도는 해군의 외방도에 그려진 군사적인 정보를 대부분 생략하였지만, 안전 조업에 필요한 정보와 내륙부의 정보를 보완 추가하여 당시 어부들은 지침서로 활용하였을 것이다.[50]

이상과 같이 『한국수산지』에 삽입된 해도는 일본 해군의 외방도를 차용하여 제작한 사실을 확인해 보았다.

그러나 『한국수산지』의 편찬자들은 해군의 외방도를 그대로 복제하지 않고, 군사적 기밀을 삭제하거나 생략하고, 안전한 항해와 어업에 필요한 정보를 활용하였으며, 오히려 내륙부에는 정보를 좀 더 보완 추가하여 어업자들의 생활 편익까지 도모하였다.

---

49) 서경순, 「日本 海軍의 해도와 『한국수산지』의 海圖와의 비교」, 『제33차 동아시아일본학회·동북아시아문학학회 2016년 추계연합국제학술대회 자료집』, 동북아시아문화학회, 2016, 456~461쪽.
50) 『韓國水産誌』 3輯, 67쪽, 72쪽.

5. 맺음말

 본고는『한국수산지』에 삽입된 해도의 근거를 찾기 위해 일본 해군의 외방도에 초점을 맞추고 두 해도의 공통점과 차이점을 확인해 보았다.

 『한국수산지』에 삽입된 해도 가운데 '해도 000호에 근거(海圖000號ニ據ル)'라는 그 출처가 밝혀져 있는 해도의 경우에는 일본 해군의 외방도에서 쉽게 확인할 수 있었다. 그리고 일련번호가 없는 경우에도 어떤 외방도를 차용하였는지 그 출처를 분명히 밝힐 수는 없지만 해군의 외방도와 대조 비교해 본 결과 전자와 같이 해군의 외방도를 근거로 제작한 사실을 확인할 수 있었다.

 일본 군부가 외방도를 제작한 것은 유럽식 군사체계를 그대로 수용한 결과였으며, 육군은 영토지도를, 해군은 해상지도를 각각 제작하였다.

 군부가 외방도를 제작하는 목적은 식민지화 구축에 있다. 그러나 외방도 제작을 시도한 초기에는 측량도구, 측량술, 해도 제작술을 갖추지 못하였으므로 외국의 지도를 비밀리에 입수하여 복제하는 수준이었다. 그러나 육군은 비밀요원들을 조직해서 특수훈련을 거친 후 대상국에 잠입시켜서 비밀측량을 감행하여 외방도를 제작하였으며, 해군은 구미의 해도를 입수하여 이를 바탕으로 재측량하여 일본식 해도로 복제하였다. 그러나 완벽한 일본식으로 복제할 수 없었다. 명칭 중에는 한자로 변환할 수 없는 영문식의 선박명·인명·지명 등이 있었기 때문이었다. 이 명칭은 영어식 음가에 가타카나로 표기해야만 했다.51)

 해군의 외방도는 식민지 구축에 목적을 둔 군사용인 반면에『한국수산지』에 삽입된 해노는 항보, 성박지, 능대, 수심, 조류, 저질(底質), 방향 표시(나침반 등), 위험물(암초·모래톱 등) 등 어업자의 안전한 항해 및 어로활동에 필수한 정보용이다.

 그러나 이 해도가 어업에만 기능하였을까? 1893년 간행된『조선통어사정(朝鮮通漁

---

51) 海圖320号(朝鮮叢島南部)에는 거문도에 사마랑암(サマラング岩)과 해밀턴港(ハミルトン港)이라는 명칭이 가타카나로 기록되어 있다. 이 외방도에는 원도는 영국 해군에서 제작한 것을 밝혀져 있다. 즉 원도에 기록된 사마랑과 해밀턴은 한자로 변환할 수 없었기 때문에 가타카나로 기록한 것이다. 사마랑은 실측했던 영국 해군 함정명이며, 해밀턴은 당시 영국 해군성 차관의 이름이다.

事情)』의 총론에는 일본 어부들이 한국에 출어해서 해마다 거두는 수익이 매우 크기 때문에 정부가 나서서 이들을 보호 장려하여 국가이익을 증진시켜야 한다는 사실과 아울러 일본 어부들이 한국 연안에 출어해서 조업하게 되면 조류, 해저, 암초 등의 한국 연안 지리를 저절로 숙지하게 되니 이들을 군사상 이용하면 편리할 뿐만 아니라, 해병 으로 삼아서 일본 해군의 해도가 아직 오류가 많으므로 이들을 물길 안내자로, 또는 첩자로 이용할 수도 있고, 측량함이 해도를 제작할 때도 활용할 수도 있다는 내용들이 기록되어 있다.[52] 이 책은 일본 최초의 공식적인 한국연안조사서이며, 저자, 세키자와 아케키요(關澤明淸)와 다케나카 쿠니카(竹中邦香)는 당시 수산국의 고위 관료였다. 이점을 감안해 보면 이들의 한국연안조사는 일본정부의 한국연해출어시책의 연장선에 실시된 것은 두말할 필요가 없으며 또한 한국연해출어시책의 이면에 군사적 논의가 있었던 점을 반영해 준다.

『한국수산지』에 삽입된 해도는 어부들에게 안전한 항해를 위한 정보를 제공하였으며, 근대 해도의 이해도를 높였지만, 한편에서는 일본어부들을 전면에 내세워 한국의 바다를 장악하였던 수단이 되었다.

참고문헌

1. 단행본

大韓帝國 統監府 農商工部 水産局, 『韓國水産誌』第1輯, 1908.

大韓帝國 統監府 農商工部 水産局, 『韓國水産誌』第2輯, 1910.

朝鮮總督府 農商工部, 『韓國水産誌』第3輯, 1910.

朝鮮總督府 農商工部, 『韓國水産誌』第4輯, 1911.

関沢明清・竹中邦香 同編, 『朝鮮通漁事情』, 團々社書店, 1893.

52) 이근우, 「明治時代 일본의 朝鮮 바다 조사」, 『수산경영론집』43-3, 한국수산경영학회, 2012, 2 쪽 ; 앞의 책, 『환동해』, 95~96쪽 ; 이영학, 『수산업-어업(1) 개항기 일제의 어업침탈』, 동북아 역사재단, 2022, 89~93쪽(『朝鮮通漁事情』재인용); 앞의 책, 『울릉도・독도』, 185~186.

김용구,『만국공법』, 도서출판 소화, 2008.

김기혁,『釜山古地圖』, 부산광역시, 2008.

小林 茂,『近代日本の地圖作製とアジア太平洋地域』, 大阪大學出版会, 2009.

小林 茂,『外邦図 帝国日本のアジア地図』, 中央公論新社, 2011.

박영준,『해군의 탄생과 근대 일본』, 그물, 2014.

미야자키 마사카츠 저, 이근우 역,『해도의 세계사』, 도서출판 어문학사, 2017.

이영학,『수산업-어업(1) 개항기 일제의 어업침탈』, 동북아역사재단, 2022,

이근우·서경순,『한국수산지』Ⅰ-1·Ⅰ-2·Ⅱ-1·Ⅱ-2, 산지니, 2023.

서경순(공저),『환동해의 중심 울릉도·독도 』, 도서출판 지성人, 2023.

서경순(공저),『울릉도·독도의 인문과 자연』(이하는『울릉도·독도』), 도서출판 지성人,
　　　2024.

2. 논문

具良根,「日本外務省 七等出仕 瀬脇壽人과 外國人顧問 金麟昇」, 한일관계사연구, 1997.

남영우,「日帝 參謀本部 間諜隊에 의한 兵要朝鮮地誌 및 韓國近代地圖의 작성과정」,『문화역사
　　　지리』제4호, 1999.

남영우·渡辺理繪·山近久美子·이호상·小林 茂,「朝鮮末 日帝 參謀本部 장교의 한반도 정찰
　　　과 지도제작」,『대한지리학회지』44-6, 2009.

남영우·이호상「日帝참모본부 장교의 측량침략과 朝鮮 目測圖의 특징」,『한국지도학회지』
　　　10-1, 2010.

정인철,「카시니 지도의 지도학적 특성과 의의」,『대한지리학회지』41-4, 2006.

이근우,「明治時代 일본의 朝鮮 바다 조사」,『수산경영론집』43-3, 한국수산경영학회, 2012.

한철호,「대한(조선)해협의 명칭 변화 및 그 의미」,『도서문화』제44집, 2014.

서경순·이근우,「『한국수산지』의 내용과 특징」,『인문사회과학연구』20-1, 2019.

서경순,『메이지시대의 수산진흥정책과 일본수산지(日本水産誌)의 편찬에 대한 연구』, 박사학
　　　위논문, 부경대학교, 2021.

渡辺信孝,「東北大學で所藏している外邦図とそのテータベースの作成」,『季刊地理學』 50, 1998.

小林 茂,「外邦図 帝国日本のアジア地図」,『中央公論新社』, 2011.

舩杉力修,「分縣地図の草分け『大日本管轄分地図』について(1)」,『淞雲』19, 2017.

矢吹哲一郎,「日本による近代海図刊行の歴史(明治5~18年)」,『海洋情報部研究報告』, 2020.

佐藤 敏,「明治初期の腐蝕法による海図銅版作製者」,『海洋情報部研究報告』第58号, 2020.

3. 발표문

서경순,「『韓國水産誌』에 보이는 군산지역 海圖에 관하여」,『2017년 제8회 전국해양문화학자 대회 자료집 2』, 2017.

서경순,「日本 海軍의 해도와『한국수산지』의 海圖와의 비교」,『제33차 東北亞細亞文化學會・東亞細亞日本學會 秋季聯合國際學術大會』, 2016.

서경순,「『韓國水産誌』의 海圖와 일본 해군 수로부의 海圖 비교」,『한국지방자치학회 하계학술 대회 제1권』, 2019.

4. 누리집

日本国立国会図書館(韓國水産誌) https://ndlsearch.ndl.go.jp/en/search?cs=bib&display=panel&f-ht=ndl&keyword=%E9%9F%93%E5%9C%8B%E6%B0%B4%E7%94%A3%E8%AA%8C(검색일 2024.02.12.)

海圖アーカイブ(陸中國釜石港之圖) https://www1.kaiho.mlit.go.jp/KIKAKU/kokai/kaizuArchive/birth/index.html(검색일 2023.02.02.)

アメリカ議会図書館蔵 初期外邦測量原図データベース(84697511 朝鮮全圖) https://www.let.osaka-u.ac.jp/geography/gaihouzu/earlymap/list.html?agree=agree (검색일 2024.02.12.)

アメリカ議会図書館蔵 初期外邦測量原図データベース(2007630239 韓國全圖) https://ww

w.let.osaka-u.ac.jp/geography/gaihouzu/earlymap/list.html?agree=agree (검색일 2024.02.12.)

外邦図デジタルアーカイブ/海図 http://chiri.es.tohoku.ac.jp/~gaihozu/ghz-list.php?lang=ja-JP&search=&pl2=201&p=6(검색일 2019.08.26.)

한국수산지 제4집 지명색인

ㄱ

가도(加島) 京畿 仁川府 德積面
가도(椵島) 平北 鐵山郡 雲山面
가로약포(柯老藥浦) 黃海 長淵郡 薪南面
가마포(可馬浦) 平南 甑山郡
가목리(加目里) 京畿 仁川府 永宗面 永宗島
가우동(加隅洞) 黃海 黃州郡 龜洛面
가평(加平) 京畿 仁川府 德積面
각산진(角山津) 黃海 延安郡
각이도(角耳島) 黃海 海州部 靑雲面
간리(間里) 平北 定州郡 內獐島
간촌(間村) 黃海 松禾郡 遊山面
간촌(間村) 黃海 殷栗郡
갈도(葛島) 平北 嘉山郡
갈천각(葛川角) 黃海
갈천포(葛川浦) 黃海 瓮津郡 鳩州面
갈항리(葛項里) 黃海 瓮津郡 南面
감산도(甘山島) 京畿 南陽郡 大阜面
갑곶동(甲串洞) 京畿 江華郡 長嶺面

강금리(江今里) 平北 博川郡
강남산맥(江南山脈) 平南
강랑촌(江浪村) 黃海 海州郡 州內面
강련리(江蓮里) 京畿 長湍郡 上道面
강령강(康翎江) 黃海 瓮津郡
강서읍(江西邑) 平南 江西郡
강서읍장(江西邑場) 平南 江西郡
강화도(江華島) 京畿 江華郡
강화읍(江華邑) 京畿 江華郡 江華島
강회동(江檜洞) 黃海 黃州郡
개교천(介橋川) 京畿 安山郡
개성역(開城驛) 京畿 開城郡
개성읍(開城邑) 京畿 開城郡
거연관(車輦館) 平北 鐵山郡
거연관시장(車輦館市場) 平北 鐵山郡
거잠리(巨蠶里) 京畿 仁川府 永宗面 龍遊島
건상산(乾上山) 黃海 殷栗郡
건지암리(巾之岩里) 京畿 喬桐郡 喬桐島
건평(乾坪) 京畿 江華郡 位良面
검은산(劒隱山) 平北 鐵山郡

결성포(結城浦) 黃海 海州郡 西邊而　　곶동(串洞) 平南 甑山郡

겸이포(兼二浦) 黃海 黃州郡　　곽산읍(郭山邑) 平北 郭山郡

경호동(鏡湖洞) 黃海 載寧郡 三交江面　　관덕정(關德亭) 京畿 開城郡

계관산(鷄冠山) 黃海 瓮津郡　　관산장(冠山場) 黃海 殷栗郡 北下面

계도(鷄島) 黃海 海州郡 松林面　　관악산(冠岳山) 京畿

계양산(桂陽山) 京畿 富平郡　　관영장(灌纓場) 黃海 延安郡

계음동(鷄音洞) 黃海 長淵郡 海安面　　관청리(官廳里) 京畿 仁川府 永宗面 龍遊島

계정(鷄井) 京畿 開城郡　　관청포(官廳浦) 黃海 松禾郡 席島

계정역(鷄井驛) 黃海　　관하리(觀下里) 平北 郭山郡

고군리(古郡里) 京畿 豐德郡 郡南面　　광교산(光敎山) 京畿 水原郡

고내포(古乃浦) 京畿 南陽郡 大阜面　　광덕산(廣德山) 京畿 水原郡

고두포(堌頭浦) 黃海 瓮津郡 嶋洲面　　광량만(廣梁灣) 平南 鎭南浦府

고라치(古羅峙) 平北 宣川郡 南面 身彌島　　광석천(廣石川) 黃海 海州郡 州內面

고락도(高樂島) 平北 龍川郡 薪島面　　광석촌(廣石村) 黃海 海州郡 州內面

고랑포(高浪浦) 京畿 長湍郡 長四而　　광성(廣城) 京畿 江華郡 佛恩面

고려산(高麗山) 京畿 江華郡 內可面/外可面　　광암기(廣岩埼) 黃海 殷栗郡 西下面

고매포(姑妹浦) 黃海 白川郡 弓月面　　광암포(廣岩浦) 黃海 殷栗郡 西下面

고성동(高城洞) 京畿 江華郡 長嶺面　　광진(廣津) 京畿 漢江流或

고성면장시(古城面場市) 平北 鐵山郡　　괴림산(槐林山) 黃海 長淵郡

고성진(古城鎭) 平北 博川郡　　교강천(橋江川) 平北 鐵山郡

고송리(古松里) 平北 郭山郡　　교동도(喬桐島, 戴雲島) 京畿 喬桐郡

고암포(古巖浦) 黃海 長淵郡　　교동읍(喬桐邑) 京畿 喬桐郡 喬桐島

고읍리(古邑里) 京畿 喬桐郡 喬桐島　　교하(交河) 京畿 交河郡

고읍면장(古邑面場) 平北 定州郡　　구동리(九洞里) 平南 永柔郡

고잔(高棧) 京畿 安山郡 仁化面　　구두(龜頭) 黃海 海州郡 青雲面

고잔동(古棧洞) 京畿 南陽郡 松山面　　구두포(狗頭浦) 黃海 瓮津郡 鳳峴面

고잔동(高棧洞) 黃海 安岳郡　　구룡동(九龍洞) 黃海 黃州郡

곡부리(穀府里) 平南 甑山部　　구미포(九味浦) 黃海 長淵郡 東大面

골도(滑島) 黃海 松禾郡 眞等面　　구산리(九山里) 京畿 高陽郡 松山面

공덕리(孔德里) 京畿 漢江流域　　구산리(龜山里) 京畿 喬桐郡 喬桐島

공삼포(公三浦) 平南 安州郡　　구영도(九營島) 平北 龍川郡 薪島面

구왕천(救王川) 黃海 松禾郡

救王川(救王川) 黃海 殷栗郡

구월산(九月山) 黃海 殷栗郡

구월산강(九月山江) 黃海

구월산맥(九月山脈) 黃海

구월포(九月浦) 黃海 瓮津郡 龍淵面

구월포(九月浦) 黃海 瓮津郡 峨嵋面

구월포기(九月浦埼) 黃海

구읍리(舊邑里) 京織 仁川府 永宗面 永宗島

구진지(舊鎭趾) 黃海 長淵郡 白翎島

구탄이(九炭伊) 黃海 瓮津郡 新興面

구포(舊浦) 京畿 交河郡 縣內面

구화장(九化場) 京畿 長湍郡 江西面

군내면장(郡內面場) 平北 嘉山郡

군자정(君子亭) 京畿 開城郡

굴곶포천(屈串浦川) 京畿 江華郡 吉祥面

굴업도(屈業島, 堀業島) 京畿 仁川府 德積面

궐서(蕨嶼) 京畿 江華郡

궤도(机島) 京畿 南陽郡 大阜画

귀기산(歸其山) 黃海

금두(金斗) 黃海 長淵郡 西大面

금사동(金沙洞) 平南 鎭南浦府

금산포(金山浦) 黃海 殷栗郡 北下面

금성리(金城里) 京畿 交河郡

금성진(錦城津) 京畿 豐德郡

기린도(麒麟島) 黃海 瓮津郡 龍泉面

기린주(麒麟州) 黃海 瓮津郡 龍泉面

기산(基山) 京畿 水原郡

길사(吉泗) 平北 宣川郡 南面 身彌島

길상산(吉祥山) 京畿 江華郡 吉祥面

ㄴ

나진포(羅津浦) 黃海 延安郡

나진포천(羅津浦川) 黃海 延安郡

나치동(羅峙洞) 黃海 松禾郡 椒島面 椒島

낙가진(洛柯津) 京畿 交河郡 炭浦面

난부리(蘭阜里) 京畿 喬桐郡 喬桐島

난산리(爛山里) 平南 永柔郡

난지도(蘭池島) 京畿 高陽郡 下道面

난지도리(蘭池島里) 京畿 高陽郡 下道面

남갑리(南甲里) 京畿 喬桐郡 喬桐島

남경포(南京浦) 京畿 南陽郡 松山面

남대지(南大池, 臥龍浦, 大湖) 黃海 延安郡

남면장(南面場) 平北 嘉山郡

남면장(南面場) 平北 博川郡

남산(南山) 京畿 仁川府

남송면장(南松面場) 平南 安州郡

남제(南堤) 京畿 水原郡

남조압도(南漕鴨島) 平南 龍岡郡

남주(南州) 平北 龍川郡 薪島面 薪島

남지(南池) 京畿 水原郡

남창(南倉) 黃海 海州郡 茄佐面

남창(南倉) 黃海 海州郡 海南面

남창장(南倉場) 黃海 長淵郡 候山面

남천(南川) 黃海 松禾郡

남천포(南川浦) 平南 甑山郡

남포(南浦) 平南 甑山郡

남포(藍浦) 京畿 仁川府 永宗面 永宗島

남한산(南漢山) 京畿

납도(蠟島) 平北 宣川郡 南面

낭동(浪洞) 黃海 松禾郡 椒島面

낭림산맥(狼林山脈) 黃海

내동(內洞) 京畿 江華郡 下道面

내동(內洞) 京畿 南陽郡 靈興面

내리(乃里) 京畿 仁川府 鳥洞面

내순도(內鶉島) 平北 嘉山郡

내인평(內仁坪) 黃海 瓮津郡 東面

내장도(內獐島) 平北 定州郡

내중포(內中浦) 京畿 仁川府 永宗面 永宗島

내포(內浦) 黃海 長淵郡 白翎島

냉정(冷井) 黃海 松禾郡 眞等面

냉정기(冷井埼) 黃海 松禾郡

노강포(老江浦) 平南 安州郡

노상리(蘆上里) 京畿 長湍郡 中西面

노전동(蘆田洞) 黃海 載寧郡 左栗面

노전포(蘆田浦) 平北 定州郡

노화동(蘆花洞) 黃海 長淵郡 速外面

녹사(綠沙) 黃海 松禾郡 椒島面

녹사포(綠沙浦) 黃海 黃州江岸

능내동(陵內洞) 京畿 江華郡 上道面

능내리(陵內里) 京畿 安山郡 瓦里面.

능허대도(凌虛臺島) 京畿 仁川府 多所面

ㄷ

달례강(達禮江) 平北 定州郡

달마산(達摩山) 黃海 松禾郡

답곡(畓谷) 京畿 仁川府 永宗面 永宗島

답성(畓城) 黃海 海州郡 靑雲面

당동포(堂洞浦) 黃海 瓮津郡 蛾嵋面

당두포(堂頭浦) 京畿 豊德郡 西面

당산동(堂山洞) 京畿 江華郡 三海面

당점면장(堂岾面場) 平南 龍岡郡

당탄(唐灘) 黃海 載寧郡

당후포(堂後浦) 平北 宣川郡 南面 身彌島

당후포(堂後浦) 黃海 長淵郡 白翎島

대공공도(大共拱島) 京畿 南陽郡 靈興面

대교포(大橋浦) 黃海 延安郡

대부도(大阜島) 京畿 南陽郡 大阜面

대비현(大碑峴) 京畿 仁川府 永宗面 永宗島

대상면장(大上面場) 平南 龍岡郡

대수압도(大睡鴨島) 黃海 海州郡 松林面

대진포(岱津浦) 黃海 長淵郡 西大面

대청도(大靑島) 黃海 長淵郡

대청포천(大靑浦川) 京畿 江華郡 佛恩面

대현산(大峴山) 黃海

덕산진(德山津) 京畿 長湍郡 縣內面

덕산포(德山浦) 京畿 長湍郡 下道面

덕소(德沼) 京畿 漢江流域

덕적도(德積島) 京畿 仁川府 德積面

덕적산(德積山) 京畿 豊德郡/長湍郡

덕진(德津) 京畿 江華郡 佛恩面

덕포(德浦) 平南 鎭南浦府

덕포동(德浦洞) 京畿 江華郡 下道面

도리서(桃里嶼) 京畿 安山郡

도리진(桃李津) 平南 龍岡郡

도원면장(桃源面場) 黃海 松禾郡

도원역(桃源驛) 京畿 長湍郡...

도장동(到張洞) 京畿 南陽郡 靈興面

도장리(道長里) 京畿 仁川府 舊邑面

도지(道支) 黃海 長淵部 候仙面

독도(纛島) 京城府 漢江流城

독장산(獨將山) 平北 定州郡

독지동(禿旨洞) 京畿 南陽郡 松山面

독지리(禿旨里) 京畿 喬桐郡 喬桐島

돌곶리(乭串里) 京畿 喬桐郡 喬桐島

돌촌현(乭村峴) 京畿 仁川府 永宗面

돌촌현(乭村峴) 京畿 仁川府 永宗面 永宗島

돌출도(乭出島) 京畿 安山郡 馬遊面

동강리(東江里) 京畿 仁川府 永宗面 永宗島

동검도(東檢島) 京畿 江華郡

동골산(東骨山) 平北 鐵山郡

동교장(棟橋場) 黃海 延安郡

동락천(東洛川) 京畿 江華郡 長嶺面/仙源面

동래강(東萊江) 平北 郭山郡

동막(東幕) 京畿 江華郡 下道面

동만서(東曼嶼) 京畿 江華郡

동방천(東方川) 京畿 仁川府

동복기(東福基) 黃海 松禾郡

동복포(同福浦) 黃海 松禾郡 席島面

동부면장(東部面場) 平南 肅川郡

동부면장(東部面場) 平南 甑山郡

동심리(同心里) 京畿 南陽郡 大阜面

동장리(東場里) 京畿 喬桐郡 喬桐島

동정장(東亭場) 黃海 海州郡

동주(東洲) 平北 龍川郡 薪島面 薪島

동지포(東芝浦) 黃海 海州郡 州內面

동진포(東津浦) 京畿 喬桐郡 喬桐島

동창장(東倉場) 黃海 安岳郡 龍門面

동파리(東波里) 京畿 長湍郡 津東面

두모포(斗毛浦) 黃海 長淵郡 白翎島

두산(兜山) 黃海 松禾郡

두산리(頭山里) 京畿 喬桐郡 喬桐島

두애포(斗涯浦) 黃海 安岳郡

등곶(登串) 平北 鐵山郡

등도(等島) 平北 龍川郡 薪島面

등산곶(登山串) 黃海

등산포(登山浦, 荒串池) 黃海 瓮津郡 新興面

ㄹ

루버항(ルーバー港) 黃海

ㅁ

마니산(摩尼山) 京畿 江華郡 江華島

마도(馬島) 平北 龍川郡 薪島面

마도포(馬度浦) 黃海 延安郡

마두포(馬頭浦) 黃海 安岳郡

마산면장(馬山面場) 平北 定州郡

마산포(馬山浦) 平北 瓮津郡

마전(麻田) 平北 宣川郡 南面 身彌島

마치산(馬峙山) 黃海

마치진(馬馳津) 平南 鎭南浦府

마포(麻浦) 京畿 漢江流成

마포(麻浦) 黃海 松禾郡 仁風面

마합도(麻蛤島) 黃海 瓮津郡 龍泉面

만년제(萬年堤) 京畿 水原郡

만석거(萬石渠) 京畿 水原郡

만월대(滿月臺) 京畿 開城郡

만월봉(滿月峯) 京畿 坡州郡

만호도(萬戶島) 平北 龍川郡 薪島面

말곶리(乽串里) 京畿 喬桐郡 喬桐島

말도(末島) 黃海 安岳郡

말도(乽島, 乽黔島) 京畿 江華郡

말탄리(末灘里) 京畿 喬桐郡 喬桐島

망대산(望臺山, 推峙山) 黃海 瓮津郡

망도(望島, 夏音島) 京畿 江華郡

망동포(望東浦) 平北 鐵山郡

망산(望山) 京畿 江華郡 內可面

망선리(望船里) 京畿 南陽郡 大阜面

망월산(望月山) 黃海 松禾郡

망월산(望月山) 平北 鐵山郡

망월포(望月浦) 京畿 江華郡 外可面

망조산(望祖山) 黃海 海州郡

망치도(芒致島) 京畿 仁川府 德積面

망포(望浦) 京畿 豊德郡 東面

매상강(梅上江) 黃海

매음도(煤音島, 妹立島) 京畿 江華郡

매진포(楳津浦) 平南 龍岡郡

멸악산(滅惡山) 黃海

명월정(明月亭) 京畿 開城郡

모도(茅島) 京畿 江華郡

모로서(毛老嶼) 京畿 江華郡

목동(牧洞) 黃海 長淵郡 西大面

목청전(穆淸殿) 京畿 開城郡

몽금포(夢金浦) 黃海 長延郡 海安面

몽림(夢林) 平南 鎭南浦府

묘향산맥(妙香山脈) 平安

무곡(無谷) 京畿 安山郡 瓦里画

무골도(無骨島) 平南 安州郡

무도(茂島) 黃海 瓮津郡 鳳峴面

무봉산(舞鳳山) 京畿 水原郡

무서산리(舞鼠山里) 京畿 喬桐郡 喬桐島

무주지(茂州池) 黃海 甕津郡

묵산(墨山) 黃海

묵이도(默異島) 平安

문갑도(文甲島) 京畿 仁川府 德積面

문범(文凡) 平北 宣川郡 南面 身彌島

문산동(文山洞) 京畿 江華郡 下道面

문산역(汶山驛) 京畿 坡州郡

문산포(汶山浦) 京畿 坡州郡

문포(文浦) 黃海 海州郡 來城面

물구포(物口浦) 黃海 安岳郡

미법도(彌法島) 京畿 江華郡

미포(彌浦) 黃海 海州郡 松林面

ㅂ

박백산(博白山) 黃海

박천읍(博川邑) 平北 博川郡

반성열도(盤城列島) 平北 鐵山郡 扶四面

반성열도(盤城列島) 平安

반월장(半月場) 京畿 安山郡 北方面

발산포(鉢山浦) 黃海 白川郡

방진천(坊津川) 京畿 交河郡

백령도(白翎島) 黃海 長淵郡

백마산(白馬山) 京畿 豊德郡

백목봉(百木峯) 京畿 水原郡

백사산(白史山) 平北 鐵山郡

백사포(白沙浦) 黃海 長淵郡 海安面

백석(白石) 京畿 高陽郡 中面

백석도(白石島) 京畿 高陽郡 中面

백석포(白石浦) 仁川府 永宗面 永宗島

백석포(白石浦) 黃海 延安部

백아도(白牙島) 仁川府 德積面

백운동(白雲洞) 黃海 長淵郡 海安面

백운봉(白雲峰) 仁川府 永宗面
백천읍(白川邑) 黃海 白川郡
백포(栢浦) 黃海 松禾郡 椒島面
백학산(白鶴山, 白岳) 仁川府 長湍郡
벌촌포(浅村浦) 南陽郡 大阜面 甘山島
범곶(凡串) 黃海 松禾郡 遊山面
범곶동(凡串洞) 黃海 長淵郡 薪北面
법곶리(法串里) 京畿 高陽郡巳浦面.
벽란도(碧瀾渡) 京畿 開城郡 西面
벽란도(碧瀾渡) 黃海 白川郡
변전포(邊箭浦) 黃海 瓮津郡 龍淵面
별립산(別立山) 京畿 江華郡 江華島
복두포(卜頭浦) 黃海 安岳郡
본오리(本五里) 京畿 安山郡 聲串面
본추산(本秋山) 平北 定州郡
볼음도(乶音島, 望島) 京畿 江華郡
봉간산(風干山 鳳頭山) 京畿 江華郡 江華島
봉대봉(烽臺峯) 黃海 瓮津郡
봉동(烽洞) 黃海 海州郡 來城面
봉래면시장(逢萊面市場) 黃海 松禾郡
봉세산(鳳勢山, 飛鳳山) 黃海 延安郡
봉황(鳳凰) 黃海 松禾郡 上里面
봉황산(鳳凰山) 黃海 瓮津郡
봉황포(鳳凰浦) 平南 龍岡郡
부곶리(釜串里) 黃海 長淵郡 海安面
부도(扶島) 京畿 南陽郡 大阜面
부도(缶島) 京畿 仁川府 德積面
부산가도(釜山街道)
부산리(凫山里) 平南 鎮南浦府 新北面
부암(缶岩) 黃海 松禾郡
부포(釜浦) 黃海 甕津郡 鳳峴面

북갑리(北甲里) 京畿 喬桐郡 喬桐島
북도(北島) 黃海 松禾郡 椒島面
북이리(北二里) 平北 博川郡
북장산자서(北長山子嶼)
북조압도(北漕鴨島) 平南 甑山郡
북지(北池) 京畿 水原郡
북창포(北倉浦) 黃海 安岳郡
분도(糞島) 京畿 仁川府 府內面
불당포(佛堂浦) 黃海 延安部
불당포(佛堂浦) 黃海 海州郡 來城面
불도(佛島, 扶島) 京畿 南陽郡 大阜面
불타산(佛陀山) 黃海 長淵郡
비가오서(飛加五嶼, 風牛島) 京畿 江華郡
비곶리(斐串里) 京畿 喬桐郡 喬桐島
비봉산(飛鳳山) 京畿 水原郡
비석동(碑石洞) 黃海 段栗郡 二道面
비석동장(碑石洞場) 平南 龍岡郡
비석포(碑石浦) 黃海 長淵郡
비아산(比兒山) 京畿 通津郡
비압도(飛鴨島) 黃海 瓮津郡 南面
비엽도(飛葉島) 黃海 瓮津郡
비현(枇峴) 平北 龍川郡

人

사곶지(沙串池) 黃海 長淵郡 白翎島
사곶포(沙串浦) 黃海 瓮津郡 南面
사교리(士橋里) 平南 肅川郡
사근포(似近浦) 平南 永柔郡
사기동(沙器洞) 京畿 江華郡 下道面
사도(沙島) 京畿 南陽郡 靈興面

사도(沙島) 京畿 仁川府 府內面
사도(死島) 黃海 殷栗郡
사동리(四洞里) 平南 永柔郡 葛下面
사리(四里) 泙北 定州郡
사리원역(砂里院驛) 黃海
사리월(沙里月) 平南 龍岡郡
사분리(寺盆里) 京畿 豊德郡 西面
사송강(泗松江) 平北 郭山郡
사수포(斜水浦) 黃海 長淵郡 白翎島
사암포(沙岩浦) 黃海 安岳郡
사야(沙野) 平北 宣川郡 南面 身彌島
사오포(沙五浦) 平南 安州郡
사쯔자도(四ツ子島) 平北 鐵山臨 扶西面
사천(沙川) 京幾 豊德郡
사천강(沙川江) 平北 郭山郡
삭정포(削井浦) 黃海 瓮津郡 峨嵋面
산남면장(山南面場) 平南 龍岡郡
산대장(山岱場) 京畿 安山郡 大月面
산동(山東) 平北 宣川郡 南面 身彌島
산월리(山越里) 平南 永柔郡
산정리(山井里) 京畿 仁川府 新峴面
산정포(山井浦) 京畿 仁川府 新峴面
산정포리(山井浦里) 京畿 仁川府 鳥洞面
삼가리(三街里) 黃海 載寧郡
삼각산(三角山, 北漢山) 京畿
삼거리장(三巨里場) 京畿 安山郡 仁化面
삼달리(三達里) 京畿 豊德郡 郡南面
삼동(三洞) 京畿 高陽郡 松山面
삼동리(三洞里) 平南 永柔郡
삼동리(三洞里) 平南 甑山郡
삼리(三里) 平北 定州郡 德巖面

삼리(三里) 京畿 仁川府
삼리(三里) 京畿 仁川府 南村面
삼리(三里) 平南 肅川郡 浦民面
삼리동(三里洞) 黃海 長淵郡 海安面
삼목도(三木島) 京畿 仁川府 永宗面
삼봉산(三峯山) 京畿 水原郡
삼성동(三省洞) 京畿 江華郡 北寺面
삼성리(三星里) 京畿 高陽郡 求知道面
삼암(三ツ岩) 黃海 瓮津郡 龍泉面
삼차도(嶒嵯島) 平安道
삼천포(三千浦) 平南 肅川郡
상과동(上科洞) 黃海 安岳郡
상동(上洞) 京畿 南陽郡 大阜面
상동포(上東浦) 黃海 白川郡
상방동(上坊洞) 京畿 江華郡 下道面
상방리(上坊里) 京畿 喬桐郡 喬桐島
상산두(上山頭) 平南 甑山郡
상삼리(上三里) 黃海 瓮津郡 新興面
상삼포동(上三浦洞) 黃海 載寧郡 右栗面
상조강(上祖江) 京畿 豊德郡 南面
생왕산(生旺山) 黃海
서검도(西檢島) 京畿 江華郡
서고암(西姑巖) 黃海 載寧郡 右栗面
서도(西島) 黃海 松禾郡 椒島面
서도(鼠島) 黃海 松禾郡眞 等面
서도(鼠島) 黃海 殷栗郡
서리면장(西里面場) 平南 龍岡部
서만서(西曼嶼) 京畿 江華郡
서묵도(西默島 西檢島) 京畿 江華郡
서변동(西邊洞) 黃海 大同江岸
서복기(西福基) 黃海 松禾郡

서봉산(棲鳳山) 京畿 水原郡

서부면장(西部面場) 平南 肅川郡

서산장(西山場) 黃海 安岳郡

서우장(西牛場) 京畿 長湍郡 中西面

서월리(西月里) 黃海 殷栗郡 二道面

서장포(西壯浦) 黃海 瓮津郡 南面

서조선만(西朝鮮灣) 平安道

서패리(西牌里) 京畿 交河郡 石串面

서풍촌(西風村) 黃海 海州郡 西邊面

서호(西湖) 京畿 漢江流域

서흥강(瑞興江) 黃海道

석곶(石串) 京畿 長湍郡 上道面

석교장(石橋場) 黃海 長淵郡

석다곶(石多串) 平南 甑山郡

석도(席島) 黃海 松禾郡 席島面

석도(石島) 黃海 長淵郡 海安面

석북각(席北角) 黃海 松禾郡 席島面

석우(石隅) 黃海 延安郡

석탄(石灘) 黃海 松禾郡 泉洞面

석탄(石灘) 黃海 載寧郡

석탄(石灘) 黃海 松禾郡 仁風面

석탄강(石灘江) 黃海 延安郡

석탄장(石灘場) 黃海 殷栗郡

석탄포(石灘浦) 黃海 延安郡

석포(石浦) 黃海 白川郡

석포(石浦) 黃海 瓮津郡 東面

석포(石浦) 京畿 江華郡 煤音面

석포(石浦) 黃海 延安郡

석해(石海) 黃海 載寧郡

석해포(石海浦) 黃海 載寧郡

선감도(仙甘島, 盛監島, 甘山島) 京畿 南陽

郡 大阜面

선갑(仙甲) 京畿 仁川府 德積面

선두포(船頭浦) 京畿 江華郡 吉祥面

선리(船里) 平北 宣川郡 水清面

선수(仙水) 京畿 江華郡 下道面

선재동(仙才洞) 京畿 南陽郡 靈興面

선죽교(善竹橋) 京畿 開城郡

선진포(船津浦) 黃海 長淵郡 大青島

선천만(宣川灣) 平北 宣川郡

선천읍(宣川邑) 平北 宣川郡

성감도(成監島, 仙甘島, 甘山島) 京畿 南陽

郡 大阜面

성균관(成均館) 京畿 開城郡

성암화(誠庵火) 平南 鎮南浦府

성포(聲浦, 聲串浦) 京畿 安山郡 聲串面

성호포(星湖浦) 黃海 白川郡 角山面

성황포(城隍浦) 平北 定州郡

세도(細島) 黃海 安岳郡

세전(細田) 黃海 殷栗郡

소가차도(小加次島) 平北 宣川郡 水清画

소갈염(小乫鹽) 黃海 長淵郡 白翎島

소교리(小橋里) 京畿 仁川府 永宗面 永宗島

소교천(燒橋川) 黃海 松禾郡

소당리(小唐里) 京畿 仁川府 永宗面 永宗島

소랍도(小蠟島) 平安道

소래산(蘇萊山) 京畿 仁川府

소무의도(小舞衣島, 贅舞衣島) 京畿 仁川府

德積面

소무포(蘇武浦) 黃海 海州郡 來城面

소사(蘇沙) 黃海 松禾郡 椒島面 椒島

소사포(素砂浦) 黃海 延安郡

소산(所山) 黃海 安岳郡

소수압도(小睡鴨島) 黃海 海州郡 松林面

소신도(小申島) 京畿 仁川府 多所面

소야도(蘇爺島) 京畿 仁川府 德積面

소야동(小也洞) 黃海 長淵郡 海安面

소야리(蘇野里) 黃海 延安郡

소어남촌(小於南村) 黃海 海州郡 龍門面

소연평도(小延平島) 黃海 海州郡 松林面

소우도(小牛島) 京畿 仁川府 多所面

소월미도(小月尾島) 京畿 仁川府 府內面

소이작도(小伊作島) 京畿 靈興郡

소장동(小張洞) 京畿 靈興郡

소청도(小青島) 黃海 長淵郡

소쾌암(小快岩) 黃海 長淵郡 薪北画

소홀동(召忽洞) 京畿 南陽郡 靈興面

소화도(小和島) 平北 宣川郡 水清面

소흘곶포(所屹串浦) 黃海 瓮津郡 北面

손량(孫梁) 黃海 瓮津郡 龍泉面

송가동(松家洞) 京畿 喬桐郡 松家島

송강동(松岡洞) 京畿 江華郡 上道面

송교동(松橋洞) 京畿 南陽郡 四如堤面

송산(松山) 京畿 仁川府 永宗面 永宗島

송산포(松山浦) 黃海 大同江岸

송악산(松岳山) 京畿

송애동(松崖洞) 黃海 海州郡 來城面

송정(松亭) 京畿 江華郡 松亭面

송촌(松村) 京畿 交河郡 書巖面

송파진(松波鎭) 京畿 廣州郡 中岱面

송현(松峴) 黃海 瓮津郡 東面

송화읍(松禾邑) 黃海 松禾郡

송화읍장(松禾邑場) 黃海 松禾郡

수대산(秀岱山) 黃海 瓮津郡

수대산(樹大山) 黃海

수도산(修道山) 京畿 江華郡

수리산(修理山) 京畿 安山郡

수색동(水塞洞) 黃海 載寧郡 三交江面

수시서(水時嶼) 京畿 江華郡

수양산(首陽山) 黃海

수양산(首陽山) 黃海 海州郡

수운도(水運島) 平北 鐵山郡 扶西面

수원읍(水原邑) 京畿 水原郡

수유산(水踰山) 黃海 海州郡

수창궁(壽昌宮) 京畿 開城郡

수창산(水昌山) 京畿 喬桐郡 喬桐島

수회천(水回川) 黃海 松禾郡

순위도(巡威島) 黃海 瓮津郡 新興面

순천가도(順天街道),

숭뢰동(崇雷洞) 京畿 江華郡 松亭面

숭양원(崧陽院) 京畿 開城郡

승황도(承黃島) 京畿 南陽郡 靈興面

시도(矢島) 京畿 江華郡

식현(食峴) 黃海 白川郡

식현리(食峴里) 京畿 豊德郡 南面

신기동(新基洞) 黃海 長淵郡 海安面

신도(申島) 京畿 仁川府 多所面

신도(新島) 平南 安州郡

신도(新島) 平北 龍川郡 薪島面

신도(信島) 京畿 江華郡

신도열도(新島列島) 平安

신막역(新幕驛) 黃海

신미도(身彌島) 平北 宣川郡 南面

신불도(薪佛島) 京畿 仁川府 永宗面

신성동(申城洞) 京畿 江華郡 松亭面
신성촌(新盛村) 平南 甑山郡
신시장(新市場) 黃海 海州郡
신오포(新吾浦) 京畿 仁川府 南村面
신읍리(新邑里) 京畿 仁川府 永宗面 永宗島
신작동(新鵲洞) 黃海 載寧郡 下安面
신장(新場) 黃海 安岳郡
신천동(新泉洞) 黃海 黃州郡 三田面
신촌(新村) 京畿 交河郡 書巖面
신촌리(新村里) 京畿 漢江流域
신포(新浦) 京畿 仁川府 新峴面
신환포(新換浦) 黃海 安岳郡
신흥동장(新興洞場) 平南 龍岡郡
심악강(深岳江) 京畿 交河郡
십정포(十井浦) 京畿 仁川府
쌍도서(雙島嶼) 京畿 安山郡
쌍부(雙阜) 京畿 水原郡

ㅇ

아랑동(阿郎洞) 黃海 長淵郡 薪南面
아량동(阿良洞) 黃海 松禾郡 椒島面
아미산(峨嵋山) 黃海 瓮津郡
아산만(牙山灣) 京畿
아차도(阿此島, 稚次島) 京畿 江華郡
악험도(惡險島) 京畿 仁川府 德積面
안동리(安洞里) 平南 永柔郡
안산(安山) 京畿 水原郡
안산읍(安山邑 蓮城) 京畿
안성천(安城川) 京畿
안악읍(安岳邑) 黃海

암각(岩角) 黃海 殷栗郡
압록강(鴨綠江) 平北
애도(艾島) 平北 嘉山郡
애암포(崖巖浦) 平南 龍岡郡
애진강(艾津江) 平南 肅川郡
야광포(夜光浦) 黃海 松禾郡 席島面
야미동(夜味洞) 黃海 獐淵郡 薪南面
양산(楊山) 黃海 安岳郡
양정리(凉井里) 黃海 長淵郡 海安面
양지동(楊池洞) 黃海 安岳郡
양책(良策) 平北 龍川郡
양천(楊川) 黃海 殷栗郡
양평읍(楊平邑) 京畿 漢江流或
양하면장(楊下面場) 平北 龍川郡
양화도(楊花渡) 京畿 漢江流域
양화진(楊花鎭) 京畿 漢江流域
어도(漁島) 黃海 松禾郡 豐海面
어도(魚島, 笒島) 京畿 南陽郡 松山面
어룡리(魚龍里) 平南 永柔郡 葛下面
어변포(禦邊浦) 平北 宣川郡 水淸面
어영도(魚泳島) 平北 鐵山郡 雲山面
어유도(魚游島) 京畿 江華郡
어유정서(魚游井嶼) 京畿 江華郡
어은동(漁隱洞) 黃海 殷栗郡 二道面
어음리(於陰里) 平南 永柔郡 葛下面
어주(魚ノ洲) 平安
어천(魚川) 黃海 松禾郡
어촌(漁村) 平南 龍岡郡
어평(魚泙) 京畿 南陽郡 靈興面
어화도(魚化島) 黃海 瓮津郡 南面
언진산(彦眞山) 黃海

여강(驪江) 京畿 漢江流域

여계산(如鷄山) 黃海

여석산(礪石山) 京畿 高陽郡

여수포(如水浦) 京畿 南陽郡 大阜面

여음(厲音) 黃海 松禾郡 上里面

여주읍(驪州邑) 京畿 漢江流域

여차동(如此洞) 京畿 江華郡 下道面

역촌(驛村) 黃海 長淵郡 白翎島

연남(烟南) 平南 甑山郡

연달산(連達山) 黃海 長淵郡

연대(烟台) 平南 甑山郡

연동리(淵洞里) 平南 永柔郡 葛下面

연봉포(臁峰浦) 黃海 大同江岸

연북(烟北) 平南 甑山郡

연안읍(延安邑) 黃海 延安郡

연암포(鷰岩浦) 黃海 安岳郡

연우(硯隅) 京畿 交河郡 石串面

연평열도(延平列島) 黃海 海州郡 松林面

연평탄(延平灘) 黃海 海州郡 松林面

연화동(演火洞) 京畿 江華郡 西寺面

열의포(列義浦) 黃海 延安郡

염곶포(鹽串浦) 黃海 安岳郡

염리면장(鹽里面場) 平北 定州郡

염촌(鹽村) 黃海 松禾郡 眞等面

염촌리(鹽村里) 黃海 殷栗郡 二道面

영덕산(永德山) 黃海

영식포(令食浦) 黃海 長淵郡 薪南面

영진포(營田浦) 京畿 南陽郡 大阜面

영정(領井) 京畿 豊德郡 東面

영종도(永宗島, 紫燕島) 京畿 仁川府 永宗面

영하(英荷) 黃海 松禾郡 席島面

영흥도(靈興島) 京畿 南陽郡 靈興面

예성강(禮成江) 京畿

예성강리(禮成江里) 黃海 開城郡 南面

예주포(禮舟浦, 禮湖浦) 京畿 仁川府 永宗面 永宗島

오도(鰲島) 京畿 仁川府 德積面

오동리(五洞里) 平南 永柔郡

오두산(鰲頭山) 京畿 交河郡 新吾面

오라리(五羅里) 黃海 殷栗郡

오류지기(五柳池埼) 黃海

오봉산(五峯山) 京畿 水原郡

오예포(吾乂浦) 黃海 長淵郡 海安画

오음면장(吾陰面場) 平南 龍岡郡

오정면장(吾井面場) 平南 龍岡郡

오조(烏潮) 黃海 松禾郡

옥귀도(玉貴島, 烏耳島) 京畿 安山郡 馬遊面

옥동(玉洞) 黃海 海州郡

옥봉(玉峯) 平南 甑山郡

옥산동(玉山洞) 京畿 仁川府 永宗面 龍遊島

옥산포(玉山浦) 黃海 白川郡

옥산포천(玉山浦川, 漢橋江) 黃海 白川郡

옹진읍(甕津邑) 黃海 甕津郡

와량촌(臥梁村, 次玉里) 平南 甑山郡

왕암(王岩) 黃海 黃州郡

왜성(倭城) 京畿 仁川府

외곽도(外郭島) 平北 龍川郡 薪島面

외동(外洞) 京畿 南陽郡 靈興面

외상면장(外上面場) 平北 龍川郡

외서양동(外西洋洞) 黃海 載寧郡 右栗面

외순도(外鶉島) 平北 嘉山郡

외암포(外岩浦) 黃海 安岳郡

외장도(外獐島) 平北 定州郡

외중포(外中浦) 京畿 仁川府 永宗面 水宗島

요양(要陽) 黃海 松禾郡 椒島面

요포(瑤浦) 平南 中和郡

용강읍(龍岡邑) 平南 龍岡郡

용남리(龍南里) 平北 博川郡

용담(龍潭) 平北 宣川郡 南面 身彌島

용당진(龍塘津) 黃海 海州郡 東江面

용당포(龍塘浦) 黃海 海州郡 州內面

용두리(龍頭里) 平南 永柔郡

용매도(龍妹島) 黃海 海州郡 靑雲面.

용문산(龍門山) 京畿 楊平郡

용산(龍山) 京畿 長湍郡 長西面

용산(龍山) 京畿 漢江流域

용수동(龍首洞) 黃海 松禾郡 雲山面

용암리(龍岩里) 平北 博川郡

용암장(龍岩場) 平北 龍川郡

용암포(龍岩浦) 平北 龍川郡

용연(龍淵) 京畿 水原郡

용위도(龍威島) 黃海 瓮津郡

용유도(龍遊島) 京畿 仁川府 永宗面

용정(龍井) 黃海 殷栗郡

용정리(龍井里) 京畿 喬桐郡 喬桐島

용중리(龍中里) 平北 龍川郡

용창(龍滄) 黃海 白川郡

용천읍(龍川邑) 平北 龍川郡

용포(龍浦) 平南 永柔郡

용호도(龍湖島, 龍威島) 黃海 瓮津郡 南面

우고포(右枯浦) 黃海 瓮津郡 西面

우도(牛島) 黃海 海州郡 州內面

우동강(牛洞江) 平北 郭山郡

우리도(牛犁島) 平北 宣川郡 水淸面

우산(牛山) 平南 龍岡郡

우음도(牛音島) 京畿 南陽郡 細串面

우천(牛川) 京畿 漢江流域

운달산(雲達山) 黃海 海州郡

운동면장(雲洞面場) 平南 龍岡郡

운무도(雲霧島) 平北 嘉山郡

울도(蔚島) 京畿 仁川府 德積面

울리도(鬱里島) 平安

웅도(熊島) 平北 宣川郡 水淸面

웅도(熊島) 黃海 殷栗郡 西下面

원당포(元堂浦) 京畿 安山郡 瓦里面

원도(圓島) 平北 鐵山郡 扶西面

원동산(遠東山) 黃海 松禾郡

원리(院里) 平南 鎭南浦府

원우포(院隅浦) 黃海 延安郡

원전(元箭) 京畿 仁川府 永宗面 永宗島

원조포(元造浦) 平南 安州郡

원통포(願通浦) 黃海 松禾郡 席島面

월곶(月串) 黃海 松禾郡 仁風面

월곶동(月串洞) 京畿 江華郡 長嶺面

월곶면장(月串面場) 平南 龍岡部

월내도(月乃島) 黃海 長淵郡 海安面

월랑포(月浪浦) 平南 龍岡郡

월로도(月老島) 平北 鐵山郡 丁惠面

월립피(月立陂) 京畿 安山郡 仁化面

월미도(月尾島) 京畿 仁川府 府內面

월포(月浦) 京畿 豐德郡 郡內面

월포기(月浦埼) 黃海 松禾郡

월피(月陂) 京畿 安山郡 仁化面

월호산(月乎山) 黃海 安岳郡

위도(圍島) 黃海 瓮津郡 東面

유쇄리(楡洒里) 平北 宣川郡 台山面

유전리(柳田里) 黃海 松禾郡 雲山面

유천(柳川) 京畿 豊德郡 南面

유촌(柳村) 黃海 延安邸

유촌갑(柳村岬) 黃海

유포(乳浦) 黃海 松禾郡 泉洞面

육도(六島) 京畿 南陽郡 大阜面

육도(陸島) 黃海 長淵郡 西大面

육도(六島) 黃海 海州郡 松林面

육봉포(育峰浦) 黃海 長淵郡 白翎島

율리(栗里) 黃海 海州郡 靑雲面

율정(栗井) 京畿 長湍郡 下道面

율포(栗浦) 京畿 南陽郡 細串面

은율읍(殷栗邑) 黃海 殷栗郡

읍내성(邑內城) 京畿 豊德郡 郡中面

읍내장(邑內場) 平北 博川郡

읍내장(邑內場) 平北 定州郡

읍저포(邑底浦) 黃海 瓮津郡 西面

읍천포(挹川浦, 泣川浦) 黃海 海州郡 來
　城面

응상산(鷹商山) 黃海

응암령(鷹岩領) 平南 甑山郡

의태포(蟻胎浦) 黃海 長淵郡 海安面

이동(梨洞) 黃海 松木郡 椒島面

이리(二里) 京畿 仁川府 西面

이리동(二里洞) 平南 甑山郡

이목(梨木) 京畿 安山郡 瓦里面

이산포(二山浦) 京畿 高陽郡 己浦面

이악도(二嶽島) 平南 甑山郡

이장포(利長浦) 京畿 長湍郡

이포(梨浦) 京畿 開城郡 北西面

이포(利浦) 京畿 驪州郡 大松面

이현(泥峴) 黃海 松禾郡 椒島面

이현산(泥峴山) 黃海 松禾郡 椒島面

이호포(耳湖浦) 平北 龍川郡

이화포(梨花浦) 平北 鐵山郡 扶西面

인감동(仁甘洞) 京畿 南陽郡 大阜面

인천읍(仁川邑) 京畿 仁川府

인천항(仁川港) 京畿 仁川府

인현리(仁峴里) 京畿 喬桐郡 喬桐島

일동리(一洞里) 平南 甑山郡

일리(一里) 京畿 安山郡 聲串面

일리(一里) 京畿 仁川府 南村面

일리(一里) 京畿 仁川府 西面

일사(日沙) 平北 定州郡

일산(一山) 京畿 高陽郡 中面

임당리(林堂里) 平南 永柔郡

임도(荏島) 黃海 瓮津郡 峨嵋面

임래강(臨萊江) 平北 宣川郡

임진강역(臨津江驛) 京畿 坡州郡

임진진(臨津鎭) 京畿 坡州郡

입봉각(笠峰角) 黃海 殷栗郡

입석(立石) 平南 龍岡郡

입석리(立石里) 平南 安州郡

입석포(立石浦) 黃海 安岳郡

ㅈ

자농리(自農里) 平南 鎭南浦府

자매도(姉妹島) 黃海 松禾郡 席島面

자연도(紫燕島, 永宗島) 京畿 仁川府 永宗面

자하동(紫霞洞) 京畿 開城郡

작약도(芍藥島, 勿溜島) 京畿 仁川府 永宗面

작천(鵲川, 泣川) 黃海 海州郡

잠두창(蠶頭倉) 京畿 漢江流城

장곶동(長串洞) 京畿 江華郡 下道面

장단읍(長湍邑) 京畿 長湍郡

장대포(長岱浦) 黃海 瓮津郡 新興面

장도(長島) 平北 龍川郡 薪島面

장도(獐島) 平北 定州郡

장도(長島) 平北 鐵山郡 扶西面

장동(長洞) 黃海 松禾郡 椒島面

장두동(場頭洞) 京畿 江華郡 上道面

장련읍장(長連邑場) 黃海 殷栗郡

장명산(長命山) 京畿 交河郡

장봉도(長峰島) 京畿 江華郡

장산곶(長山串) 黃海 長淵郡

장암(場岩) 黃海 長淵郡 大東面

장연읍(長淵邑) 黃海 長淵郡

장정(長定, 鹽坊市當) 平北 郭山郡

장종(長宗) 京畿 安山郡 瓦里面

장촌(長村) 黃海 長淵郡 白翎島

장포(獐浦) 黃海 海州郡 席洞面

장포천(獐浦川) 黃海 海州郡 席洞面

장하동(場下洞) 京畿 江華郡 上道面

장항포(獐項浦) 黃海 瓮津郡 西面

장흥(壯興) 京畿 江華郡 吉祥面

재령강(載寧江) 黃海

재일리(財一里, 下繫里) 平南 甑山郡

재일포(財一浦) 平南 甑山郡

저도(猪島) 黃海 安岳郡

저복천(貯福川) 黃海

저지(杵池) 京畿 水原郡

적벽강(赤壁江, 黃州江) 黃海

적석리(赤石里) 京畿 安山郡 瓦里面

적유령산맥(狄踰嶺山脈) 平安

전석산(磚石山) 黃海 松禾郡

전석산(磚石山) 黃海 長淵郡

전와산포(專瓦山浦) 黃海 殷栗郡 二道面

전천(磚川) 黃海 松禾郡

전촌(前村) 黃海 安岳郡 猪島

전포(錢浦) 黃海 白川郡

전포(錢浦) 京畿 開城郡 中西面

접도(蝶島) 平北 宣川郡 台山面

정곶리(丁串里) 京畿 豊德郡 南面

정왕포(正往浦) 京畿 安山郡 馬遊面

정자포(亭子浦) 京畿 長湍郡 縣內面

정족(鼎足) 黃海 黃州郡

정족산(鼎足山) 京畿 江華郡 吉祥面

정족산성(鼎足山城, 三郡城) 京畿 江華郡
　　江華島

정주도(程州島) 黃海 白川郡

정주읍(定州邑) 平北 定州郡

정포(井浦) 京畿 江華郡 位良面

제부도(濟扶島) 京畿 南陽郡 四姑堤面

제산리(齊山里) 平南 鎭南浦府

제삼지(第三池) 京畿 水原郡

제이지(第二池) 京畿 水原郡

제일지(第一池) 京畿 水原郡

제작동(諸作洞) 黃海 瓮津郡 龍泉面

조니포(助泥浦) 黃海 長淵郡 海安面

조리동(條里洞) 京畿 坡州郡 條里面

조사(潮沙) 黃海 松禾郡 席島面

조산(造山) 黃海 松禾郡 豐海面

조산(造山) 京畿 江華郡 上道面

조양동(朝陽洞) 黃海 殷栗郡 二道面

조양면장(朝陽面場) 平南 龍岡郡

조이도(鳥耳島, 玉貴島) 京畿 安山郡

종현(鐘懸) 京畿 南陽郡 大阜面

주려산(周呂山) 黃海 海州郡

주문도(注文島) 京畿 江華郡

주상산(主上山) 京畿 喬桐郡 松家島

주지산(主之山) 黃海

죽도(竹島) 黃海 黃州郡 靑龍面

죽서(竹嶼) 京畿 江華郡

죽천장(竹川場) 黃海 海州郡

준선동(浚船洞) 黃海 載寧部 下安面

중교리(中橋里) 平南 永柔郡

중리(中里) 京畿 高陽郡 中面

중리(中里) 平北 定州郡 內獐島

중리장(中里場) 平南 甑山郡

중오리(中五里) 平南 肅川郡

중자갑동(中者甲洞) 黃海 載寧郡 左栗面

중촌(中村) 黃海 安岳郡 猪島

중화진(中和津) 黃海 長淵郡 白翎島

중흥리(中興里) 平南 永柔郡

증산도(甑山島) 黃海 延安郡

증산포(甑山浦) 黃海 延安郡

지경장(地境場) 黃海 海州郡

지남산(指南山) 黃海 海州郡

지산동장(芝山洞場) 平南 龍岡郡

직포(直浦) 平北 宣川郡 台山面

진강산(鎭江山) 京畿 江華郡 江華島

진남포(鎭南浦) 平南 鎭南浦府

진방포(鎭坊浦) 平南 甑山郡

진촌(鎭村) 黃海 松禾郡 椒島面 椒島

ㅊ

차아산(蹉峨山) 平南 甑山郡

찬도(纂島) 黃海 殷栗郡 西下面

참성대(斬城臺: 參星壇) 京畿 江華郡 江華島

창리(倉里) 黃海 松禾郡 雲山面

창린도(昌麟島) 黃海 瓮津郡 西面

창암(蒼岩) 黃海 長淵郡 海安面

창암포(蒼岩浦) 黃海 瓮津郡 新興面

창촌(倉村) 黃海 長淵郡 候仙面

창포천(滄浦川) 平北 鐵山郡

창하동(倉下洞) 黃海 安岳郡.

채하동(彩霞洞) 京畿 開城郡

책도(册島) 平北 鐵山郡 雲山面

천덕산(天德山) 京畿 振威郡

천동(泉洞) 京畿 仁川府 德積面 大舞衣島

천동면장시(泉洞面場市) 黃海 松禾郡

천마산(天磨山) 京畿

천잠산(天蠶山) 黃海 瓮津部

천항포(天項浦) 京畿 南陽郡 大阜面

철곶동(鐵串洞) 京畿 江華郡 北寺面

철도(鐵島) 黃海 大洞江岸

철도(鐵島) 黃海 海州郡 州內面

철산읍(鐵山邑) 平北 鐵山郡

철성포(鐵城浦) 黃海 海州郡 松林面

청단장(靑丹場) 黃海 海州郡

청련산(靑蓮山) 黃海 瓮津郡

청룡(靑龍) 黃海 松禾郡 遊山面

청명산(淸明山) 京畿 水原郡

청산(廳山) 黃海 松禾郡 席島

청석(靑石) 黃海 瓮津郡 龍泉面

청양도(靑洋島) 黃海 殷栗部 西下面

청천강(淸川江) 平安

청태도(靑苔島) 黃海 安岳郡

청포장(靑浦場) 京畿 豐德郡 中面

청풍리(淸風里) 平南 安州郡

초도(椒島) 黃海 松禾郡 椒島面

초동(草洞) 黃海 黃州郡

초정(椒井) 黃海 安岳郡 椒井面

초정동(椒井洞) 黃海 安岳郡

초지(草芝) 京畿 江華郡 吉祥面

초지(草芝) 京畿 安山郡 瓦里面

초현장(招賢場) 京畿 長湍郡 津北面

최가(最佳) 平南 鎭南浦府

최촌(崔村) 黃海 黃州郡

추촌(楸村) 京畿 長湍郡 中西面

축만제(祝萬堤) 京畿 水原郡

춘천가도(春川街道),

취야장(翠野場) 黃海 海州郡

치악산(雉岳山) 京畿 水原郡

치악산(雉岳山) 黃海 白川郡

치애포(鷗崖浦) 黃海 安岳郡

칠도(七ツ島) 京畿

칠성리(七星里) 平北 宣川郡 台山面

칠현산(七賢山) 京畿 竹山郡

침곶(砧串) 黃海 殷栗嘉

침방포(沉坊浦) 黃海 松禾郡 雲山面

ㅋ

코이스각(コイス角) 黃海 殷栗部

쾌암포(快岩浦) 黃海 長淵部 薪北面

ㅌ

탄도(炭島) 平北 宣川郡 水淸面

탄포(炭浦) 京畿 豐德郡 南面

탄포(炭浦) 平南 甑山郡 赤通面

태산봉(太山峰) 黃海 長淵郡

태청강(台淸江) 平北 鐵山郡

태탄(苔灘) 黃海 長淵郡 苔湖面

태탄장(苔灘場) 黃海 長淵郡 苔湖面

태탄천(苔灘川·竹川) 黃海 海州郡

탱석장(撑石場) 黃海 白川郡

토산포(兎山浦) 平南 甑山郡

토성역(土城驛) 京畿 開城郡

통천하(通天河) 平安道

ㅍ

파단산(破單山) 黃海

파주읍(坡州邑) 京畿 坡州郡

파평산(坡平山) 京畿 坡州郡

판교(板橋) 黃海 海州郡 日新面

팔달산(八達山) 京畿 水原郡

팔동리(八洞里) 平南 永柔郡 蘇湖面

팔미도(八尾島) 仁川府 永宗面

포남(浦南) 黃海 黃州郡 青龍面

포동(浦洞) 黃海 海州郡 龍川面

포두(浦頭) 黃海 長淵郡 候仙面

포두포(浦頭浦) 黃海 殷栗郡 北下面

포오천(浦吾川) 京畿 安山郡

포촌(浦村, 山伊浦) 京畿 江華郡 北寺面

풍덕읍(豊德邑) 京畿 德豊郡

풍도(豊島) 京畿 南陽郡 大阜面

풍도충(豊島沖) 京畿

풍무동(楓蕪洞) 黃海 安岳郡

풍천(楓川) 黃海 安岳郡

풍천장(豊川場) 黃海 松禾郡

ㅎ

하강변(下江邊) 黃海 海州郡 青雲面

하내포(下內浦) 黃海 松禾郡 眞等面

하대진(下大津) 黃海 殷栗郡 長連面

하동(下洞) 京畿 南陽郡 大阜面

하동포(下東浦) 黃海 白川郡

하리(下里) 平北 定州郡 內獐島

하사리(下四里) 平南 肅川郡

하산두(下山頭) 平南 甑山郡

하삼리(下三里) 黃海 瓮津郡 新興面

하선리(下船里) 黃海 松禾郡 豊海面

하음동(下陰洞) 黃海 長淵郡 薪北面

하일동(霞逸洞) 京畿 江華郡 上道面

하일포(何日浦) 平北 定州郡

하조강(下祖江) 京畿 豊德郡 南面

하천장(河川場) 平南 甑山郡

하포(下浦) 京畿 長湍郡 津東面

하포(下浦) 黃海 白川郡

학령(鶴嶺) 黃海 長淵郡 候仙面

한강(漢江) 京畿

한락사(閑樂沙) 黃海 延安郡

한성리(漢城里) 京畿 喬桐郡 喬桐島

한천리(漢川里) 平南 甑山郡

한천만(漢川灣) 平南 甑山郡

한천장(漢川場) 平南 甑山郡

한촌(韓村) 平南 龍岡郡

함종읍(咸從邑) 平南 甑山郡

합촌(蛤村) 黃海 安岳郡

합포(蛤浦) 黃海 松禾郡 仁風而

합포도(蛤浦島) 黃海 延安郡

항내면장(港內面場) 平南 龍岡郡

항미정(杭眉亭) 京畿 水原郡

항산서(項山嶼) 京畿 江華郡

해명산(海溟山) 京畿 江華郡 煤音島

해암장(蟹巖場) 京畿 豊德郡 東面

해주만(海州灣) 黃海 海州郡

해주읍(海州邑) 黃海 海州郡

해창(海倉) 京畿 豊德郡 郡南面

해창(海倉) 平北 定州郡

해창(海倉) 黃海 載寧郡

해촌포(海村浦) 黃海 延安郡

행주(幸州, 德陽) 京畿 高陽郡

행촌(杏村) 京畿 漢江流域

향곶(香串) 平南 鎭甫浦府

허사(許沙) 黃海 松禾部 眞等面

현석리(玄石里) 京畿 漢江流域

현지포(玄池浦) 黃海 海州郡 東江面

혈구산(穴口山) 京畿 江華郡 江華島

형제봉(兄弟峯) 京畿 水原郡

혜음령(惠陰嶺) 京畿 坡州郡

혼바쿠각(ホンバク角) 黃海

홍범산(洪範山) 京畿 水原郡

홍현장(紅峴場) 黃海 白川郡

화개산(華蓋山) 京畿 喬桐郡 喬桐島

화도(火島) 黃海 安岳郡

화도(禾島, 誠庵) 平南 鎭南浦府

화량포(花梁浦) 京畿 南陽郡 松山面

화산(華山) 京畿 水原郡

화산면장(和山面場) 平南 永柔郡

황강천(黃江川) 京畿 豐德郡

황강포(黃江浦) 京畿 豐德郡 西面

황고진동(黃姑津洞) 黃海 載寧郡 左栗面

황구하(黃口河) 京畿 水原郡

황금산(黃金山) 京畿 南陽郡 大阜面

황산리(黃山里) 京畿 豐德郡 南面

황주강(黃州江, 赤壁江, 綠沙浦江) 黃海

황주역(黃州驛) 黃海 黃州郡

황청포(黃淸浦) 京畿 江華郡 內可面

회도(灰島) 平南

횡도(橫島) 京畿 安山郡.

후당(後堂) 黃海 松禾郡

후동(後洞) 平南 甑山郡

후소(後所) 京畿 仁川府 永宗面 永宗島

후촌(後村) 黃海 安岳郡 猪島

훈련장(訓練場) 黃海 安岳郡

흑교리(黑橋里) 黃海 貯福川岸

흑두포(黑頭浦) 黃海 瓮津郡 交井面

흑암(黑巖) 黃海 松禾郡 眞等面

흑천(黑川) 黃海 松禾郡 豊海面

흑천(黑川) 黃海 黃州郡

흘곶동(訖串洞) 京畿 南陽郡 大阜面

흥성포(興成浦) 京畿 南陽郡 大阜面

흥왕동(興旺洞) 京畿 江華郡 下道画

흥천리(興天里) 京畿 豐德郡 郡南面

흥천포(興天浦) 京畿 豐德郡 郡南面

부경대학교 인문한국플러스사업단 해역인문학 아카이브자료총서 08

한국수산지韓國水産誌 Ⅳ-2

초판 1쇄 발행 2024년 7월 30일

지은이 (대한제국) 농상공부 수산국
옮긴이 이근우, 서경순
펴낸이 강수걸
편 집 강나래 오해은 이소영 이선화 이혜정
디자인 권문경 조은비
펴낸곳 산지니
등 록 2005년 2월 7일 제333-3370000251002005000001호
주 소 48058 부산광역시 해운대구 수영강변대로 140 부산문화콘텐츠콤플렉스 626호
홈페이지 www.sanzinibook.com
전자우편 sanzini@sanzinibook.com
블로그 http://sanzinibook.tistory.com

ISBN   979-11-6861-362-1(94980)
        979-11-6861-207-5(세트)

* 책값은 뒤표지에 있습니다.
* 이 책은 2017년 대한민국 교육부와 한국연구재단의 지원을 받아 수행된 연구임.
(NRF-2017S1A6A3A01079869)